代码

随想录

跟着Carl学算法

孙秀洋｜著

电子工业出版社

Publishing House of Electronics Industry

北京·BEIJING

内 容 简 介

本书归纳了程序员面试中的经典算法题，并按照由浅入深、循序渐进的顺序讲解。

本书首先讲解程序员面试时需要了解的制作简历的技巧和 IT 名企的面试流程，以及面试时经常忽略的代码规范性问题。然后详细分析程序的时间复杂度和空间复杂度，包括如何把控程序的实际运行时间，以及编程语言的内存管理。接着讲解数组、链表、哈希表、字符串、栈与队列、二叉树、回溯算法、贪心算法、动态规划的理论基础及其相关题目。

本书采用了力扣（LeetCode）的原题，方便读者在学习算法的同时，及时练习相关代码，加深对相关概念的理解。

本书适合所有程序员阅读，特别是正在准备面试的程序员。希望本书可以帮助读者循序渐进地学习算法，并搭建起知识框架，提升算法功力。

图书在版编目（CIP）数据

代码随想录：跟着 Carl 学算法 / 孙秀洋著. —北京：电子工业出版社，2021.12
ISBN 978-7-121-42300-0

Ⅰ. ①代… Ⅱ. ①孙… Ⅲ. ①计算机算法—教材 Ⅳ. ①TP301.6

中国版本图书馆 CIP 数据核字（2021）第 228523 号

责任编辑：陈晓猛
印　　刷：三河市君旺印务有限公司
装　　订：三河市君旺印务有限公司
出版发行：电子工业出版社
　　　　　北京市海淀区万寿路 173 信箱　　邮编：100036
开　　本：787×980　　1/16　　印张：29.75　　字数：694.96 千字
版　　次：2021 年 12 月第 1 版
印　　次：2025 年 1 月第 9 次印刷
定　　价：138.00 元

凡所购买电子工业出版社图书有缺损问题，请向购买书店调换。若书店售缺，请与本社发行部联系，联系及邮购电话：（010）88254888，88258888。

质量投诉请发邮件至 zlts@phei.com.cn，盗版侵权举报请发邮件至 dbqq@phei.com.cn。

本书咨询联系方式：（010）51260888-819，faq@phei.com.cn。

算法是无数计算机先贤们的智慧结晶。当我们遇到生活中几乎无解的问题时，如果能利用相关算法，通过几行代码就可以轻松求出结果，那一刻将会感受到算法的美妙与神奇。

而我也被这一魔力所吸引。

十年前我开始学习算法，并且开始写与算法相关的博客。当时写算法博客的人还不多，网上能搜索到的算法文章也有限。

很多人没有写博客的习惯，因为写博客在一定程度上确实"耽误时间"。

不过当时我只是想记录下来，想着以后如果把这些知识都忘了，至少博客可以证明：曾经我掌握过。

没想到，算法陪伴我一晃就是十年，从本科到研究生，从一家公司到另一家公司，再到算法图书的出版……我的每一段人生经历都在从不同的角度和算法打交道。

随着多年学习和实践，我在各种在线判题平台上积累了上千题，对算法的理解已经有了一套独特的体系。

同时我也发现，很多读者在刷题和学习算法时，真正的苦恼在于没有一套行之有效的刷题顺序。

例如，动态规划是公认的程序员面试里最难掌握的算法，也是出现频率最高的算法。如果仅仅讲解几道题目，即使再举一反三也远远达不到真正理解的程度。如果把动态规划的题目单纯地堆砌在一起，也只会让人越学越懵，陷入"一看就会，一写就废"的怪圈。讲清楚一两道题容易，但把整个动态规划的各个分支讲清楚，把每道题目讲透彻，并用一套方法论来指导就有难度了。这既是我无数日夜伏案思考、反复推理，要帮助读者解决的问题，也是本书的使命所在。

对于二叉树、回溯算法、动态规划等重点数据结构与算法，本书都总结了一套行之有效的方法论，系统性地解决这些算法的相关问题，并把相关题目按照由易到难的顺序编排，让读者循序渐进地征服算法的一座又一座高山。

本书特色

刚开始学习数据结构与算法，或者在力扣（LeetCode）上刷题的读者都有这种困惑——从何学起，先学什么，再学什么。很多人刷题的效率低，主要体现在以下三点：

- 难以寻找适合自己的题目。
- 找到了不合适现阶段做的题目，结果发现毫无头绪。
- 没有全套的优质题解可以参考。

我相信很多读者对此深有体会，所以我将每一个专题中的题目按照由易到难的顺序进行编排，每一道题目所涉及的知识都会有相应的题目做知识铺垫，做到环环相扣。

建议读者按章节顺序阅读本书，在阅读的过程中会发现题目编排上的良苦用心。

本书不仅在题目编排上精心设计，而且在针对读者最头痛的算法问题上做了详细且深入的讲解。

关于动态规划，都知道递推公式的重要性，但 dp 数组的含义、dp 数组的初始化、遍历顺序，以及如何打印 dp 数组来排查 Bug，这些都很重要。例如，解决背包问题时，遍历顺序才是最关键的，也是最难理解的。

关于回溯算法，题目要求集合之间不可重复，那么就需要去重。虽然各种资料都说要去重，但没有说清楚是"树层去重"还是"树枝去重"——这是我为了说明去重的过程而创造的两个词汇。

关于 KMP 算法，都知道使用前缀表进行回退，可什么是前缀表，为什么一定要使用前缀表，根据前缀表进行回退有几种方式，这些却没有说清楚，导致大家看得一头雾水。

关于二叉树，不同的遍历顺序的递归函数究竟如何安排，递归函数什么时候需要返回值，什么时候不用返回值，什么情况下分别使用前、中、后序遍历，如何实现迭代法，这些都决定了对二叉树的理解是否到位。

本书我同时针对每一个专题的特点，整理出其通用的解法套路。例如，在二叉树专题中，总结了递归"三部曲"来帮助读者掌握二叉树中各种遍历方式的写法。回溯算法中的回溯"三部曲"可以帮助读者理解回溯算法晦涩难懂的过程。动态规划中的动规"五部曲"可以帮助读者在一套思考框架下解决动态规划题目。

相信读者耐心看完本书，会对书中介绍的算法有更深层次的理解。

本书配套资源

本书统一使用 C++语言进行讲解，对于使用其他语言的读者，可以浏览本书配套网站：programmercarl（com 域名）——支持 Java、Python、Go、JavaScript 等多语言版本，同时一些题目还有动画演示，帮助读者更好地掌握本书内容。

在微信公众号"代码随想录"后台回复"算法学习"，可以加入算法学习交流群，并且获得本书配套学习资料，包含本书代码、简历模板、GitHub 地址、题目大纲等。

我会在 B 站"代码随想录"定期更新算法视频，其中 KMP 算法、回溯算法、动态规划等系列视频已经是有口皆碑的经典算法视频。相信可以帮助读者更好地理解相关算法。

勘误

个人能力有限，书中难免有疏漏之处，恳请广大读者们批评指正。

在微信公众号"代码随想录"底部添加了一个新的菜单入口，用于读者发现 Bug 后与我反馈，并展示书中发现的 Bug。

致谢

这里要感谢录友们（"代码随想录"的朋友们，也是公众号"代码随想录"的忠实读者），是你们的支持，让"代码随想录"从无到有，到最后出版成书与读者见面。虽然从未谋面，但通过文字，我们已经交流了整整一年有余。真心地感谢每一位录友。

感谢电子工业出版社的工作人员，特别是陈晓猛编辑。陈编辑工作认真负责，是非常可靠的合作伙伴。

最后我要感谢我的父母——孙世忠先生和马丽丽女士。父母在我求学的路上给予了我最大的支持，付出了非常多。我无以为谢，谨以此书献给他们。

孙秀洋（@程序员 Carl）

2021 年 10 月 11 日于深圳南山

目　录

第 1 章
准备面试要知己知彼

从第一台计算机诞生至今,无数先贤为计算机科学的发展付出了大量心血,为我们留下了宝藏,而数据结构和算法是计算机科学智慧的结晶。

1.1 面试官为什么要考查算法

一个面试环节可能只有一个小时,面试官需要在短时间内快速考查一位面试者的编程水平,其实是比较困难的。很多时候,不仅面试者不喜欢面试,而且面试官也不喜欢面试。因为面试官要挖空心思出一些面试题,既要控制面试的时间,又要客观地考查面试者的真实技术水平,这是非常难的。一场面试下来,对面试官和面试者的心力和体力都会带来巨大的消耗。而算法题目是短时间内考查面试者计算机思维和代码能力的最好的方式,算法问题在面试中可以将面试官对面试者的主观看法带来的影响降到最低,更容易形成标准的流程。任何大公司在招聘员工的时候,都需要一套衡量人才的标准,而算法题目是大公司面试中必考的题目类型。

很多工作多年的资深程序员在面试时往往会栽在算法题上,有的人不屑于在面试前去练习算法,这些资深程序员更希望展现出自己的项目经验和解决实际问题的能力。虽然重视项目经验没错,但忽略基础算法能力就有问题了,相信很多人听说过关于 Max Howell(Homebrew 的作者)的故事——Max Howell 在 Google 面试,但 Google 拒绝了他,给出的答复是:"虽然我们 90%的工程师都用你写的软件,但抱歉我们不能聘用你,因为你无法在白板上写出反转二叉树。"

这个事件在业内引起了轩然大波,人们开始讨论考查算法的必要性。这么多年过去了,算法面试依然是互联网巨头招聘时的硬性条件,这也充分说明了数据结构与算法不仅是名企面试行之有效的招聘手段,也是程序员必备的基础技能——既是程序员的内功,也是编程的基础。对于没有项目经验或者项目经验很少的应届毕业生，对数据结构和算法的掌握程度几乎决定了一次面试的成败。

1.2 编程语言

1.2.1 学好算法之前更要学好编程语言

有的人说算法主要体现编程思想，和编程语言关系不大。其实不然，算法是使用编程语言实现的，如果对编程语言不够了解，那么时间复杂度为 $O(n)$ 的算法可以写出 $O(n^2)$ 的效果。

例如，在使用 C++ 作为编程语言的时候，如果不理解 vector 的扩容机制，那么就不知道在什么情况下用链表替代 vector 实现 insert 的操作。如果不理解 unordered_map、multimap、map 的底层机制，那么就不知道在什么情况下应该用 unordered_map、在什么情况下应该用 map。

举一个例子，在一个数组中，每隔一定间隔插入一个数字 9，写出实现代码。

不难写出如下代码：

```
void func() {
    vector<int> vec = {1, 2, 3, 4, 5};
    int size = vec.size();
    for (int i = size; i >= 0; i--) {
        vec.insert(vec.begin() + i, 9);
    }
}
```

这段代码的时间复杂度是多少呢？

如果对编程语言不够了解，则很可能认为这是一个时间复杂度为 $O(n)$ 的算法，其实这是一个时间复杂度为 $O(n^2)$ 的算法，而且还要考虑 vector 的扩容机制——数据量一旦达到阈值，就会全量复制到一个新的数组上。

vector 中的 insert 操作本身就是一个时间复杂度为 $O(n)$ 的操作，而本题使用双指针法从后向前遍历，就可以实现整体时间复杂度为 $O(n)$ 的效果。后面在涉及相关内容时，会详细介绍具体实例。

所以，熟悉自己所使用的编程语言，理解其内部实现机制，才能实现高效的算法！本书将统一使用 C++ 实现相关算法，在涉及编程语言特性的地方都会有详细说明。

1.2.2 代码规范

很多程序员可能不屑于了解代码规范，认为能实现功能就行，这种观点其实在 20 世纪是很普遍的，因为那时候经常是一个人完成整个项目，编程自由度较高。

但现在软件开发都是团队合作完成的，自己写的代码是要给别人阅读的，同时也要阅读别人写的代码，这时就需要代码规范了。如果在一个团队中，有一位开发者不按统一代码规范编写代码，那么这位开发者就是团队中的"隐形 Bug 制造器"。

需要强调的是：没有最好的代码规范，只有适合自己和团队的代码规范。如果是自己写代码，那么要坚持一种代码规范，不要每次写代码都换一个风格；如果是团队开发，则要以自己团队的风格为主。

1. 变量命名

关于变量命名，有如下三种主流命名方法：

- 小驼峰、大驼峰命名法。
- 下画线命名法。
- 匈牙利命名法。

小驼峰命名法要求第一个单词的首字母小写，后面其他单词的首字母大写。例如，int myAge。

大驼峰命名法也叫帕斯卡命名法，它把第一个单词的首字母也大写了。例如，int MyAge。

通常来讲，Java 和 Go 都使用驼峰命名法（包括大小驼峰），C++的函数和结构体命名使用大驼峰命名法。

下画线命名法是指变量名称中的每一个逻辑断点都用一个下画线来标记。例如，int my_age。下画线命名法是随着 C 语言的出现而流行起来的，如果读过 Linux 内核源码，就会发现源码中大量使用了这种命名方法。

匈牙利命名法是：变量名=属性+类型+对象描述。例如，int iMyAge。一个来自匈牙利的程序员先在微软内部使用这种命名法，后来推广给了全世界的 Windows 开发人员。

这种命名方式在没有 IDE 的时代可以很好地提醒开发人员每一个变量的意义，例如，看到 iMyAge，就知道它是一个 int 类型的变量，而不用查找它的定义。这种命名方法的缺点是，一旦修改源码变量的属性，整个项目中这个变量的名字都要改动，增加了后期代码维护的困难度。

目前 IDE 已经很发达了，不用手动标记变量属性，IDE 就能帮助开发人员识别变量属性，所以现在很少有人使用匈牙利命名法。

三类命名方法的对比如表 1-1 所示。

表 1-1

	举　例	一般适用语言
小驼峰命名法	int myAge	Java、Go 和 C++

	举 例	一般适用语言
大驼峰命名法	常用于类名、函数名、属性名等。例如，public class MyAge	Java 和 Go C++的函数和结构体命名也会用大驼峰命名法
下画线命名法	int my_age	Python 和 Linux 环境下使用 C/C++编程
匈牙利命名法	int iMyAge int m_iMyAge	一般在 Windows 下使用 C/C++编程时会遇到匈牙利命名法

2. 代码留白

很多没有经验的程序员写出来的代码都堆在一起，看起来很不美观，读起来也费力，有的程序员甚至为了让代码精简，把所有空格都省略了。

本书中的 C++代码严格按照 Google C++编程规范编写，看起来会让人感觉清爽一些。

操作符左右一定有空格，例如：

```
i = i + 1;
```

分隔符（","和";"）的前一位没有空格，后一位有空格，例如：

```
int i, j;
for (int fastIndex = 0; fastIndex < nums.size(); fastIndex++)
```

花括号和函数位于同一行并且前面有一个空格，例如：

```
while (n) {
    n--;
}
```

控制语句（while、if、for）后都有一个空格，例如：

```
while (n) {
    if (k > 0) return 9;
    n--;
}
```

以如下代码为例来看一下整体风格，注意代码留白的细节：

```
void moveZeroes(vector<int>& nums) {
    int slowIndex = 0;
    for (int fastIndex = 0; fastIndex < nums.size(); fastIndex++) {
        if (nums[fastIndex] != 0) {
            nums[slowIndex++] = nums[fastIndex];
        }
```

```
    }
    for (int i = slowIndex; i < nums.size(); i++) {
        nums[i] = 0;
    }
}
```

这里并不是说一定要按照 Google 的规范编写代码，如果是自己编写代码，那么就保持风格统一；如果是团队开发，那么就保持和团队风格统一。代码规范没有谁对谁错，只有合适与否。

1.3 如何写简历

程序员的简历力求简洁明了，在设计上不要过于复杂。对于应届毕业生，一页简历就够了，对于社招人员，两页简历便可。例如，一些应届毕业生会在简历中介绍很多参加校园活动的内容。如果面试的是技术岗位，那么这些内容最好一笔带过。

1.3.1 简历模板

关注微信公众号"代码随想录"，在后台回复"简历模板"，获取简历 GitHub 地址和 Word 版本，读者可以下载到自己的 GitHub 仓库中，按照这个模板修改自己的简历。

笔者在 GitHub 上还添加了简历模板的 Word 版本，如果不熟悉 Markdown 语法，则可以直接使用 Word 版本进行修改。

1.3.2 谨慎使用"精通"

应届毕业生在写简历的时候，切记不要写"精通"某语言，推荐写"熟悉"或者"掌握"。但一些程序员可能仅仅使用 Go 或者 Python 写了几个 Demo 或者只了解一些语言的语法，就直接在简历上写了"熟悉 C++、Java、Go、Python"，这也是大忌。如果 C++学得更好一些，那么建议写熟悉 C++，了解 Java、Go、Python。

词语的强烈程度：精通 > 熟悉（推荐使用）> 掌握（推荐使用）> 了解（推荐使用）。

一旦我们写了熟悉某种语言，该语言就一定是面试中考查的重点。例如，写了"熟悉 C++"，那么继承、多态、封装、虚函数、C++11 的一些特性和 STL 就很有可能会被问到。所以，简历上写了熟悉哪一种语言，在面试前一定要重点复习相关知识。

1.3.3 拿不准的内容绝对不要写在简历上

不要为了使简历上看上去很丰富，就写很多内容上去，内容越多，面试中的考点就越多。在简历中突出展示自己技能的几个点，而不是面面俱到。想想看，面试官一定是拿着你的简历开始问问题的，如果只是因为想展示自己会得多，就把很多内容都写在简历上，那么等于给自己挖了一个"大坑"。例如，仅仅部署过 Nginx 服务器，就在简历上写"熟悉 Nginx"，面试官可能一上来就围绕着 Nginx 服务器的原理问很多问题。如果招架不住，然后说："我仅仅部署过 Nginx，底层实现都不了解。"这样难免让面试官对你有些失望。

同时，尽量不要在简历上写诸如"代码行数 10 万+"这样的内容，这就相当于提高了面试官对你的期望。首先"代码行数 10 万+"无从考证，其次这么写相当于告诉面试官"我写代码没问题，你就尽管问吧"。如果简历上再没有侧重点，那么面试官"铺天盖地"地问起来，恐怕面试者回答的效果也不会太好。

1.3.4 项目经验应该如何写

不要简单地描述一遍项目，而要在项目经验中突出自己的贡献，比如添加了哪些功能，或者优化了哪些性能指数，最后的收益如何？其实很多面试者的一个通病就是项目经历写了一大堆，各种框架、数据库都写上了，却答不出自己项目中的难点。有的面试者可能心里会想："自己的项目没有什么难点，遇到不会配置的、不会调节的，就在网上搜索一下。"其实大多数程序员做项目的时候都是这样的，为什么一样的项目经验，别人就可以在难点上说出一二三来呢？

这里还是有一些技巧的，首先是在做项目的时候要时刻保持对难点的敏感。很多时候我们费尽周折地解决了一个问题，如果不做记录，那么将很容易忘记。如果及时将自己的思考过程记录下来，那么这个思考过程就是面试中的重要素材，养成这样的习惯非常重要。很多面试者埋怨自己的项目没有难点，其实不然，找到项目中的一个点，深挖下去就会遇到难点，然后解决它，而这种经历就可以在面试中拿来说了。例如，使用 Java 完成的项目，深挖一下 Java 的内存管理，是不是可以减少一些虚拟机上内存的压力？

所以很多时候不是自己的项目没有难点，而是自己准备得不充分。不是每一个面试官都会主动问项目中有哪些亮点或者难点，这时就需要我们自己主动说出来。

这里讲一个面试中作为面试者如何变被动为主动的技巧。例如，自己的项目是一套分布式系统，我们在介绍项目的时候主动说："项目中的难点就是解决多台服务器数据一致性的问题。"此时就应该知道面试官一定会问："你是如何解决数据一致性问题的？"如果你对数据一致性协议的使用和原理足够了解，就可以和面试官侃侃而谈了，这样就相当于你把面试官引导到自己熟悉的领域，变被动为主动！

所以写简历的时候要突出自己技能的重点，这样相关问题相当于等着面试官来问，这也是面试时变被动为主动的关键。真正好的简历是当把自己的简历递给面试官的时候，知道面试官看着简历会问哪些问题，然后将面试官引导到自己最熟悉的领域，这样才会拥有主动权。

1.3.5 博客的重要性

在简历上可以写上自己的博客地址、GitHub 地址甚至微博地址（如果发布了很多关于技术的内容），通过博客和 GitHub，面试官可以快速判断面试者的技术水平、对技术的热情，以及对学习的态度。如果有很多高质量博客和 GitHub 项目，即使面试现场发挥得不好，面试官通过博客也会知道这位面试者的基础很扎实，只是发挥得不好而已。由此可以看出记录和总结的重要性。

任何人都可以通过博客记录自己的收获，每个知识点都可以写一篇技术博客，这方面要切忌懒惰！同时对 GitHub 不要畏惧，我们很容易找到一些小的项目来练手——可以访问笔者的 GitHub，上面有一些简单的项目。

面试过程只有短短的 30 分钟或者一个小时，如何把自己掌握的技术更好地展现给面试官呢？博客、GitHub 都是很好的选择，这些都是面试中的加分项。

1.4 企业技术面试的流程

比较大的企业一般通过几轮技术面试来考查面试者的各项能力，流程如下：

- 一面——机试面：一般考查选择题和编程题。
- 二面——基础算法面：考查基础算法与数据结构。
- 三面——综合技术面：考查编程语言、计算机基础知识，以及项目经历等。
- 四面——技术 leader 面：考查面试者解决问题和快速学习的能力。
- 五面——HR 面：主要了解面试者与企业文化相不相符、面试者的职业发展、Offer 的选择，以及介绍企业提供的薪资待遇，等等。

并不是说一定是这五轮面试，不同的公司情况都不一样，甚至同一家公司不同事业群的面试流程都是不一样的。这里尽量将面试的各个维度拆开，有利于读者充分了解技术面试的流程，以及需要做哪方面的准备。

接下来逐一分析在各个面试环节中，面试官是从哪些维度来考查的。

1.4.1 一面——机试面

机试面通常考查选择题和编程题，还有一些公司的机试面只考查编程题。

- 选择题：计算机基础知识涉及计算机网络、操作系统、数据库和编程语言等。
- 编程题：一般是代码量比较大的题目，比如字符串、二叉树、图或者一些复杂模拟类的题目。

在校招中，比较大的企业通常会提前发笔试题邀请电子邮件，邮件里规定了开始时间和结束时间。一定要慎重对待机试面，如果没有通过机试面，那么就没有后续的面试机会了。

1.4.2 二面——基础算法面

二面也会考查算法，但和机试面中对算法的考查的侧重点有所不同，机试面注重的是正确率，而二面中面试官更想了解面试者的思考过程。通常一面的题目是代码量比较大的题目，而二面是一些基础算法。面试官会让面试者在白纸上写代码或者给面试者一台计算机来写代码。

一些面试官喜欢让面试者在白纸上写代码，所以简单代码一定要能手写出来，不要过于依赖 IDE 的自动补全。例如，实现一个反转二叉树的函数，很多面试者平时都是在 OJ（Online Judge）上练习算法的，但是 OJ 上一般都把二叉树的结构定义好了，可以直接写函数的实现，而面试的时候要在白纸上写代码，一些面试者一下子不知道二叉树节点的定义应该如何写——不是结构体定义得不对，就是忘了如何写指针。

1.4.3 三面——综合技术面

综合技术面一般考查如下三个方面。

（1）编程语言。面试官会考查面试者编程语言的掌握程度，如果是 C++，那么一般会问 STL、继承、多态、虚函数和指针等方面的问题。

（2）计算机基础知识。考查面试者计算机方面的综合知识，不同岗位考查的侧重点不一样，如果是后台开发的岗位，那么操作系统、计算机网络、数据库的相关知识是一定要问的。

（3）项目经验。主要从以下三方面对面试者进行考查：技术原理、技术深度、应变能力。

- 在技术原理方面，主要考查技术实现背后的原理，比如某个项目中接口调用的原理。
- 在技术深度方面，如果是后台开发的岗位，则可以从系统的扩容、缓存和数据存储等多方面对面试者进行考查。
- 在应变能力方面，如果面试官针对某个项目问面试者一个应用场景的问题，那么最忌讳回答："我没考虑过这种情况。"这会让面试官对面试者的印象大打折扣。即使这个场景没考虑过，也要随机应变，思考出一个方案。然后与面试官讨论出一个可行的方案，这样会让面试官对面试者的好感倍增。

1.4.4 四面——技术 leader 面

技术 leader 面主要考查面试者的两个能力——解决问题的能力和快速学习的能力。

1. 解决问题的能力

面试官经常问的相关问题有：

- 在项目中遇到的最大技术挑战是什么，是如何解决的？
- 给出一个项目问题让面试者分析。

如果是应届生，那么会问面试者在学习中遇到哪些挑战。面试官可能还会给出一个具体的项目场景，问面试者如何去解决。例如，如果是你来设计微信朋友圈的后台，那么应该怎么设计呢？遇到这种问题也不必惊慌，因为面试官也知道面试者没有设计过，所以大胆说出自己的设计方案就行，面试官会进一步指出你的方案可能哪里有问题，最终讨论出一个比较合理的结果。

这里面试官主要针对项目问题考查面试者是如何思考、解决问题的。

2. 快速学习的能力

面试官经常问的相关问题有：

- 如何快速学习一门新的技术或者语言？
- 读研之后发现自己和本科毕业有什么差别？

再具体一点，面试官会问：如果有一个项目这两天就要启动，而这个项目使用了你没有用过的语言或者技术，你将怎么完成这个项目？也就是如何快速学习一门新的编程语言或技术。所以平时要总结自己学习知识的技巧，面试官喜欢有自己一套学习方法论的面试者。

如果面试者是研究生，面试官还喜欢问：读研之后发现自己和本科毕业有什么差别？这里要体现出自己思维方式和学习方法上的进步，而不是用了两三年的时间又多学了哪些技术。因为 IT 行业是不断变化的，面试官在意的是面试者思维方式的成长和进步。

1.4.5 五面——HR 面

终于到了 HR 面了，是不是感觉万事大吉了呢？

事实上这里万万不可大意，否则到手的 Offer 就"飞"了。HR 是有选择权的，不一定要录用所有通过技术面试的面试者，而是要选择符合公司文化和价值观的面试者。

这里列举一些关键问题。

- 为什么选择我们公司？

这里一定要有所准备，不能被问到了之后一脸茫然，然后说就是想找个工作。最好从技术氛围、职业发展和公司潜力等方面来说明自己为什么选择这家公司。

- 有没有职业规划？

如果是应届生，那么可能并没有明确的职业规划，但建议尽量给自己制订一个职业规划，至少当被 HR 问到的时候，不要哑口无言。对于社招的面试者，一般都应该有自己的明确规划，这里就不多说了。

- 坚持最久的一件事情是什么?

一些面试者可能无法在印象里找到一件自己坚持很久的事情,也没有认真想过这个问题,被问到这个问题的时候表现得很茫然,憋了半天说出一个无关紧要的事情。这在 HR 眼里就是一个减分项了。

- 期望薪资 XXX 是否接受?

如果面试者感觉自己表现得很好,给面试官留下了很好的印象,那么可以在这里争取 Special Offer,也就是更高的薪酬。前提是对自己信心十足。

- 前一家公司给你的薪水是多少?

这里切记不要虚报工资,因为入职前是要查工资流水的,这是比较严肃的问题。

1.5 本章小结

本章我们讲解了程序员面试之前做好哪些工作才能做到知己知彼。

算法是程序员面试中必考的环节。特别是比较大的企业,每年招人的数量都是成千上万的,需要一套行之有效并尽量降低面试官主观印象的面试流程,算法题目其实是最好的选择!

很多人在学习算法的时候会忽略了编程语言的重要性,认为算法的关键在于思想,和编程语言没有关系。其实编程语言也很重要,同样的算法,如果对编程语言不够了解,那么时间复杂度为 $O(n)$ 的算法甚至可以实现时间复杂度为 $O(n^2)$ 的性能。

在写代码的时候也要注意代码规范,统一的规范会让代码可读性大大提高,这也是程序员编程素质的基本体现。

本章还详细讲解了应该如何准备简历,并提供了一份简历模板。写简历其实需要很多技巧,但要注意,这些技巧是锦上添花,求职的关键还是真才实学,所以也不要过于迷恋于简历的花样。

准备好简历之后,就要开始面试了,本章详细介绍了企业面试的流程、常见问题和基本套路。从机试面到基础算法面,从综合技术面到技术 leader 面,最后到 HR 面,每一面考查的内容和侧重点都不一样,希望读者充分准备,做到心中有数,知彼知己!

第 2 章

程序的性能分析

程序的性能分析离不开两个维度，一个是时间复杂度，另一个是空间复杂度。

2.1 时间复杂度分析

2.1.1 什么是时间复杂度

时间复杂度是一个函数，它定性描述了算法的运行时间。

在软件开发中，开发者通过时间复杂度估算程序的运行时间。通常以算法的操作单元数量来代表程序消耗的时间，这里默认算法的每个操作单元运行所消耗的时间都是相同的。

假设算法的数据规模为 n，操作单元数量用函数 $f(n)$ 表示，随着数据规模 n 的增大，算法执行时间的增长率和 $f(n)$ 的增长率相同，这个增长趋势称为算法的渐近时间复杂度，简称时间复杂度，记为 $O(f(n))$。这里的 O 是指什么呢？说到时间复杂度，大家都知道 $O(n)$、$O(n^2)$，却说不清什么是 O。

《算法导论》给出的解释是：O 用来表示上界，当用它作为算法在最坏情况下运行时间的上界时，就是对任意数据输入的运行时间的上界。

《算法导论》同样给出了例子：以插入排序为例，插入排序的时间复杂度是 $O(n^2)$。

输入数据的形式对程序运行时间有很大影响，在数据有序的情况下，时间复杂度是 $O(n)$。如果数据是逆序的，那么插入排序的时间复杂度就是 $O(n^2)$，也就是对于所有输入情况来说，最差情况下的时间复杂度是 $O(n^2)$，所以称插入排序的时间复杂度为 $O(n^2)$。

同理，快速排序的时间复杂度是 $O(n\log n)$，但是在数据有序的情况下，快速排序的时间复杂度

是 $O(n^2)$，所以从 O 的定义来说，快速排序的时间复杂度应该是 $O(n^2)$。但是我们依然说快速排序的时间复杂度是 $O(n\log n)$，这就是业内的一个默认规定，这里的 O 代表的就是一般情况，而不是严格意义上的上界，如图 2-1 所示。

图 2-1

我们主要关心的是一般情况下的数据形式。面试中涉及的算法的时间复杂度指的都是一般情况。如果面试官和我们深入探讨一个算法的实现及性能的时候，就要时刻想着数据用例不一样，时间复杂度也是不同的，这一点一定要注意。

2.1.2 如何描述时间复杂度

1. 不同数据规模的差异

如图 2-2 所示，我们可以看出不同算法的时间复杂度在不同数据输入规模下的差异。

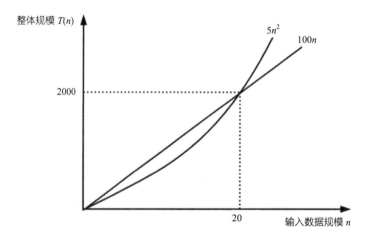

图 2-2

在决定使用哪些算法时，不是时间复杂度越低越好（因为简化后的时间复杂度忽略了常数项等），还要考虑数据规模，如果数据规模很小，那么可能出现时间复杂度为 $O(n^2)$ 的算法比时间复杂度为 $O(n)$ 的算法更合适的情况（在有常数项的时候）。就像图 2-2 中，$O(5n^2)$ 和 $O(100n)$ 在 n 为 20 之前，时间复杂度为 $O(5n^2)$ 的算法是更优的，所花费的时间也是更少的。

为什么在计算时间复杂度的时候要忽略常数项系数呢？也就是说，$O(100n)$ 就是 $O(n)$，$O(5n^2)$ 就

是 $O(n^2)$，而且默认 $O(n)$ 优于 $O(n^2)$ 呢？

这就又涉及 O 的定义了，因为 O 就是在数据量级突破一个点且数据量级非常大的情况下所表现出的时间复杂度，这个数据量就是常数项系数已经不起决定性作用的数据量。

例如，图 2-2 中的 20 就是那个点，n 只要大于 20，常数项系数就不起决定性作用了。所以我们说的时间复杂度都是省略常数项系数的，一般情况下默认数据规模足够大。基于这样的事实，下面给出算法时间复杂度的排行：

$O(1)$ 常数阶 $<O(\log n)$ 对数阶 $<O(n)$ 线性阶 $<O(n\log n)$ 线性对数阶 $<O(n^2)$ 平方阶 $<O(n^3)$ 立方阶 $<O(2^n)$ 指数阶

但也要注意大常数，如果这个常数非常大，如 10^7、10^9，那么常数就是不得不考虑的因素了。

2. 复杂表达式的简化

如果计算时间复杂度的时候发现不是一个简单的 $O(n)$ 或者 $O(n^2)$，而是一个复杂的表达式，如 $O(2\times n^2+10\times n+1000)$，那么如何描述这个算法的时间复杂度呢？下面介绍其中的一种方法——简化法。

去掉表达式中的加法常数项（因为常数项并不会因为 n 的增大而增加计算机的操作次数）：

$$O(2\times n^2+10\times n)$$

去掉常数系数：

$$O(n^2+n)$$

只保留最高项，去掉数量级小一级的 n（因为 n^2 的数据规模远大于 n），最终简化为 $O(n^2)$。

如果理解这一步有困难，那么也可以做提取 n 的操作，将 $O(n^2+n)$ 变成 $O(n(n+1))$，省略加法常数项后也就变成了 $O(n^2)$。

最后得出这个算法的时间复杂度是 $O(n^2)$。

也可以用另一种简化的思路：当 n 大于 40 的时候，这个复杂度会恒小于 $O(3\times n^2)$，即 $O(2\times n^2+10\times n+1000)<O(3\times n^2)$，所以省略常数项系数后的最终时间复杂度也是 $O(n^2)$。

3. $O(\log n)$ 中的 log 以什么为底

我们平时说这个算法的时间复杂度是 $\log n$ 的，那么一定是以 2 为底 n 的对数吗？其实不然，既可以是以 10 为底 n 的对数，还可以是以 20 为底 n 的对数，但我们统一说 $\log n$，也就是忽略对底数的描述。

为什么可以这么做呢？计算过程如图 2-3 所示。

假如两个算法的时间复杂度分别是以 2 为底 n 的对数和以 10 为底 n 的对数，以 2 为底 n 的对数等于以 2 为底 10 的对数×以 10 为底 n 的对数，而以 2 为底 10 的对数是一个常数。前面已经讲述了计算时间复杂度是忽略常数项系数的,抽象一下就是,在时间复杂度的计算过程中,以 i 为底 n 的对数等于以 j 为底 n 的对数,所以忽略了 i,直接说 $\log n$。这样就不难理解为什么忽略底数了。

$$O(\log_2 n)=\log_2 10 \times O(\log_{10} n)$$

$$\Downarrow$$

抽象化

$$O(\log_i n)=O(\log_i j \times \log_j n) \quad \log_i j \text{ 是一个常数}$$

$$O(\log_i n) \rightarrow O(\log n)$$

图 2-3

4. 面试题:找出 n 个字符串中相同的两个字符串

通过下面这道面试题,我们分析一下时间复杂度。

题目描述:找出 n 个字符串中相同的两个字符串(假设这里只有两个相同的字符串)。

如果是暴力枚举,那么时间复杂度是多少,是 $O(n^2)$ 吗?一些读者可能会忽略字符串比较的时间消耗,这里并不像 int 型数字做比较那么简单,除了 n^2 次的遍历次数,依然要执行 m 次字符串比较的操作(m 也就是字符串的长度),所以时间复杂度是 $O(m \times n \times n)$。

接下来我们再想一下其他解题思路。先将 n 个字符串按字典顺序排序,排序后 n 个字符串就是有序的,意味着两个相同的字符串挨在一起,然后遍历一遍 n 个字符串,这样就找到两个相同的字符串了。

接下来看一下这种算法的时间复杂度,快速排序的时间复杂度为 $O(n \log n)$,字符串的长度是 m,快速排序要执行 m 次字符串比较的操作,即时间复杂度为 $O(m \times n \times \log n)$,之后还要遍历一遍 n 个字符串并找出两个相同的字符串。别忘了遍历的时候依然要比较字符串,所以最终的时间复杂度是 $O(m \times n \times \log n + n \times m)$。

对 $O(m \times n \times \log n + n \times m)$ 进行简化操作,把 $m \times n$ 提取出来变成 $O(m \times n \times (\log n + 1))$,再省略常数项,最后的时间复杂度是 $O(m \times n \times \log n)$。在时间上 $O(m \times n \times \log n)$ 是不是比第一种方法 $O(m \times n \times n)$ 更快一些呢?很明显 $O(m \times n \times \log n)$ 要优于 $O(m \times n \times n)$。

所以,对字符串集合进行排序再遍历一遍以找到两个相同字符串的方法,要比直接暴力枚举更快。当然这不是这道题目的最优解,我们仅仅是用这道题目来讲解时间复杂度。

2.1.3 递归算法的时间复杂度分析

同一道题目,同样使用递归算法,既可以写出时间复杂度为 $O(n)$ 的代码,也可以写出时间复杂度为 $O(\log n)$ 的代码。这是因为对递归算法的时间复杂度理解不够深入。下面通过一道简单的面试题,逐步分析递归算法的时间复杂度，最后找出最优解。

面试题：求 *x* 的 *n* 次方

最直观的方式是通过一个 for 循环求出结果，代码如下：

```
int function1(int x, int n) {
    int result = 1;  // 注意：任何数的 0 次方都等于 1
    for (int i = 0; i < n; i++) {
        result = result * x;
    }
    return result;
}
```

时间复杂度为 $O(n)$，此时面试官会问："有没有效率更高的算法呢？"面试者如果此时没有思路，建议不要说不知道。可以和面试官探讨一下，询问："可不可以给点提示"。面试官提示说："考虑一下递归算法"。

此时面试者就写出了如下代码，使用递归算法解决了这个问题：

```
int function2(int x, int n) {
    if (n == 0) {
        return 1; // return 1，同样是因为任何数的 0 次方都等于 1
    }
    return function2(x, n - 1) * x;
}
```

面试官问："这段代码的时间复杂度是多少？"一些读者可能一看到递归算法就想到了 log*n*，其实并不是这样的，递归算法的时间复杂度本质上要看递归的次数与每次递归中的操作次数的乘积。这里递归了几次呢？

每次递归 *n* 都做一次减 1 的操作，那么就是递归了 *n* 次，时间复杂度是 $O(n)$，每次执行一个乘法操作，而乘法操作的时间复杂度是一个常数项 $O(1)$，所以这段代码的时间复杂度是 $O(n)$（$O(n)(O(n \times 1)=O(n))$），这个时间复杂度可能没有达到面试官的预期。于是面试者又写出了如下递归算法的代码：

```
int function3(int x, int n) {
    if (n == 0) return 1;
    if (n == 1) return x; // 减少一次递归
    if (n % 2 == 1) {
        return function3(x, n / 2) * function3(x, n / 2)*x;
    }
    return function3(x, n/2) * function3(x, n/2);
}
```

面试官看到后微微一笑,问:"这段代码的时间复杂度又是多少呢?"此时面试者陷入了沉思……

首先看递归了多少次。可以把递归的次数抽象为一棵满二叉树,用一棵满二叉树来表示面试者写的这个算法(为了方便,n 为偶数),如图 2-4 所示。

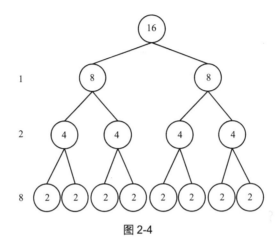

图 2-4

当前这棵二叉树就是求 x 的 n 次方,当 n 为 16 的时候,执行了多少次乘法运算操作呢?这棵树上的每一个节点就代表一次递归并执行了一次相乘操作,所以执行了多少次递归操作,就是看这棵树上有多少个节点。这棵满二叉树的节点数量是 $2^3+2^2+2^1+2^0=15$。可以发现,这其实是等比数列的求和公式,这个结论在二叉树相关的面试题里也经常出现。

如果是求 x 的 n 次方,那么这棵递归树有多少个节点呢?计算过程如图 2-5 所示。

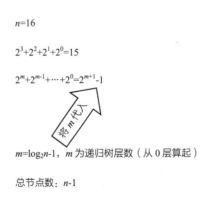

$n=16$

$2^3+2^2+2^1+2^0=15$

$2^m+2^{m-1}+\cdots+2^0=2^{m+1}-1$

将 m 代入

$m=\log_2 n-1$,m 为递归树层数(从 0 层算起)

总节点数:$n-1$

图 2-5

忽略常数项 -1 之后,可以发现这个递归算法的时间复杂度依然是 $O(n)$。此时面试官就会说:"这个递归算法的时间复杂度还是 $O(n)$ 啊。"很明显答案没有达到面试官的预期。

此时面试者又陷入深思：$O(\log n)$的递归算法应该怎么写？想一想刚刚给出的那段递归算法的代码，是不是哪里比较冗余呢？

于是面试者又写出如下递归算法的代码：

```
int function4(int x, int n) {
    if (n == 0) return 1;
    if (n == 1) return x; // 减少一次递归
    int t = function4(x, n/2);// 相对于 function3，这里是把递归操作抽取出来
    if (n % 2 == 1) {
        return t*t*x;
    }
    return t*t;
}
```

现在这段代码的时间复杂度是多少呢？这里仅有一个递归调用，而且每次递归操作的数据规模都除以 2，所以这里一共调用了 $\log_2 n$ 次，每次递归都是一次乘法操作，这也是一个常数项的操作，所以这个递归算法的时间复杂度才是真正的 $O(\log n)$。

2.2 程序的运行时间

1s 可以执行多少次运算？一些读者可能对计算机运行的速度没有概念，只是感觉计算机的运行速度很快，那么在 OJ 上做算法题目的时候为什么 OJ 会判断运行的程序超时？其超时情况如图 2-6 所示。

提交时间	提交结果	执行用时	内存消耗	语言
6 天前	超出时间限制	N/A	N/A	Cpp

图 2-6

2.2.1 超时是怎么回事

在 OJ 上练习算法的时候经常会遇到一种错误——超时。也就是说，程序运行的时间超过了规定的时间。一般判题系统的超时时间是 1s，即用例数据输入后要在 1s 内得到结果，后续为了方便讲解，暂定超时时间就是 1s。

如果写出了一个时间复杂度为 $O(n)$ 的算法，那么可以估算出 n 是多大的时候，算法的执行时间就会超过 1s。如果知道 n 的规模已经足够让时间复杂度为 $O(n)$ 的算法的执行时间超过 1s，那么就应该考虑时间复杂度为 $O(\log n)$ 的算法了。

2.2.2 从硬件配置看计算机的性能

计算机的运算速度主要取决于 CPU 的配置，以 2015 年版的 MacPro 为例，CPU 的配置为 2.7GHz Dual-Core Intel Core i5，即 2.7 GHz 奔腾双核 i5 处理器。1Hz 可以理解为 CPU 单位时间内完成了一次操作，那么 1GHz 等于多少 Hz 呢？

$$1GHz（吉赫）= 1000MHz（兆赫）$$
$$1MHz（兆赫）= 1 百万赫兹$$

所以 1GHz = 10 亿 Hz，表示 CPU 1s 可以运行 10 亿次，2.7GHz 就是 27 亿次。如果是双核，那么理论上 2015 年版的 MacPro 的 CPU 1s 可以运行 54 亿次。但是不要以为计算机的 CPU 1s 运行 54 亿次运算都用到了我们自己写的程序上，而且一般来说 CPU 大概运行十几次才能完成一次运算。同时 CPU 也要执行计算机上的各种进程任务等，我们的程序仅仅是其中的一个进程而已。

2.2.3 测试计算机的运行速度

下面通过一个程序测试计算机 1s 可以处理多大数量级的数据。头文件如下：

```
// 头文件
#include <iostream>
#include <chrono>
#include <thread>
using namespace std;
using namespace chrono;
```

实现三个函数，时间复杂度分别是 $O(n)$、$O(n^2)$、$O(n\log n)$：

```
// O(n)
void function1(long long n) {
    long long k = 0;
    for (long long i = 0; i < n; i++) {
        k++;
    }
}
// O(n²)
void function2(long long n) {
    long long k = 0;
    for (long long i = 0; i < n; i++) {
        for (long long j = 0; j < n; j++) {
            k++;
        }
    }

}
```

```
// O(nlogn)
void function3(long long n) {
    long long k = 0;
    for (long long i = 0; i < n; i++) {
        for (long long j = 1; j < n; j = j*2) { // 注意这里j=1
            k++;
        }
    }
}
```

下面看一下这三个函数的耗时随着 n 的变化会产生多大的变化。先测试 function1，把 function2 和 function3 注释掉：

```
int main() {
    long long n; // 数据规模
    while (1) {
        cout << "输入n: ";
        cin >> n;
        milliseconds start_time = duration_cast<milliseconds >(
            system_clock::now().time_since_epoch()
        );
        function1(n);
//      function2(n);
//      function3(n);
        milliseconds end_time = duration_cast<milliseconds >(
            system_clock::now().time_since_epoch()
        );
        cout << "耗时:" << milliseconds(end_time).count() -
milliseconds(start_time).count()
            <<" ms"<< endl;
    }
}
```

运行结果如下：

```
O(n)算法，输入n: 100000000
耗时：197ms
O(n)算法，输入n: 1000000000
耗时：1946ms
O(n)算法，输入n: 500000000
耗时：972ms
```

时间复杂度为 $O(n)$ 的算法，计算机在 1s 内大概可以执行 $5 \times (10^8)$ 次计算，可以推测，时间复杂度为 $O(n^2)$ 的算法，计算机在 1s 内可以处理的数据规模是 $\sqrt{5 \times (10^8)}$，实验数据如下：

```
O(n^2)算法，输入n: 1000
```

```
耗时: 2ms
O(n^2) 算法，输入 n: 10000
耗时: 197ms
O(n^2) 算法，输入 n: 20000
耗时: 784ms
O(n^2) 算法，输入 n: 25000
耗时: 1218ms
O(n^2) 算法，输入 n: 22500
耗时: 987ms
```

时间复杂度为 $O(n^2)$ 的算法，计算机在 1s 内大概可以执行 22500 次计算，验证了刚才的推测。时间复杂度为 $O(nlogn)$ 的算法，计算机在 1s 内可以处理的数据规模在理论上应该比时间复杂度为 $O(n)$ 的算法少一个数量级，实验数据如下：

```
O(nlogn) 算法，输入 n: 1000000
耗时: 40ms
O(nlogn) 算法，输入 n: 10000000
耗时: 469ms
O(nlogn) 算法，输入 n: 20000000
耗时: 981ms
```

时间复杂度为 $O(nlogn)$ 的算法，计算机在 1s 内大概可以执行 $2 \times (10^7)$ 次计算，符合预期。这是在笔者 PC 上测试出来的数据，不是十分精确，读者也可以在自己的计算机上测试一下。

至于 $O(logn)$ 和 $O(n^3)$ 等时间复杂度的算法在 1s 内可以处理多大规模的数据，读者可以编写相应的代码进行测试，注意程序的运行时间还受到很多其他因素的影响。

我们在评估测试程序 1s 内处理多大数量级的数据时，假设了每条指令执行的时间都是相同的。现在大多计算机系统的内存管理都使用了缓存技术，所以频繁访问相同地址的数据和访问不相邻元素所需的时间也是不同的。而且计算机同时运行多个程序，每个程序里还有不同的进程/线程在抢占资源，尽管有很多因素影响程序的运行时间，但称职的程序员应该对程序的运行时间有一个大致的评估。

2.3 编程语言的内存管理

你了解自己代码的内存消耗吗？说到内存消耗，就不得不提一个非常重要的知识点——编程语言的内存管理。

不同的编程语言有各自的内存管理方式：

- C/C++的内存堆空间的申请和释放完全靠自己管理。

- Java 依赖 JVM 实现内存管理，不了解 JVM 内存管理机制，很可能会因一些错误的代码写法而导致内存泄漏或内存溢出。

- Python 是通过私有堆空间管理内存的，所有 Python 对象和数据结构都存储在私有堆空间中。一般程序员没有访问堆的权限，只有解释器才能操作。

在 Python 中"万物皆对象"，并且将内存操作封装得很好，所以 Python 的基本数据类型所占的内存要远大于纯数据类型所占的内存。例如，存储 int 型数据需要占用 4 字节的存储空间，但使用 Python 申请一个对象来存放数据，所占用的空间要远大于 4 字节。

2.3.1 C++的内存管理

接下来以 C++为例介绍编程语言的内存管理。

程序运行时所需的内存空间分为固定部分和可变部分，如图 2-7 所示。

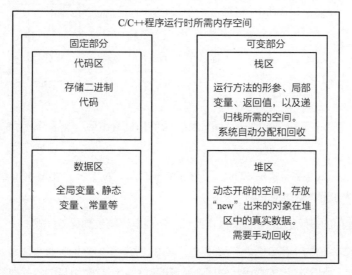

图 2-7

固定部分的内存消耗不会随着代码运行而产生变化，而可变部分会产生变化。

更具体一些，一个由 C/C++编译的程序占用的内存分为以下几个部分：

- 栈区（Stack）：由编译器自动分配释放，存放函数的参数值、局部变量的值等，其操作方式类似于数据结构中的栈。

- 堆区（Heap）：一般由程序员分配释放，若程序员不释放，则程序结束时可能由系统收回。

- 未初始化数据区（Uninitialized Data）：存放未初始化的全局变量和静态变量。

- 初始化数据区（Initialized Data）：存放已经初始化的全局变量和静态变量。

- 程序代码区（Text）：存放函数体的二进制代码。

代码区和数据区所占的空间都是固定的，而且占用的空间非常小，运行时消耗的内存主要取决于可变部分。

在可变部分中，栈区间的数据在代码块执行结束之后会被系统自动回收，而堆区的数据需要程序员回收，所以堆区容易出现内存泄漏。

而 Java、Python 则不需要程序员考虑内存泄漏的问题，虚拟机做了内存回收的工作。

2.3.2 如何计算程序占用多少内存

计算程序占用多少内存之前一定要了解自己定义的数据类型的大小，如图 2-8 所示。

C/C++的数据类型大小　　　　　　　　$2^{32}=4294967296$
32 位编译器：

char	short	int	long	float	double	指针	
1	2	4	4	4	8	4	（单位）Byte

64 位编译器：

char	short	int	long	float	double	指针	
1	2	4	8	4	8	8	（单位）Byte

图 2-8

注意图 2-8 中有两个不一样的地方，为什么 64 位的指针就占用了 8 字节，而 32 位的指针占用 4 字节呢？

1 字节占 8bit，那么 4 字节就是 32 bit，可存放数据的大小为 2^{32}，也就是 4GB 空间的大小，即可以寻找 4GB 空间大小的内存地址。

现在计算机使用的一般都是 64 位的操作系统，所以编译器也都是 64 位的。

安装 64 位操作系统的计算机的内存都超过了 4GB，也就是如果指针大小还是 4 字节，则不能寻找全部的内存地址，所以 64 位的编译器使用 8 字节的指针才能寻找所有的内存地址。

注意 2^{64} 是一个非常巨大的数，对于寻找地址来说已经足够了。

2.3.3 内存对齐

下面介绍内存管理中另一个重要的知识点——内存对齐。

不要以为只有 C/C++才存在内存对齐，只要可以跨平台的编程语言都存在内存对齐，Java、Python 都是一样的。而且面试中面试官非常喜欢问的一个问题是：为什么会有内存对齐？

主要原因如下：

（1）平台原因：不是所有的硬件平台都能访问任意内存地址上的数据，某些平台只能在一些地址处获取特定类型的数据，否则抛出硬件异常。为了使同一个程序可以在多平台运行，需要进行内存对齐。

（2）硬件原因：经过内存对齐后，CPU 访问内存的速度会大大提升。

下面这段 C++代码输出的各个数据类型的大小是多少呢？

```cpp
struct node{
    int num;
    char cha;
}st;
int main() {
    int a[100];
    char b[100];
    cout << sizeof(int) << endl;
    cout << sizeof(char) << endl;
    cout << sizeof(a) << endl;
    cout << sizeof(b) << endl;
    cout << sizeof(st) << endl;
}
```

输出的结果如下：

```
4
1
400
100
8
```

此时会发现，输出的结果和单纯计算字节数是有一些误差的，这就是执行了内存对齐的效果。

下面分析内存对齐和非内存对齐产生的效果的区别。

CPU 读取内存时不是一次读取单个字节，而是按照块来读取的，块的大小可以是 2、4、8、16字节，具体读取多少个字节取决于硬件。

假设 CPU 把内存划分为 4 字节大小的块，要读取一份 4 字节大小的 int 型数据，来看一下两种情况下 CPU 的工作量。

第一种是内存对齐的情况，如图 2-9 所示。

1 字节的 char 占用了 4 字节的内存空间，空了 3 字节的内存地址，int 数据从地址 4 开始。此时，直接读取地址 4、5、6、7 处的 4 字节数据即可。

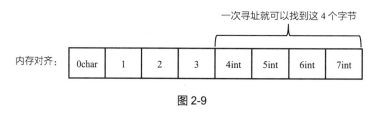

图 2-9

第二种是非内存对齐的情况，如图 2-10 所示。

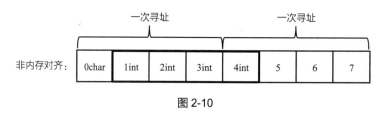

图 2-10

char 型数据和 int 型数据挨在一起，该 int 型数据从地址 1 开始，CPU 读取这个数据需要如下几步操作：

（1）CPU 读取 0、1、2、3 处的 4 字节的数据。

（2）CPU 读取 4、5、6、7 处的 4 字节的数据。

（3）合并地址 1、2、3、4 处后的 4 字节的数据才是本次操作需要的 int 型数据。

此时一共需要两次寻址、一次合并的操作。

读者可能发现内存对齐岂不是浪费了内存资源吗？

是这样的，但事实上，计算机的内存资源一般都是充足的，我们更希望提高计算机的运行速度。

编译器都会做内存对齐的操作，也就是说，当考虑程序真正占用的内存大小的时候，也需要认识到内存对齐的影响。

2.4 空间复杂度分析

2.4.1 什么是空间复杂度

空间复杂度（Space Complexity）是对一个算法在运行过程中占用内存空间大小的度量，记作 $S(n)=O(f(n))$。基于空间复杂度，可以预先估计程序运行时需要多少内存。

空间复杂度有两个常见的相关问题：

（1）空间复杂度考虑程序（可执行文件）的大小吗？

很多人都会混淆程序运行时内存的大小和程序本身的大小。这里强调一下，空间复杂度考虑的是程序运行时占用内存的大小，而不是可执行文件的大小。

（2）空间复杂度可以准确计算出程序运行时占用的内存值吗？

很多因素会影响程序真正使用的内存大小，例如，编译器的内存对齐，编程语言容器的底层实现等都会影响程序内存的开销。所以空间复杂度仅仅是预先大致评估程序内存使用的大小。

不少读者在 OJ 上遇到了超出内存限制的错误，这是因为 OJ 对程序运行时所消耗的内存都有一个限制。为了避免内存超出限制，我们需要对算法占用多大的内存有一个预估。同样在工程实践中，计算机的内存空间也不是无限的，工程师需要对软件运行时所使用的内存有一个评估，这时就需要分析算法的空间复杂度。

什么时候算法的空间复杂度是 $O(1)$ 呢？下面看一个例子，代码如下：

```
int j = 0;
for (int i = 0; i < n; i++) {
    j++;
}
```

消耗的内存空间并不会随着 n 的变化而变化，即此算法的空间复杂度为一个常量，表示为 $O(1)$。

什么时候算法的空间复杂度是 $O(n)$ 呢？

当消耗空间和输入参数 n 保持线性增长时，这时的空间复杂度为 $O(n)$。看下面这段代码：

```
int* a = new int(n);
for (int i = 0; i < n; i++) {
    a[i] = i;
}
```

在这段代码中，我们定义了一个数组，这个数组的长度为 n，虽然有一个 for 循环，但没有再分配新的空间。随着 n 的增大，占用的内存大小呈线性增长，即空间复杂度为 $O(n)$。

思考一下，什么时候算法的空间复杂度是 $O(\log n)$ 呢？

空间复杂度是 $O(\log n)$ 的情况有些特殊，在递归的时候，会出现空间复杂度为 $O(\log n)$ 的情况。

2.4.2 递归算法的空间复杂度分析

本节通过两段递归的代码详细分析其空间复杂度。

1. 递归求斐波那契数的性能分析

本节以斐波那契数为例分析递归算法的时间复杂度，先看一下求斐波那契数的递归写法：

```
// 版本一
int fibonacci(int i) {
    if(i <= 0) return 0;
    if(i == 1) return 1;
    return fibonacci(i-1) + fibonacci(i-2);
}
```

对于递归算法来说，代码一般都比较简短，从算法的逻辑上看，所用的存储空间也非常小，但运行时需要的内存不一定会少。

求斐波那契数的递归算法的时间复杂度是多少呢？

在讲解递归的时间复杂度时，我们提到了递归算法的时间复杂度本质上是递归的次数与每次递归的时间复杂度的乘积。

可以看出，上面代码的每次递归都是时间复杂度为 $O(1)$ 的操作。这里将以 i 为 5 作为输入的递归过程抽象成一棵递归树，如图 2-11 所示。

从图 2-11 中可以看出，$f(5)$ 是由 $f(4)$ 和 $f(3)$ 相加而来的，$f(4)$ 是由 $f(3)$ 和 $f(2)$ 相加而来的，以此类推。

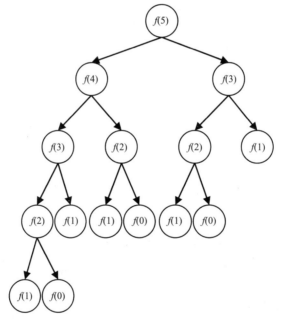

图 2-11

这棵二叉树中的每一个节点都表示一次递归操作，这棵树有多少个节点呢？

一棵深度（根节点的深度为 1）为 k 的二叉树最多可以有 2^k-1 个节点。所以该递归算法的时间复

杂度为 $O(2^n)$，这个复杂度是非常大的，随着 n 的增大，耗时是呈指数级上升的。

下面做一个实验，读者可以有一个直观的感受。

以下为 C++代码，当求第 n 个斐波那契数的时候，这段递归代码的耗时是多少呢?

```cpp
#include <iostream>
#include <chrono>
#include <thread>
using namespace std;
using namespace chrono;
int fibonacci(int i) {
        if(i <= 0) return 0;
        if(i == 1) return 1;
        return fibonacci(i - 1) + fibonacci(i - 2);
}
void time_consumption() {
    int n;
    while (cin >> n) {
        milliseconds start_time = duration_cast<milliseconds >(
            system_clock::now().time_since_epoch()
        );

        fibonacci(n);

        milliseconds end_time = duration_cast<milliseconds >(
            system_clock::now().time_since_epoch()
        );
        cout << milliseconds(end_time).count() -
milliseconds(start_time).count()
                <<" ms"<< endl;
    }
}
int main()
{
    time_consumption();
    return 0;
}
```

测试的计算机以 2015 版的 MacPro 为例，CPU 的配置为 2.7 GHz Dual-Core Intel Core i5。

测试数据如下:

- $n=40$，耗时为 837 ms。
- $n=50$，耗时为 110306 ms。

可以看出，$O(2^n)$这种指数级别的复杂度是非常大的，一般不推荐使用这种方式求斐波那契数。

如何求这段代码的空间复杂度呢？这里提供一个计算方法：递归算法的空间复杂度=每次递归的空间复杂度×递归深度。

为什么要求递归深度呢？

因为每次递归所需的空间都被压到调用栈里（这是内存管理中的数据结构，和算法中的栈的原理是一样的），一次递归结束，这个栈就把本次递归的数据"弹出去"。所以这个栈的最大长度就是递归的深度。

此时可以分析这段递归代码的空间复杂度，从代码中可以看出每次递归所需要的空间大小都是一样的，所以每次递归需要的空间是一个常量，并不会随着 n 的变化而变化，每次递归的空间复杂度就是 $O(1)$。

递归的深度如图 2-12 所示。

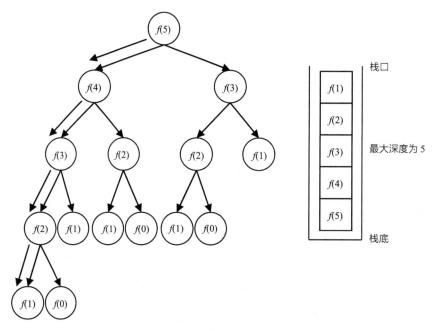

图 2-12

如果递归第 n 个斐波那契数，那么递归调用栈的深度就是 n。

每次递归的空间复杂度是 $O(1)$，调用栈的深度为 n，版本一的这段递归代码的空间复杂度就是 $O(n)$。

使用递归方法求斐波那契数的算法看上去简洁，可时间复杂度是 $O(2^n)$，非常耗时。

"罪魁祸首"就是下面的两次递归，导致时间复杂度呈指数级上升：

```
return fibonacci(i-1) + fibonacci(i-2);
```

可不可以优化一下这个递归算法呢？优化的方向主要是减少递归的调用次数。

来看如下代码：

```
// 版本二
int fibonacci(int first, int second, int n) {
    if (n <= 0) {
        return 0;
    }
    if (n < 3) {
        return 1;
    }
    else if (n == 3) {
        return first + second;
    }
    else {
        return fibonacci(second, first + second, n - 1);
    }
}
```

这里相当于用 first 和 second 记录了当前相加的两个数值，此时就不必使用两次递归了。

因为每次递归的时候 n 要减 1，即只递归了 n 次，所以时间复杂度是 $O(n)$。

同理，递归的深度依然是 n，每次递归所需的空间也是常数，所以空间复杂度依然是 $O(n)$。

代码（版本二）的复杂度如下：

- 时间复杂度：$O(n)$。
- 空间复杂度：$O(n)$。

测试一下版本二代码的耗时情况：

```
#include <iostream>
#include <chrono>
#include <thread>
using namespace std;
using namespace chrono;
int fibonacci_2(int i) {
        if(i <= 0) return 0;
        if(i == 1) return 1;
```

```
        return fibonacci_2(i - 1) + fibonacci_2(i - 2);
    }
int fibonacci_3(int first, int second, int n) {
    if (n <= 0) {
        return 0;
    }
    if (n < 3) {
        return 1;
    }
    else if (n == 3) {
        return first + second;
    }
    else {
        return fibonacci_3(second, first + second, n - 1);
    }
}

void time_consumption() {
    int n;
    while (cin >> n) {
        milliseconds start_time = duration_cast<milliseconds >(
            system_clock::now().time_since_epoch()
        );

        // fibonacci_2(n);
        fibonacci_3(1, 1, n);

        milliseconds end_time = duration_cast<milliseconds >(
            system_clock::now().time_since_epoch()
        );
        cout << milliseconds(end_time).count() -
milliseconds(start_time).count()
            <<" ms"<< endl;
    }
}
int main()
{
    time_consumption();
    return 0;
}
```

测试数据如下：

- n=40，耗时为 0 ms。

0 ms 表示该算法在 n 为 40 时，毫秒级别的精度已经无法表示其具体耗时，并不代表没有耗时，只是四舍五入了。

- n=50，耗时为 0 ms。

此时可以看出两种递归写法的性能差距了。

下面对各种求斐波那契数的算法的性能进行分析，如表 2-1 所示。

表 2-1

求斐波那契数	时间复杂度	空间复杂度
非递归算法	$O(n)$	$O(1)$
递归算法	$O(2^n)$	$O(n)$
优化递归算法	$O(n)$	$O(n)$

可以看出，求斐波那契数的时候，使用递归算法在性能上不一定是最优的，但递归算法确实让代码看上去更简洁一些。

2. 二分法（递归实现）的性能分析

下面分析一段二分查找代码（递归实现）的性能：

```
int binary_search( int arr[], int l, int r, int x) {
    if (r >= l) {
        int mid = l + (r - l) / 2;
        if (arr[mid] == x)
            return mid;
        if (arr[mid] > x)
            return binary_search(arr, l, mid - 1, x);
        return binary_search(arr, mid + 1, r, x);
    }
    return -1;
}
```

二分查找的时间复杂度是 $O(\log n)$，那么递归二分查找的空间复杂度是多少呢？

我们依然看每次递归的空间复杂度和递归的深度。

在 C/C++中，递归函数传递的数组参数是首元素地址，而不是整个数组，也就是说，每一层递归都共用一块数组地址空间，所以每次递归的空间复杂度是常数，即 $O(1)$。

再来看递归的深度，二分查找的递归深度是 $\log n$，递归深度就是调用栈的长度，那么这段代码的空间复杂度为 $O(1 \times \log n)=O(\log n)$。

这里要注意自己所用的语言在传递函数参数时，复制的是整个数组还是地址，如果复制的是整个数组，那么该二分法的空间复杂度就是 $O(n\log n)$。

2.4.3 以空间换时间是常见的优化思路

什么是以空间换时间？直白地说就是：消耗更多的内存来让程序更快地计算出结果。

为什么以空间换时间是常见的优化思路呢？

从算法面试的角度来说，面试官一般倾向于面试者可以写出时间复杂度更低的代码，对于工业级别的工程项目来说，也是强调代码的运行速度的。

例如，我们平时在使用各种互联网应用的时候，如果等了 1s 以上还没有刷新出页面或者想得到的信息，那么基本就会放弃等待了。这对互联网公司来说就是失去了一位用户，或者失去了一次成交的机会，所以互联网公司都非常注重程序的响应速度。

举一个以空间换时间的例子：给出 n 个字母（小写字母从 a 到 z），找出出现次数最多的字母并输出该字母。

首先想到的就是使用两层 for 循环枚举出现次数最多的字母，C++代码如下：

```cpp
void solution(const vector<char>& a) {
    char result; // 表示出现次数最多的字母
    int max_count = 0; // 记录 result 出现的最多次数
    for(int i = 0; i < a.size(); i++) {
        int num = 0; // 记录 a[i] 出现的次数
        for(int j = 0; j < a.size(); j++) {
            if (a[i] == a[j]) {
                num ++;
            }
        }
        if (num > max_count) { // 如果 a[i] 出现的次数大于 max_count, 就把 a[i]
                               // 及其出现的次数都记录下来
            result = a[i];
            max_count = num;
        }
    }
    cout << "出现最多的字母是: " << result << ", 出现的次数: " << max_count << endl;
}
```

- 时间复杂度：$O(n^2)$。
- 空间复杂度：$O(1)$。

如何降低时间复杂度呢？

这里可以基于以空间换时间的思路，使用一个数组记录字母出现了多少次。

因为题目中要求字母都是小写字母，所以可以设定一个长度为 26 的数组（因为有 26 个字母）。

这样只需要遍历一次就可以解决这个问题了，C++代码如下：

```cpp
void solution_1(const vector<char>& a) {
    int record[26] = {0}; // 存放 26 个字母出现的次数，初始化为 0
    for(int i = 0 ;i < a.size(); i++) {
        record[a[i] - 'a'] ++; // 用字符的 ASCII 码来做运算，生成对应的数组下标，
                               // 数组下标对应的数据就是该字符出现的次数
    }
    char result; // 记录结果
    int max_count = 0; // 记录出现 result 的最多次数

    for(int i = 0; i < 26; i++) {
        if (record[i] > max_count) {
            max_count = record[i];
            result = i + 'a'; // 使用 ASCII 码来做运算
        }
    }
    cout << "出现最多的字母是: " << result << ", 出现的次数: " << max_count << endl;
}
```

- 时间复杂度：$O(n)$。
- 空间复杂度：$O(1)$。

后面要讲解的哈希法就是基于以空间换时间思路实现的。

在哈希法中，使用数组、set、map 等容器无一例外都基于以空间换时间的思路。先将集合中的数据放进容器，然后通过哈希索引的方式快速找到某个元素是否出现在这个集合中。

在哈希法中，时间复杂度一般是 $O(1)$ 级别，就是因为使用了"空间"将集合中的数据进行了预处理，节约了"时间"，从而达到快速查找的目的。

2.5 本章小结

本章详细分析了使用递归算法实现的求斐波那契数和二分法的空间复杂度，同时对时间复杂度做了分析。

特别是两种递归算法实现的求斐波那契数，其时间复杂度截然不同。我们还通过实验验证了时间复杂度为 $O(2^n)$ 的算法是非常耗时的。

第 3 章

数组

3.1 数组理论基础

数组是基本的数据结构，面试中考查数组的题目一般在思维上并不复杂，主要是考查面试者对代码的掌控能力。也就是说，逻辑很简单，但实现起来可能就有难度了。

首先要知道数组在内存中的存储方式，这样才能真正理解数组相关的面试题。

数组是存储在连续内存空间上的相同类型数据的集合。在数组中，可以方便地通过下标索引的方式获取对应的数据。举一个字符数组的例子，如图 3-1 所示。

图 3-1

需要注意的是：

- 数组下标都是从 0 开始的。
- 数组在内存空间的地址是连续的。

正因为数组在内存空间的地址是连续的，所以删除或者增添元素时难免要移动其他元素的地址。例如，删除下标为 3 的元素，需要对下标为 3 的元素后面的所有元素做移动操作，如图 3-2 所示。

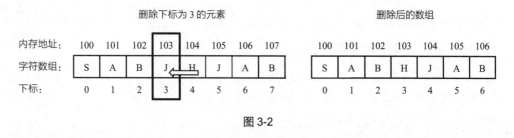

图 3-2

所以数组中的元素不能删除，只能覆盖。如果使用 C++编程，则要注意 vector 和 array 的区别，vector 的底层实现其实就是 array。

二维数组的示例如图 3-3 所示。

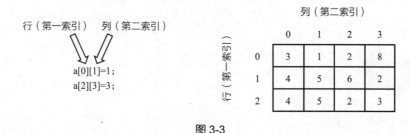

图 3-3

二维数组在内存中的空间地址是连续的吗？

不同编程语言的内存管理是不一样的，以 C++为例，在 C++中二维数组是连续分布的。

我们来做一个实验，C++测试代码如下：

```
void test_arr() {
    int array[2][3] = {
    {0, 1, 2},
    {3, 4, 5}
    };
    cout << &array[0][0] << " " << &array[0][1] << " " << &array[0][2] << endl;
    cout << &array[1][0] << " " << &array[1][1] << " " << &array[1][2] << endl;
}

int main() {
    test_arr();
}
```

测试地址如下：

```
0x7ffee4065820 0x7ffee4065824 0x7ffee4065828
0x7ffee406582c 0x7ffee4065830 0x7ffee4065834
```

注意地址为十六进制，可以看出二维数组的地址是连续的。

因为这是一个 int 类型的数组，所以两个相邻数组的元素地址差 4 字节。0x7ffee4065820 与 0x7ffee4065824 相差 4，即 4 字节，0x7ffee4065828 与 0x7ffee406582c 也相差了 4 字节（在十六进制中，8+4=c，c 就是 12），如图 3-4 所示。

图 3-4

3.2 二分查找

力扣题号：704.二分查找。

【题目描述】

在一个有序无重复元素的数组 nums 中，寻找一个元素 target，如果找到了就返回对应的下标，如果没找到就返回-1。

【示例】

输入：[1,2,3,4,7,9,10]，2。

输出：1。

输入：[1,2,3,4,7,9,10]，8。

输出：-1。

【思路】

这道题目的前提是数组为有序数组，同时题目还强调数组中无重复元素，因为一旦有重复元素，那么使用二分法返回的元素下标可能不是唯一的。这些都是使用二分法的前提条件，当看到题目描述满足以上条件的时候，就要想一想是不是可以用二分法了。

二分法虽然逻辑比较简单，但涉及很多边界条件，很容易写错。例如，到底是 while(left<right) 还是 while(left<=right)，到底是 right=middle 还是 right=middle-1 呢？

经常写错的原因主要是不清楚区间的定义，区间的定义就是"不变量"。要在二分查找的过程中保持"不变量"——在 while 循环中，每一次边界的处理都根据区间的定义来操作，这就是"循环不变量"规则。

二分法中区间的定义一般有两种，一种是左闭右闭即[left, right]，另一种是左闭右开即[left, right)。下面基于这两种区间的定义分别讲解两种不同的二分法写法。

3.2.1 二分法写法（一）

定义 target 在一个左闭右闭的区间，也就是[left, right]，这个搜索区间的定义非常重要。区间的定义决定了应该如何写二分法的代码。因为定义 target 在[left, right]区间，所以有如下两点：

- 因为 left 与 right 相等的情况在[left, right]区间是有意义的，所以在 while (left <= right)中要使用 <=。
- 如果 nums[middle] 大于 target，则更新搜索范围右下标 right 为 middle–1。因为当前这个 nums[middle]一定不是 target，所以接下来要查找的左区间结束下标位置是 middle-1。

以在数组[1,2,3,4,7,9,10]中查找元素 2 为例，如图 3-5 所示。

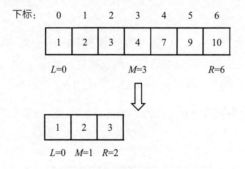

图 3-5

C++代码如下：

```cpp
// 版本一
class Solution {
public:
    int search(vector<int>& nums, int target) {
        int left = 0;
        // 定义 target 在左闭右闭的区间，即[left,right]
        int right = nums.size() - 1;
        // 当 left==right 时，[left,right]区间依然有效，所以使用<=
        while (left <= right) {
```

```
            // 防止溢出, 等同于(left+right)/2
            int middle = left + ((right - left) / 2);
            if (nums[middle] > target) {
                right = middle - 1; // target 在左区间[left,middle-1]
            } else if (nums[middle] < target) {
                left = middle + 1; // target 在右区间[middle+1,right]
            } else { // nums[middle] == target
                return middle; // 在数组中找到目标值, 直接返回下标
            }
        }
        // 未找到目标值
        return -1;
    }
};
```

3.2.2 二分法写法（二）

如果定义 target 在一个左闭右开的区间，也就是[left, right)，那么二分法的边界处理方式截然不同，体现在如下两点：

- while (left < right)，这里使用 "<" 是因为 left 与 right 相同的情况在 [left, right)区间是没有意义的。
- 如果 nums[middle]大于 target，则更新搜索范围右下标 right 为 middle。因为当前 nums[middle] 不等于 target，那么去左区间继续寻找，而寻找的区间是左闭右开区间，所以 right 更新为 middle，即在下一个查询区间不会比较 nums[middle]。

以在数组[1,2,3,4,7,9,10]中查找元素 2 为例，如图 3-6 所示（**注意和方法一的区别**）。

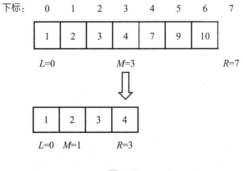

图 3-6

C++代码如下：

```
// 版本二
```

```cpp
class Solution {
public:
    int search(vector<int>& nums, int target) {
        int left = 0;
        int right = nums.size(); // 定义 target 在左闭右开的区间, 即[left,right)
        // 因为 left==right 时, [left,right)是无效的空间, 所以使用<
        while (left < right) {
            int middle = left + ((right - left) >> 1);
            if (nums[middle] > target) {
                right = middle; // target 在左区间[left,middle)
            } else if (nums[middle] < target) {
                left = middle + 1; // target 在右区间[middle+1,right)
            } else { // nums[middle] == target
                return middle; // 在数组中找到目标值, 直接返回下标
            }
        }
        // 未找到目标值
        return -1;
    }
};
```

3.3 移除元素

力扣题号：27.移除元素。

【题目描述】

原地移除数组中所有等于 val 的元素, 要求不能使用额外的辅助空间, 即空间复杂度为 $O(1)$。

返回移除元素后新数组的 size。

【提示】

思考题目中为什么没有要求返回移除元素之后的数组呢?

因为数组中的元素无法真正移除, 只能靠后一个元素覆盖前一个元素, 返回移除后的数组没有意义。

【示例】

数组为[4,5,6,4,4,4]。

移除的元素为 4。

原地移除元素 4 之后的数组为[5,6], 数组长度为 2。

【思路】

有的读者可能会想：多余的元素，删掉不就得了，有什么难的呢？

要知道数组中的元素在内存地址上是连续的，不能单独删除数组中的某个元素，只能覆盖。

3.3.1 暴力解法

这个题目的暴力解法是使用两个 for 循环，第一个 for 循环遍历数组元素，第二个 for 循环更新数组，移除元素的过程如图 3-7 所示。

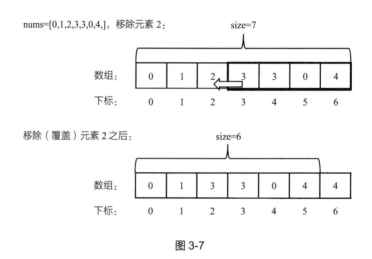

图 3-7

暴力解法的 C++代码：

```cpp
class Solution {
public:
    int removeElement(vector<int>& nums, int val) {
        int size = nums.size();
        for (int i = 0; i < size; i++) {
            if (nums[i] == val) { // 发现需要移除的元素就将数组集体向前移动一位
                for (int j = i + 1; j < size; j++) {
                    nums[j - 1] = nums[j];
                }
                i--; // 因为下标i以后的数值都向前移动了一位，所以i也向前移动一位
                size--; // 此时数组的长度-1
            }
        }
        return size;

    }
```

```
};
```

- 时间复杂度：$O(n^2)$。
- 空间复杂度：$O(1)$。

3.3.2 双指针法

双指针法（快慢指针法）：通过一个快指针和慢指针在一个 for 循环内完成两个 for 循环的工作。

移除元素的过程如图 3-8 所示。

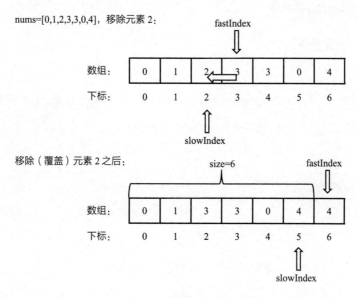

图 3-8

C++代码如下：

```
class Solution {
public:
    int removeElement(vector<int>& nums, int val) {
        int slowIndex = 0;
        for (int fastIndex = 0; fastIndex < nums.size(); fastIndex++) {
            if (val != nums[fastIndex]) {
                nums[slowIndex++] = nums[fastIndex];
            }
        }
        return slowIndex;
    }
};
```

- 时间复杂度：$O(n)$。
- 空间复杂度：$O(1)$。

【本题小结】

双指针法（快慢指针法）在数组和链表的操作中是很常见的，很多考查数组和链表操作的面试题都可以使用双指针法解决。

3.4 长度最小的子数组

力扣题号：209.长度最小的子数组。

【题目描述】

在一个正整数数组 nums 中找到最小长度的连续子数组，使子数组元素之和大于或等于 s。

返回满足条件的连续子数组的最小长度，如果没找到则返回 0。

【示例】

输入：s=12，nums=[4,6,2,4,9,8,7]。

输出：2。

【解释】

连续子数组[4,9]、[9,8] 和 [8,7]满足条件，长度皆为 2。

3.4.1 暴力解法

这道题目的暴力解法是使用两个 for 循环，不断地寻找符合条件的子数组，时间复杂度是 $O(n^2)$。

暴力解法的 C++代码如下：

```cpp
class Solution {
public:
    int minSubArrayLen(int s, vector<int>& nums) {
        int result = INT32_MAX; // 最终的结果
        int sum = 0;            // 子数组的元素之和
        int subLength = 0;      // 子数组的长度
        for (int i = 0; i < nums.size(); i++) { // 设置子数组起点为 i
            sum = 0;
            for (int j = i; j < nums.size(); j++) { // 设置子数组终止位置为 j
                sum += nums[j];
                if (sum >= s) { // 一旦发现子数组元素之和超过 s 就更新 result
```

```
                            subLength = j - i + 1; // 获取子数组的长度
                            result = result < subLength ? result : subLength;
                            break;
                        }
                    }
                }
                // 如果 result 没有被赋值，则返回 0，说明没有符合条件的子数组
                return result == INT32_MAX ? 0 : result;
            }
        };
```

- 时间复杂度：$O(n^2)$。
- 空间复杂度：$O(1)$。

3.4.2 滑动窗口

接下来介绍数组操作中另一个重要的方法——滑动窗口。

所谓滑动窗口，就是不断地调节子数组的起始位置和终止位置，从而得出我们想要的结果。以题目描述中的情况为例，查找的过程如图 3-9 所示。

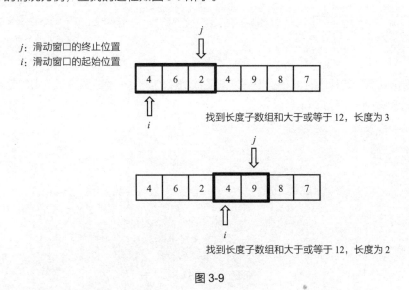

图 3-9

最后找到的[4,9]是满足条件的子数组。

滑动窗口也可以理解为双指针法的一种，只不过这种解法更像是一个窗口的移动。在本题中实现滑动窗口，主要是确定以下三点：

- 窗口内的元素是什么？

- 如何移动窗口的起始位置？
- 如何移动窗口的终止位置？

窗口内的元素：保持窗口内数值总和大于或等于 s 的长度最小的连续子数组。

移动窗口的起始位置：如果当前窗口的值大于或等于 s，则窗口向前移动（也就是窗口该缩小了）。

移动窗口的结束位置：窗口的结束位置就是 for 循环遍历数组的指针。

解题的关键在于如何移动窗口的起始位置，如图 3-10 所示。

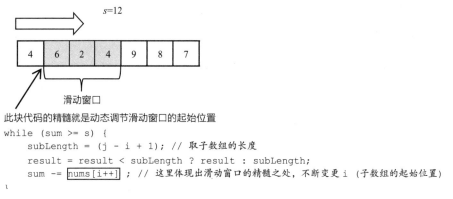

图 3-10

可以发现滑动窗口的精妙之处在于根据当前子数组和的大小，不断调节子数组的起始位置，从而将时间复杂度从 $O(n^2)$ 降为 $O(n)$。

C++代码如下：

```cpp
class Solution {
public:
    int minSubArrayLen(int s, vector<int>& nums) {
        int result = INT32_MAX;
        int sum = 0;        // 滑动窗口的数值之和
        int i = 0;          // 滑动窗口的起始位置
        int subLength = 0;  // 滑动窗口的长度
        for (int j = 0; j < nums.size(); j++) {
            sum += nums[j];
            // 注意这里使用while，每次更新i（起始位置）并不断比较子数组是否符合条件
            while (sum >= s) {
                subLength = (j - i + 1); // 获取子数组的长度
                result = result < subLength ? result : subLength;
                // 这里体现出滑动窗口的精髓之处，不断变更i（子数组的起始位置）
                sum -= nums[i++];
```

```
            }
        }
        // 如果 result 没有被赋值, 则返回 0, 说明没有符合条件的子数组
        return result == INT32_MAX ? 0 : result;
    }
};
```

- 时间复杂度: $O(n)$。
- 空间复杂度: $O(1)$。

3.5 这个循环转懵了很多人

力扣题号: 59.螺旋矩阵 II 。

【题目描述】给出一个正整数 n, 按从外向内的螺旋顺序打印 1 到 n^2 的所有数值。

【示例】

输入: 3。

输出:

```
[
  [ 1, 2, 3 ],
  [ 8, 9, 4 ],
  [ 7, 6, 5 ]
]
```

【思路】

这道题目在面试中出现的频率较高, 本题并不涉及算法, 就是模拟螺旋顺序打印的过程, 但十分考查面试者对代码的掌控能力。

3.5.1 循环不变量

如何打印出这个螺旋排列的正方形矩阵呢?

很多读者刚开始做这种题目的时候, 认为模拟转圈的过程就可以了, 但是代码运行的时候就会发现各种问题, 然后开始对代码"修修补补", 最后发现改了这里那里就有问题, 改了那里这里又运行不起来了。

模拟顺时针"画"矩阵的过程:

- 从左到右填充上行。

- 从上到下填充右列。
- 从右到左填充下行。
- 从下到上填充左列。

由外向内一圈一圈地"画"下去，可以发现这里的边界条件非常多，在一个循环中有如此多的边界条件，如果不按照固定规则遍历，那么就是"一进循环深似海，从此 Offer 是路人"。

在 3.2 节讲解二分法的过程中，提到了如果要写出正确的二分法，一定要坚持循环不变量原则，解答本题依然要坚持循环不变量原则。

矩阵的四条边都要坚持一致的左闭右开或者左开右闭的原则，这样才能按照统一的规则"画"下来。很多读者在模拟画圈的过程中之所以会越画越乱，就是因为一会儿左闭右开，一会儿左开右闭，一会儿又左闭右闭，所以陷入了 Bug 的泥潭。

按照左闭右开的原则"画圈"，如图 3-11 所示。

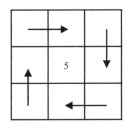

图 3-11

图 3-11 中每一个箭头覆盖的长度表示一条边遍历的长度，可以看出每一个拐角处的处理规则，在拐角处开始画一条新的边，这里的左闭右开就是"不变量"，在循环中坚持这个"不变量"，才能顺利地把这个圈"画"出来。

3.5.2 代码实现

```cpp
class Solution {
public:
    vector<vector<int>> generateMatrix(int n) {
        vector<vector<int>> res(n, vector<int>(n, 0));
        int startx = 0, starty = 0; // 定义每循环一个圈的起始位置
        int loop = n / 2; // 代表循环几圈，如果 n 为奇数 3，
                          // 那么 loop=1，只是循环一圈
        int mid = n / 2;    // 矩阵中间的位置，例如：n 为 3，中间的位置就是(1,1)
        int count = 1;      // 用来给矩阵中每一个空格赋值
        int offset = 1;     // 每一圈循环都需要控制每一条边遍历的长度
        int i,j;
```

```
    while (loop --) {
        i = startx;
        j = starty;

        // 下面开始的 4 个 for 就是模拟转了一圈
        // 模拟填充上行从左到右(左闭右开)
        for (j = starty; j < n - offset; j++) {
            res[startx][j] = count++;
        }
        // 模拟填充右列从上到下(左闭右开)
        for (i = startx; i < n - offset; i++) {
            res[i][j] = count++;
        }
        // 模拟填充下行从右到左(左闭右开)
        for (; j > starty; j--) {
            res[i][j] = count++;
        }
        // 模拟填充左列从下到上(左闭右开)
        for (; i > startx; i--) {
            res[i][j] = count++;
        }

        // 第二圈开始的时候, 起始位置要各自加1,
        // 例如: 第一圈的起始位置是(0,0), 第二圈的起始位置是(1,1)
        startx++;
        starty++;

        // offset 用于控制每一圈中每一条边遍历的长度
        offset += 1;
    }

    // 如果 n 为奇数, 则需要单独给矩阵最中间的位置赋值
    if (n % 2) {
        res[mid][mid] = count;
    }
    return res;
    }
};
```

可以看出 while 循环中的判断逻辑是很多的, 处理原则也是统一的左闭右开。

3.6 本章小结

从二分法到双指针法，从滑动窗口到螺旋矩阵，这些都是非常重要算法思想！

本章并没有给出太多纯数组的题目，因为数组是基本的数据结构，在讲解其他算法时会变相地用到数组，在讲解后续章节的算法题目时也会涉及数组。

第 4 章

链表

4.1 链表理论基础

链表是一种通过指针串联在一起的线性结构，每一个节点由两部分组成，一个是数据域，另一个是指针域（存放指向下一个节点的指针），最后一个节点的指针域指向 NULL（空指针）。

链接的入口点称为链表的头节点，也就是 head。

链表构造结构如图 4-1 所示。

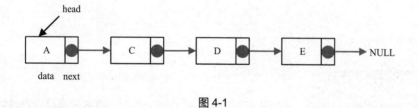

图 4-1

4.1.1 链表的类型

链表主要有三种类型。

1. 单链表

图 4-1 所示的就是单链表。

2. 双链表

单链表中的节点只能指向节点的下一个节点，而双链表中的每一个节点有两个指针域，一个指向下一个节点，另一个指向上一个节点。双链表既可以向前查询，也可以向后查询。

双链表结构如图 4-2 所示。

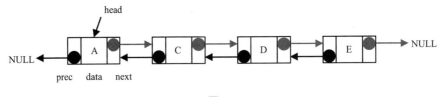

图 4-2

3. 循环链表

顾名思义，循环链表就是首尾相连的链表，如图 4-3 所示。

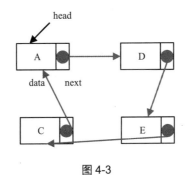

图 4-3

循环链表可以用来解决约瑟夫环问题。

4.1.2 链表的存储方式

数组在内存中是连续分布的，但链表在内存中不是连续分布的。链表是通过指针域的指针来链接内存中各个节点的。所以链表中的节点在内存中不是连续分布的，而是散乱分布在内存中的某地址上，分配机制取决于操作系统的内存管理。

链表的存储方式如图 4-4 所示，起始节点为 2，终止节点为 3。各个节点分布在内存的不同地址空间上，通过指针串联在一起。

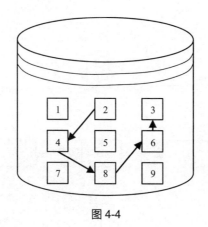

图 4-4

4.1.3 链表的定义

很多人在面试的时候都写不好链表节点的定义，这是因为平时在 OJ 上做题的时候，默认链表的节点都定义好了，可以直接使用。而在面试的时候，一旦需要自己手写链表，就写得错漏百出。

下面给出链表节点的 C++定义方式：

```cpp
// 单链表
struct ListNode {
    int val;  // 节点上存储的元素
    ListNode *next;  // 指向下一个节点的指针
    ListNode(int x) : val(x), next(nullptr) {}  // 节点的构造函数
};
```

这里会发现结构体中有一个构造函数。虽然不写这个构造函数 C++也会默认生成一个构造函数，但是 C++默认生成的构造函数不会初始化任何成员变量。下面举两个例子。

通过自定义构造函数初始化节点：

```cpp
ListNode* head = new ListNode(5);
```

使用默认构造函数初始化节点：

```cpp
ListNode* head = new ListNode();
head->val = 5;
```

如果不定义而是使用默认构造函数，那么在初始化的时候就不能直接给变量赋值。

4.1.4 链表的操作

1. 删除节点

删除 D 节点，如图 4-5 所示。

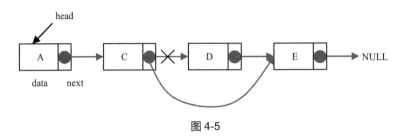

图 4-5

只要将 C 节点的 next 指针指向 E 节点就可以了。

疑问：节点 D 不是依然存留在内存中吗？

是的，此时节点 D 只不过从链表中被移除了而已。在 C++中，最好手动释放这个 D 节点和这块内存。

其他语言（如 Java、Python）有自己的内存回收机制，就不用手动释放了。

2. 添加节点

添加节点，如图 4-6 所示。

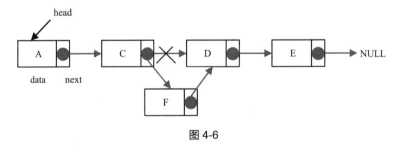

图 4-6

可以看出链表的添加和删除都是时间复杂度为 $O(1)$ 的操作，不会影响其他节点。但是要注意，删除或者添加某个节点的前提是找到操作节点的前一个节点，而查找前一个节点的时间复杂度是 $O(n)$。

4.1.5 性能分析

把链表的特性和数组的特性进行对比，如表 4-1 所示。

表 4-1

	插入/删除（时间复杂度）	查询（时间复杂度）	使用场景
数组	$O(n)$	$O(1)$	数据量固定，频繁查询，较少增删
链表	$O(1)$	$O(n)$	数据量不固定，频繁删除，较少查询

在定义数组的时候，长度是固定的，如果想改动数组的长度，则需要重新定义一个新的数组。

链表的长度可以是不固定的，并且可以动态增删，适合数据量不固定、频繁增删、较少查询的场景。

4.2 用虚拟头节点会方便得多

力扣题号：203.移除链表元素。

【题目描述】

在链表中删除指定的元素。

【示例】

输入：[1→4→2→4]，val=4。

输出：[1→2]。

【思路】

以示例为例，删除元素 4，如图 4-7 所示。

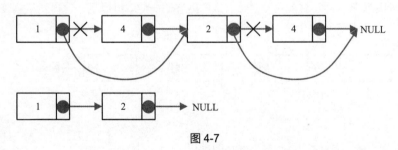

图 4-7

如果使用 C、C++，则不要忘了还要从内存中删除这两个被移除的节点，清理节点内存之后的结构如图 4-8 所示。

如果使用 Java 、Python，那么不用手动管理内存。在 OJ 上做题，不手动清理内存也是可以的，只不过内存使用的空间大一些而已。

再来看一下删除元素的操作，删除元素就是让节点的 next 指针直接指向下一个节点的下一个节点。因为单链表的特殊性，所以需要找到操作节点的前一个节点。刚刚删除的是链表中第二个和第四个节点，如果删除的是头节点，又该怎么办呢？

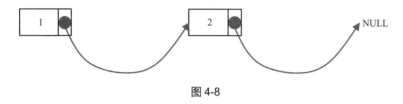

图 4-8

这里涉及如下两种链表操作方式：

- 直接使用原来的链表执行删除操作。
- 设置一个虚拟头节点再执行删除操作。

第一种操作：直接使用原来的链表删除节点，如图 4-9 所示。

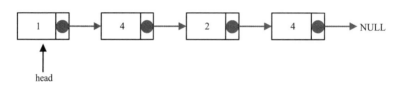

图 4-9

删除头节点和删除其他节点的操作是不一样的，因为链表的其他节点都是通过前一个节点来删除当前节点的，而头节点没有前一个节点。

那么如何删除头节点呢？其实只要将头节点向后移动一位就可以了，这样就从链表中删除了一个头节点，如图 4-10 所示。

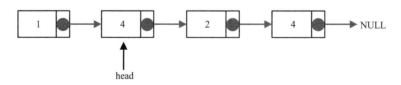

图 4-10

依然别忘了将原头节点从内存中删除，如图 4-11 所示。

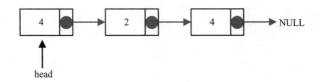

图 4-11

有没有发现在单链表中删除头节点和删除其他节点的操作方式是不一样的？其实在写代码的时候也需要单独写一段逻辑来处理删除头节点的情况。

实现代码如下：

```cpp
class Solution {
public:
    ListNode* removeElements(ListNode* head, int val) {
        // 删除头节点
        while (head != NULL && head->val == val) { // 注意这里不是 if
            ListNode* tmp = head;
            head = head->next;
            delete tmp;
        }

        // 删除非头节点
        ListNode* cur = head;
        while (cur != NULL && cur->next!= NULL) {
            if (cur->next->val == val) {
                ListNode* tmp = cur->next;
                cur->next = cur->next->next;
                delete tmp;
            } else {
                cur = cur->next;
            }
        }
        return head;
    }
};
```

那么可不可以以一种统一的逻辑来删除链表的节点呢？

其实可以设置一个虚拟头节点，这样原链表的所有节点就都可以按照统一的方式删除了。下面看一下如何设置一个虚拟头节点，依然在这个链表中删除元素 1，如图 4-12 所示。

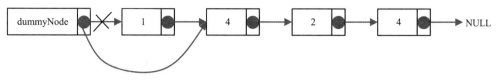

图 4-12

这里给链表添加了一个虚拟头节点并将其设为新的头节点，此时删除这个旧头节点（元素 1 ）的方式就和删除链表中其他节点的方式一样了。

在题目中，返回头节点的时候，别忘了 dummyNode->next 才是新的头节点。

实现代码如下：

```cpp
class Solution {
public:
    ListNode* removeElements(ListNode* head, int val) {
        ListNode* dummyHead = new ListNode(0); // 设置一个虚拟头节点
        dummyHead->next = head; // 将虚拟头节点指向 head，方便后面执行删除操作
        ListNode* cur = dummyHead;
        while (cur->next != NULL) {
            if (cur->next->val == val) {
                ListNode* tmp = cur->next;
                cur->next = cur->next->next;
                delete tmp; // 使用 C++时需要手动清理内存
            } else {
                cur = cur->next;
            }
        }
        head = dummyHead->next;
        delete dummyHead; // 使用 C++时需要手动清理内存
        return head;
    }
};
```

注意：这里额外的代码用来删除节点，使用 C++的读者需要注意，使用其他编程语言的读者不需要手动清理内存。后续讲解的过程中就不再写手动清理内存的逻辑了，这样也降低了使用其他编程语言的读者阅读本书的难度。

4.3 链表常见的六个操作

力扣题号：707.设计链表。

【题目描述】

设计一个链表类，实现六个接口：

- 获取链表的第 index 个节点的数值。
- 在链表的最前面插入一个节点。
- 在链表的最后面插入一个节点。
- 在链表的第 index 个节点前面插入一个节点。
- 删除链表的第 index 个节点。
- 打印当前链表。

注意：index 是从 0 开始的，第 0 个节点就是头节点。

【示例】

```
MyLinkedList *myLinkedList = new MyLinkedList();
myLinkedList->addAtTail(3);
myLinkedList->addAtHead(1);
myLinkedList->addAtHead(2);
myLinkedList->printLinkedList();        // 链表为 2->1->3
myLinkedList->addAtIndex(1, 4);
myLinkedList->printLinkedList();        // 链表为 2->4->1->3
cout << myLinkedList->get(1) << endl;   // 打印 4
myLinkedList->deleteAtIndex(2);         // 现在链表是 2->4->3
cout << myLinkedList->get(2) << endl;   // 打印 3
```

【思路】

这是练习链表操作非常好的一道题目，这六个接口覆盖了链表的常见操作。

下面采用设置虚拟头节点的方法实现这六个接口，代码如下：

```
class MyLinkedList {
public:
    // 定义链表节点的结构体
    struct LinkedNode {
        int val;
        LinkedNode* next;
        LinkedNode(int val):val(val), next(nullptr){}
```

```cpp
};

// 初始化链表
MyLinkedList() {
    // 这里定义的头节点是一个虚拟头节点，而不是真正的链表头节点
    _dummyHead = new LinkedNode(0);
    _size = 0;
}

// 获取第 index 个节点的数值，如果 index 是非法数值则直接返回-1
// 注意 index 是从 0 开始的，第 0 个节点就是头节点
int get(int index) {
    if (index > (_size - 1) || index < 0) {
        return -1;
    }
    LinkedNode* cur = _dummyHead->next;
    while(index--){ // 如果写成"--index"就会陷入死循环
        cur = cur->next;
    }
    return cur->val;
}

// 在链表最前面插入一个节点，插入完成后，新插入的节点为链表新的头节点
void addAtHead(int val) {
    LinkedNode* newNode = new LinkedNode(val);
    newNode->next = _dummyHead->next;
    _dummyHead->next = newNode;
    _size++;
}

// 在链表最后面添加一个节点
void addAtTail(int val) {
    LinkedNode* newNode = new LinkedNode(val);
    LinkedNode* cur = _dummyHead;
    while(cur->next != nullptr){
        cur = cur->next;
    }
    cur->next = newNode;
    _size++;
}

// 在第 index 个节点之前插入一个新节点
// 如果 index 为 0，那么新插入的节点为链表新的头节点
// 如果 index 等于链表的长度，则说明新插入的节点为链表的尾节点
```

```cpp
    // 如果 index 大于链表的长度，则返回空
    void addAtIndex(int index, int val) {
        if (index > _size) {
            return;
        }
        LinkedNode* newNode = new LinkedNode(val);
        LinkedNode* cur = _dummyHead;
        while(index--) {
            cur = cur->next;
        }
        newNode->next = cur->next;
        cur->next = newNode;
        _size++;
    }

    // 删除第 index 个节点，如果 index 大于或等于链表的长度，则直接返回
    // 注意 index 是从 0 开始的
    void deleteAtIndex(int index) {
        if (index >= _size || index < 0) {
            return;
        }
        LinkedNode* cur = _dummyHead;
        while(index--) {
            cur = cur ->next;
        }
        LinkedNode* tmp = cur->next;
        cur->next = cur->next->next;
        delete tmp;
        _size--;
    }

    // 打印链表
    void printLinkedList() {
        LinkedNode* cur = _dummyHead;
        while (cur->next != nullptr) {
            cout << cur->next->val << " ";
            cur = cur->next;
        }
        cout << endl;
    }
private:
    int _size;
    LinkedNode* _dummyHead;
};
```

4.4 反转链表

力扣题号：206.反转链表。

【题目描述】

反转一个单链表。要求是不能申请额外的内存空间。

【示例】

输入：1→2→3→4→5→6→NULL。

输出：6→5→4→3→2→1→NULL。

【思路】

如果定义一个新的链表实现链表元素的反转，则是对内存空间的浪费。其实只需要改变链表的 next 指针的指向，直接将链表反转即可，而不用重新定义一个新的链表，如图 4-13 所示。

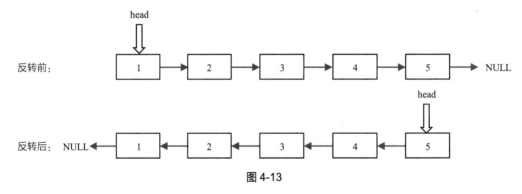

图 4-13

之前链表的头节点是元素 1，反转之后头节点就是元素 5，这里并没有添加或者删除节点，仅仅是改变了 next 指针的方向。

接下来看一下链表是如何反转的。

4.4.1 双指针法

首先定义一个 cur 指针，指向头节点，再定义一个 pre 指针，初始化为 NULL，接下来就要开始反转了，反转过程如图 4-14 所示。

首先使用 tmp 指针保存 cur->next 节点。为什么要保存这个节点呢？因为接下来要改变 cur->next 的指向，将 cur->next 指向 pre。

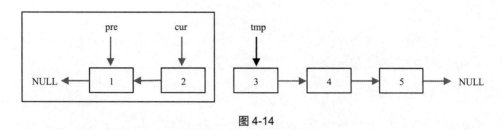

图 4-14

然后循环执行以上的逻辑，继续移动 pre 和 cur 指针。

最后 cur 指针指向了 NULL，循环结束，链表也反转完毕。此时我们返回 pre 指针即可，pre 指针就指向了新的头节点，如图 4-15 所示。

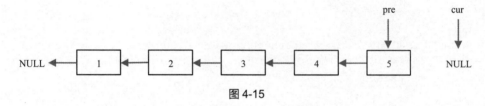

图 4-15

代码如下：

```
class Solution {
public:
    ListNode* reverseList(ListNode* head) {
        ListNode* temp; // 保存 cur 的下一个节点
        ListNode* cur = head;
        ListNode* pre = nullptr;
        while(cur) {
            // 保存 cur 的下一个节点，因为接下来要改变 cur->next 的指向了
            temp = cur->next;
            cur->next = pre; // 反转操作
            // 更新 pre 和 cur 指针
            pre = cur;
            cur = temp;
        }
        return pre;
    }
};
```

4.4.2 递归法

递归法相对抽象一些，其实和双指针法的逻辑是一样的，同样是当 cur 为空的时候循环结束，不

断将 cur 指向 pre 的过程。

关键是初始化的地方，可以看到双指针法中初始化 cur=head、pre=NULL。在递归法中可以通过如下代码看出初始化的逻辑也是一样的，只不过写法变了：

```cpp
class Solution {
public:
    ListNode* reverse(ListNode* pre,ListNode* cur){
        if(cur == nullptr) return pre;
        ListNode* temp = cur->next;
        cur->next = pre;
        // 可以和双指针法的代码进行对比，如下递归的写法，其实就是做了这两步
        // pre = cur;
        // cur = temp;
        return reverse(cur,temp);
    }
    ListNode* reverseList(ListNode* head) {
        // 和双指针法的初始化是一样的逻辑
        // ListNode* cur = head;
        // ListNode* pre = nullptr;
        return reverse(nullptr, head);
    }
};
```

写出双指针法的代码之后，理解上面的递归写法就不难了，逻辑都是一样的。

4.5 删除倒数第 n 个节点

力扣题号：19.删除链表的倒数第 n 个节点。

【题目描述】

删除链表中倒数第 n 个节点（n 从 1 开始）。

【示例】

输入：1→2→3→4→5→6，n=2。

输出：1→2→3→4→6。

【思路】

本题是双指针法的经典应用,如果要删除倒数第 n 个节点,则让 fast 移动 n 步,然后让 fast 和 slow

同时移动，直到 fast 指向链表末尾，删除 slow 所指向的节点就可以了。

删除链表中的倒数第 n 个节点分为如下几步：

（1）推荐使用虚拟头节点，这样方便处理删除实际头节点的逻辑，在 4.2 节对虚拟头节点已经做了详细介绍。

（2）定义 fast 指针和 slow 指针，初始值为虚拟头节点（dummyHead），删除倒数第 n 个节点。例如 n 为 2，如图 4-16 所示。

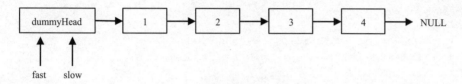

图 4-16

（3）fast 先移动 $n+1$ 步。为什么是 $n+1$ 呢？因为只有这样，fast 和 slow 同时移动的时候 slow 才能指向删除节点的上一个节点（方便做删除操作），如图 4-17 所示。

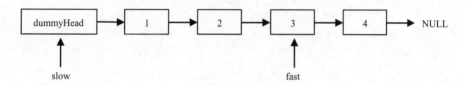

图 4-17

（4）fast 和 slow 同时移动，直到 fast 指向末尾，如图 4-18 所示。

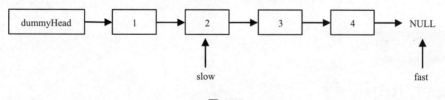

图 4-18

（5）删除 slow 指向的下一个节点，如图 4-19 所示。

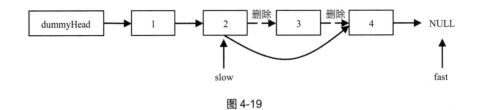

图 4-19

代码如下：

```cpp
class Solution {
public:
    ListNode* removeNthFromEnd(ListNode* head, int n) {
        ListNode* dummyHead = new ListNode(0);
        dummyHead->next = head;
        ListNode* slow = dummyHead;
        ListNode* fast = dummyHead;
        while(n-- && fast != nullptr) {
            fast = fast->next;
        }
        // fast 再提前移动一步，因为需要让 slow 指向删除节点的上一个节点
        fast = fast->next;
        while (fast != nullptr) {
            fast = fast->next;
            slow = slow->next;
        }
        slow->next = slow->next->next;
        return dummyHead->next;
    }
};
```

4.6 环形链表

力扣题号：142.环形链表 II 。

【题目描述】

判断一个链表是否有环，如果有环，则找到入环的第一个节点，如果无环，则返回 NULL。

【示例一】

输入如图 4-20 所示。

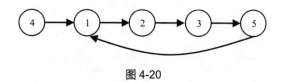

图 4-20

输出：节点 1。

【示例二】

输入如图 4-21 所示。

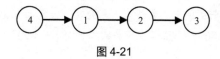

图 4-21

输出：NULL。

【思路】

这道题目不仅考查对链表的操作，而且还需要一些数学运算，主要考查两个知识点：

- 判断链表是否有环。
- 如果有环，那么如何找到这个环的入口。

4.6.1 判断链表是否有环

可以使用快慢指针法，分别定义 fast 和 slow 指针，从头节点出发，fast 指针每次移动两个节点，slow 指针每次移动一个节点，如果 fast 和 slow 指针在途中相遇，则说明这个链表有环。

为什么 fast 每次移动两个节点，slow 每次移动一个节点，如果有环，则一定会在环内相遇，而不是永远错开呢？

因为 fast 指针一定先进入环中，如果 fast 指针和 slow 指针相遇，那么一定是在环中相遇，这是毋庸置疑的。

为什么 fast 指针和 slow 指针一定会相遇呢？

可以画一个环，让 fast 指针在任意一个节点开始追赶 slow 指针，如图 4-22 所示。

fast 和 slow 各自再移动一个节点，fast 和 slow 就相遇了。这是因为 fast 移动两个节点，slow 移动一个节点，相对于 slow 来说，fast 是一个节点一个节点地靠近 slow 的，所以 fast 一定可以和 slow 重合。

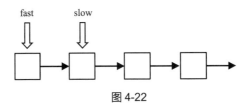

图 4-22

4.6.2 寻找环的入口

此时已经可以判断链表是否有环了，接下来要找这个环的入口。

假设从头节点到环的入口节点的节点数为 x，环的入口节点到 fast 指针与 slow 指针相遇节点的节点数为 y，从相遇节点再到环的入口节点的节点数为 z，如图 4-23 所示。

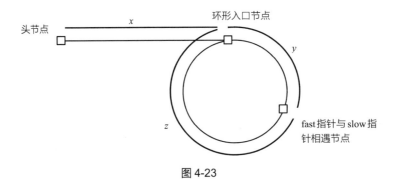

图 4-23

当 fast 指针与 slow 指针相遇时，slow 指针移动的节点数为 $x+y$，fast 指针移动的节点数为 $x+y+n(y+z)$，n 的含义为 fast 指针在环内移动了 n 圈才遇到 slow 指针，$y+z$ 为一圈内节点的个数。

因为 fast 指针是一步移动两个节点，slow 指针是一步移动一个节点，所以 fast 指针移动的节点数 = slow 指针移动的节点数 × 2，即 $(x+y) \times 2 = x+y+n(y+z)$。

两边消掉一个（$x+y$），得到 $x+y=n(y+z)$。

因为要找环的入口，所以要计算的是 x。因为 x 表示头节点到环的入口节点的距离，所以将 x 单独放在左面：$x=n(y+z)-y$。再从 $n(y+z)$ 中提取出一个 $(y+z)$，整理后的公式为：

$$x=(n-1)(y+z)+z$$

注意这里的 n 一定是大于或等于 1 的，因为 fast 指针至少要多移动一圈才能遇到 slow 指针。

这个公式说明了什么呢？

先以 n 为 1 的情况为例，fast 指针在环内移动了一圈之后，就遇到了 slow 指针了，当 n 为 1 的时候，公式就化解为 $x=z$。

这就意味着，一个指针从头节点出发，另一个指针从相遇节点出发，这两个指针每次一起只移动一个节点，那么这两个指针相遇的节点就是环的入口节点。

在相遇节点处定义一个指针 index1，在头节点处定一个指针 index2，让 index1 和 index2 同时移动，每次移动一个节点，那么它们相遇的地方就是环的入口节点。

如果 n 大于 1 呢？也就是 fast 指针在环中移动了 n 圈之后才遇到 slow 指针。

其实这种情况和 n 为 1 的时候效果是一样的，一样可以通过该方法找到环的入口节点，只不过 index1 指针在环内多移动了 $n-1$ 圈，然后遇到 index2，相遇点依然是环的入口节点。

代码如下：

```cpp
class Solution {
public:
    ListNode *detectCycle(ListNode *head) {
        ListNode* fast = head;
        ListNode* slow = head;
        while(fast != nullptr && fast->next != nullptr) {
            slow = slow->next;
            fast = fast->next->next;
            // 快慢指针相遇，此时从 head 和相遇点同时查找直至相遇
            if (slow == fast) {
                ListNode* index1 = fast;
                ListNode* index2 = head;
                while (index1 != index2) {
                    index1 = index1->next;
                    index2 = index2->next;
                }
                return index2; // 返回环的入口
            }
        }
        return nullptr;
    }
};
```

【额外说明】

在推理过程中，读者可能有一个疑问：为什么两个指针第一次在环内相遇，slow 指针移动的步数是 $x+y$，而不是 $x+$ 若干环的长度 $+y$ 呢？

当 slow 指针进环的时候，fast 指针一定先进来了，如果 slow 指针在环的入口，fast 指针也在环的入口，那么把这个环展开成一条直线，如图 4-24 所示。

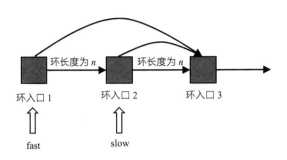

图 4-24

图 4-24 相当于把三个环展开成一条直线，后面还可以接无数条直线，表示循环若干圈。

可以看出，如果 slow 指针和 fast 指针同时在环入口开始移动，一定会在环入口 3 处相遇，slow 指针移动了一圈，fast 指针移动了两圈。slow 指针进环的时候，fast 指针一定是在环内的任意一个位置，如图 4-25 所示。

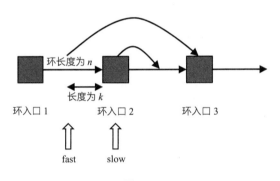

图 4-25

那么 fast 指针移动到环入口 3 的时候，已经移动了 $k + n$ 个节点，slow 指针应该移动了 $(k+n)/2$ 个节点，因为 k 是小于 n 的（从图 4-25 中可以看出），所以 $(k + n) / 2$ 一定小于 n。

也就是说，slow 指针一定没有移动到环入口 3，而 fast 指针已经到环入口 3 了。这说明了什么呢？

在 slow 指针开始移动的那一环已经和 fast 指针相遇了。

读者可能还有疑问：为什么 fast 指针不能跳过去呢？

fast 指针相对于 slow 指针来说是一次移动一个节点，所以不可能跳过去。

4.7 本章小结

　　链表和数组都是算法中基础的数据结构，需要读者非常熟练地掌握，4.1 节讲解了数组和链表基本的差异，以及应用的场景。4.2 节讲解了虚拟头节点，这个技巧在链表中很实用，如果涉及链表的增删操作，那么使用虚拟头节点会非常方便。4.3 节详细介绍了链表常见的六个接口，这六个接口覆盖了链表的常见操作，一定要熟练掌握。4.4 节的反转链表和 4.5 节的删除倒数节点，都是链表高频面试题目。4.6 节环形链表考查了两个方面，判断链表有没有环，以及判断环的入口，这是双指针法在链表上的经典应用，有一定的难度。

第 5 章

哈希表

5.1 哈希表理论基础

哈希表（Hash Table，也有一些算法书翻译为散列表）。

哈希表根据关键码的值直接访问数据的数据结构。

我们经常用的数组就是一张哈希表，哈希表中的关键码就是数组的索引下标，通过下标直接访问数组中的元素，如图 5-1 所示。

数组就是一张哈希表

索引：　　0　　1　　2　　3　　4　　5　　6　　7

元素：

图 5-1

哈希表能解决什么问题呢？哈希表一般用来快速判断一个元素是否出现在集合中。

例如，查询一个名字是否在这所学校的学生名单里。

如果使用枚举法，则时间复杂度是 $O(n)$，如果使用哈希表，则时间复杂度是 $O(1)$。我们只需要把这所学校里学生的名字都保存在哈希表里，通过索引就可以查询出这名学生在不在这所学校里了。

将学生的名字映射到哈希表上就涉及了 Hash Function（哈希函数）。

5.1.1 哈希函数

哈希函数把学生的名字直接映射为哈希表上的索引，通过查询索引就可以快速知道这名学生是否在这所学校里。

哈希函数如图 5-2 所示，通过 hashCode 把名字转化为数值。hashCode 通过特定编码方式，可以将其他数据格式转化为不同的数值，这样就把学生的名字映射为哈希表上的索引数字了。

图 5-2

如果 hashCode 得到的数值大于：哈希表的最大边界（tableSize-1），那么该怎么办呢？

此时为了保证映射出来的索引数值都落在哈希表上，我们会再次对数值做一个取模操作，保证学生的名字一定可以映射到哈希表上。

此时问题又来了，哈希表就是一个数组，如果学生的数量大于哈希表的大小，那么该怎么办呢？就算哈希函数计算得再均匀，也避免不了会有几名学生的名字同时映射到哈希表上同一个索引的位置。

接下来该哈希碰撞"登场"了。

5.1.2 哈希碰撞

如图 5-3 所示，小李和小王都映射到了索引 1 的位置，这一现象叫作哈希碰撞。

哈希碰撞一般有两种解决方法——拉链法和线性探测法。

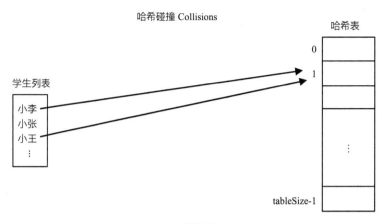

图 5-3

1. 拉链法

小李和小王在索引 1 的位置发生了冲突，发生冲突的元素都被存储在链表中。这样我们就可以通过索引找到小李和小王了，如图 5-4 所示。

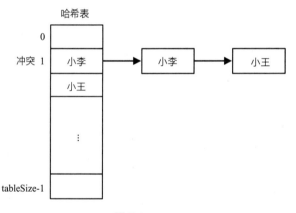

图 5-4

拉链法就是要选择适当的哈希表大小，这样既不会因为数组空值而浪费大量内存，也不会因为链表太长而在查找上浪费太多时间。

2. 线性探测法

如果使用线性探测法，那么一定要保证 tableSize 大于 dataSize（数据规模）。我们需要依靠哈希表中的空位来解决碰撞问题。

例如，冲突的位置放了小李的信息，那么就向下找一个空位放置小王的信息。所以要求 tableSize

一定要大于 dataSize，否则哈希表上就没有空位置来存放冲突的数据了，如图 5-5 所示。

图 5-5

关于哈希碰撞还有非常多的细节，感兴趣的读者可以自行研究。

5.1.3 常见的三种哈希结构

使用哈希法解决问题时，一般会选择如下三种数据结构：

- 数组。
- set（集合）。
- map（映射）。

在 C++中，set 的底层实现及优劣如表 5-1 所示。

表 5-1

集　　合	底层实现	是否有序	数值是否可以重复	能否更改数值	查询效率	增删效率
std::set	红黑树	有序	否	否	$O(\log n)$	$O(\log n)$
std::multiset	红黑树	有序	是	否	$O(\log n)$	$O(\log n)$
std::unordered_set	哈希表	无序	否	否	$O(1)$	$O(1)$

std::unordered_set 的底层实现为哈希表，std::set 和 std::multiset 的底层实现是红黑树，红黑树是一种平衡二叉搜索树，所以 key 是有序的，但 key 不可以修改，改动 key 会导致整棵树的错乱，所以只能删除和增加。

map（映射）的底层实现及优劣如表 5-2 所示。

表 5-2

映 射	底层实现	是否有序	数值是否可以重复	能否更改数值	查询效率	增删效率
std::map	红黑树	key 有序	key 不可重复	key 不可修改	$O(\log n)$	$O(\log n)$
std::multimap	红黑树	key 有序	key 可重复	key 不可修改	$O(\log n)$	$O(\log n)$
std::unordered_map	哈希表	key 无序	key 不可重复	key 不可修改	$O(1)$	$O(1)$

std::unordered_map 的底层实现为哈希表，std::map 和 std::multimap 的底层实现是红黑树。同理，std::map 和 std::multimap 的 key 也是有序的（这个问题也经常作为面试题，考查面试者对语言容器底层的理解）。

当我们要使用集合来解决哈希问题的时候，优先使用 unordered_set，因为它的查询和增删效率是最优的，如果要求集合是有序的，那么就使用 set，如果要求集合不仅有序，还要有重复数据，那么就使用 multiset。

map 是一个<key,value>的数据结构。map 中对 key 是有限制的（不可修改），对 value 没有限制，因为 key 的存储方式是使用红黑树实现的。

当我们需要快速判断一个元素是否出现集合中的时候，就要考虑使用哈希法。

但哈希法牺牲空间换取了时间，因为我们要使用额外的数组、set 或者 map 来存放数据，才能实现快速的查找。

如果在做面试题目的时候遇到需要判断一个元素是否在集合中出现过的场景，则应该第一时间想到哈希法。

5.2 有效的字母异位词

力扣题号：242.有效的字母异位词。

【题目描述】

判断字符串 s 中的字符是否可以通过改变顺序的方式变成字符串 t（如果字符串 s 与字符串 t 相同，那么也是可以的）。

字符串中只包含小写字母。

【示例一】

输入：s="aee"，t="eae"。

输出：true。

【示例二】

输入：s="asd"，t="asd"。

输出：true。

【示例三】

输入：s="asd"，t="afd"。

输出：false。

【思路】

使用暴力解法的时间复杂度是 $O(n^2)$。下面看一下如何使用哈希法解答这道题目。

在 5.1 节中我们提到，数组其实就是一个简单的哈希表，而且这道题目中的字符串均为小写字母，这时就可以定义一个数组来记录字符串 s 中字符出现的次数。

需要定义一个多长的数组呢？定义一个叫作 record、长度为 26 的数组就可以了，初始化为 0，因为字符 a 到字符 z 的 ASCII 值也是 26 个连续的数值。

首先把字符映射到数组即哈希表的索引上，因为字符 a 到字符 z 的 ASCII 值是 26 个连续的数值，所以字符 a 映射为索引 0，字符 z 映射为索引 25。

遍历字符串 s 的时候，只需对 s[i] – 'a' 所在的元素做+1 操作即可，并不需要记住字符 a 的 ASCII 值，只要求出一个相对数值即可。这样就将字符串 s 中字符出现的次数统计出来了，如图 5-6 所示。

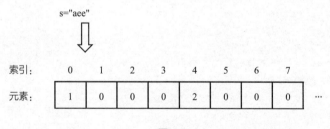

图 5-6

如何检查字符串 t 中是否出现了这些字符呢？在遍历字符串 t 的时候，对 t 中出现的字符映射到哈希表索引上的数值再做减 1 的操作，如图 5-7 所示。

如果 record 数组中的所有元素都为 0，则说明字符串 s 中的字符可以通过改变顺序的方式变成字符串 t。

如果 record 数组中有的元素不为 0，则说明字符串 s 和 t 一定是谁多了字符或者谁少了字符，即返回 false。

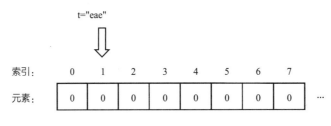

图 5-7

实现代码如下：

```cpp
class Solution {
public:
    bool isAnagram(string s, string t) {
        int record[26] = {0};
        for (int i = 0; i < s.size(); i++) {
            // 并不需要记住字符 a 的 ASCII 值，只要求出一个相对数值即可
            record[s[i] - 'a']++;
        }
        for (int i = 0; i < t.size(); i++) {
            record[t[i] - 'a']--;
        }
        for (int i = 0; i < 26; i++) {
            if (record[i] != 0) {
                // 如果 record 数组中有的元素不为 0，
                // 则说明字符串 s 和 t 一定是谁多了字符或者谁少了字符
                return false;
            }
        }
        // record 数组中的所有元素都为 0
        return true;
    }
};
```

5.3 两个数组的交集

力扣题号：349.两个数组的交集。

【题目描述】

计算两个数组的交集，交集里的元素都是唯一的。

【 示例一 】

输入：nums1=[1,2,3,4,3,6,2,1]，nums2=[3,3,1]。

输出：[1,3]。

【 思路 】

解答这道题目，主要是学会使用一种哈希数据结构——unordered_set，它可以解决很多种类似的问题。

注意题目中特意说明：输出结果中的每个元素一定是唯一的，也就是说，输出的结果是去重的，同时不需要考虑输出结果的顺序。

这道题目的暴力解法的时间复杂度是 $O(n^2)$，下面使用哈希法进一步优化。

如 5.2 节所讲，把数组当作哈希表来用也是不错的选择，这是因为 5.2 节中的题目限制了数组的长度，而这道题目没有限制，也就无法使用数组来代替哈希表了。

如果哈希值比较少、特别分散、跨度非常大，那么使用数组就造成了空间的极大浪费。

此时就要使用另一种结构体 set 了，对于 set，C++提供了如下三种可用的数据结构：

- std::set。
- std::multiset。
- std::unordered_set。

std::set 和 std::multiset 的底层实现都是红黑树，std::unordered_set 的底层实现是哈希表，使用 unordered_set 的读/写效率是最高的，并不需要对数据进行排序，而且还不会让数据重复，所以选择 unordered_set。

解题思路如图 5-8 所示。

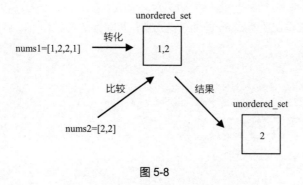

图 5-8

实现代码如下：

```cpp
class Solution {
public:
    vector<int> intersection(vector<int>& nums1, vector<int>& nums2) {
        unordered_set<int> result_set; // 存放结果
        unordered_set<int> nums_set(nums1.begin(), nums1.end());
        for (int num : nums2) {
            // 发现 nums2 的元素在 nums_set 中出现过
            if (nums_set.find(num) != nums_set.end()) {
                result_set.insert(num);
            }
        }
        return vector<int>(result_set.begin(), result_set.end());
    }
};
```

5.4 两数之和

力扣题号：1.两数之和。

在数组中找到两个元素的数值之和为目标值，返回这两个元素的下标。

【示例一】

输入：nums=[2,7,11,15]，target=9。

输出：[0,1]。

解释：因为 nums[0]+nums[1]==9，所以返回[0,1]。

【思路】

很明显，暴力解法是使用两层 for 循环查找元素，时间复杂度是 $O(n^2)$，代码如下：

```cpp
class Solution {
public:
    vector<int> twoSum(vector<int>& nums, int target) {
        for (int i = 0; i < nums.size(); i ++) {
            for (int j = i + 1; j < nums.size(); j++) {
                if (nums[i] + nums[j] == target) {
                    return {i, j};
                }
            }
        }
```

```
        return {};
    }
};
```

如果使用哈希法，那么本题可以使用 map，前面已经讲过了使用数组和 set 的解题方法，我们分析一下使用数组和 set 的局限。

- 数组的长度是受限制的，如果元素很少而哈希值太大，则会造成内存空间的浪费。
- set 是一个集合，里面放的元素只能是一个 key，而本题不仅要判断 y 是否存在，而且还要记录 y 的下标位置，因为要返回 x 和 y 的下标，所以 set 也不能用。

此时就要选择另一种数据结构——map，它是一种<key, value>的存储结构，可以用 key 保存数值，用 value 保存数值所在的下标。

C++中的 map 有三种类型，如表 5-3 所示。

表 5-3

映　射	底层实现	是否有序	数值是否可以重复	能否更改数值	查询效率	增删效率
std::map	红黑树	key 有序	key 不可重复	key 不可修改	$O(\log n)$	$O(\log n)$
std::multimap	红黑树	key 有序	key 可重复	key 不可修改	$O(\log n)$	$O(\log n)$
std::unordered_map	哈希表	key 无序	key 不可重复	key 不可修改	$O(1)$	$O(1)$

本题中并不需要 key 有序，选择 std::unordered_map 的效率更高。

本题代码如下：

```
class Solution {
public:
    vector<int> twoSum(vector<int>& nums, int target) {
        std::unordered_map <int,int> map;
        for(int i = 0; i < nums.size(); i++) {
            auto iter = map.find(target - nums[i]);
            if(iter != map.end()) {
                return {iter->second, i};
            }
            map.insert(pair<int, int>(nums[i], i));
        }
        return {};
    }
};
```

5.5 四数相加

力扣题号：454.四数相加 II。

给出四个长度相同数组，找出有几种元组可以使 A[i]+B[j]+C[k]+D[l]=0。

【示例一】

输入：A=[3,1,4]，B=[-2,4,3]，C=[-1,3,2]，D=[3,-2,0]。

输出：2。

两种元组如下：

- A[0]+B[0]+C[0]+D[2]=3+(-2)+(-1)+0=0。
- A[1]+B[0]+C[1]+D[1]=1+(-2)+3+(-2)=0。

【思路】

这道题目是四个独立的数组，只要找到 A[i]+B[j]+C[k]+D[l]=0 就可以了，不用考虑有重复的四个元素相加等于 0 的情况。如果想升级难度，则给出一个数组（而不是四个数组），找出哪四个元素相加等于 0，答案中不可以包含重复的四元组，读者可以思考一下如何求解。

本题解题步骤如下：

（1）定义一个 unordered_map，key 为 a 和 b 两数之和，value 为 a 和 b 两数之和出现的次数。

（2）遍历 A、B 数组，统计两个数组的元素之和及出现的次数，并放到 map 中。

（3）定义 int 类型的变量 count，用来统计 $a+b+c+d$=0 出现的次数。

（4）在遍历 C、D 数组时，如果 0-($c+d$)在 map 中出现，就使用 count 统计 map 中 key 对应的 value，即两数之和出现的次数。

（5）返回统计值 count。

代码如下：

```cpp
class Solution {
public:
    int fourSumCount(vector<int>& A, vector<int>& B, vector<int>& C,
vector<int>& D) {
        unordered_map<int, int> umap; // key: a+b 的数值;
                                      // value: a+b 数值出现的次数
```

```
        // 遍历 A、B 数组，统计两个数组元素之和及出现的次数，并放到 map 中
        for (int a : A) {
            for (int b : B) {
                umap[a + b]++;
            }
        }
        int count = 0; // 统计 a+b+c+d=0 出现的次数
        // 在遍历 C、D 数组时，如果 0-(c+d) 在 map 中出现过，
        // 就统计 map 中 key 对应的 value，即两数之和出现的次数
        for (int c : C) {
            for (int d : D) {
                if (umap.find(0 - (c + d)) != umap.end()) {
                    count += umap[0 - (c + d)];
                }
            }
        }
        return count;
    }
};
```

5.6 三数之和

力扣题号：15.三数之和。

在一个数组中，找到三个元素（这三个元素就是一个三元组），使其相加等于 0。这个数组中可以找到多少组这样的元组（三元组不可重复）？

【示例一】

输入：nums = [-1,3,4,-3,0,-1,3,-3]。

输出：[[-3,-1,4][-3,0,3]]。

注意[0，0，0]这组数据。

5.6.1 哈希解法

通过两层 for 循环就可以确定 a 和 b 的数值了，可以使用哈希法来确定 0-(a+b)是否在数组中出现过。这个思路是正确的，但有一个非常棘手的问题，就是题目中说的不可以包含重复的三元组。

把符合条件的三元组放进 vector 中，然后去重，这样是非常费时的，很容易超时。去重的过程中有很多细节需要注意。时间复杂度可以做到 $O(n^2)$，但还是比较费时的，因为不方便做剪枝操作。

哈希法的实现代码如下：

```cpp
class Solution {
public:
    vector<vector<int>> threeSum(vector<int>& nums) {
        vector<vector<int>> result;
        sort(nums.begin(), nums.end());
        // 找出 a+b+c=0
        // a=nums[i],b=nums[j],c=-(a+b)
        for (int i = 0; i < nums.size(); i++) {
            // 排序之后如果第一个元素已经大于 0，那么不可能凑成三元组
            if (nums[i] > 0) {
                break;
            }
            if (i > 0 && nums[i] == nums[i - 1]) { // 三元组元素 a 去重
                continue;
            }
            unordered_set<int> set;
            for (int j = i + 1; j < nums.size(); j++) {
                if (j > i + 2
                        && nums[j] == nums[j-1]
                        && nums[j-1] == nums[j-2]) { // 三元组元素 b 去重
                    continue;
                }
                int c = 0 - (nums[i] + nums[j]);
                if (set.find(c) != set.end()) {
                    result.push_back({nums[i], nums[j], c});
                    set.erase(c);// 三元组元素 c 去重
                } else {
                    set.insert(nums[j]);
                }
            }
        }
        return result;
    }
};
```

5.6.2 双指针法

其实这道题目使用哈希法并不合适，接下来介绍另一个解法——双指针法。这道题目使用双指针法要比哈希法更高效一些。

以示例中的数组为例，首先将数组排序，然后有一层 for 循环，i 从下标 0 的地方开始，同时将一个下标 left 定义在 $i+1$ 的位置上，将下标 right 定义在数组结尾的位置上，如图 5-9 所示。

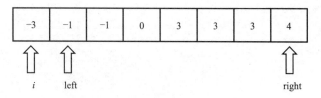

图 5-9

还是在数组中找到 a、b、c，使得 $a+b+c=0$，这里相当于 $a=\text{nums}[i]$、$b=\text{nums}[\text{left}]$、$c=\text{nums}[\text{right}]$。

接下来如何移动 left 和 right 呢?

- 如果 nums[i]+nums[left]+nums[right]>0，则说明此时三数之和大了，因为数组是排序后的数组，所以 right 下标就应该向左移动，这样才能让三数之和小一些。

- 如果 nums[i]+nums[left]+nums[right]<0，则说明此时三数之和小了，left 向右移动，才能让三数之和大一些，直到 left 与 right 相遇为止。

实现代码如下：

```cpp
class Solution {
public:
    vector<vector<int>> threeSum(vector<int>& nums) {
        vector<vector<int>> result;
        sort(nums.begin(), nums.end());
        // 找出 a+b+c=0
        // a=nums[i], b=nums[left], c=nums[right]
        for (int i = 0; i < nums.size(); i++) {
            // 排序之后如果第一个元素已经大于 0，
            // 那么无论如何组合都不可能凑成三元组，直接返回结果就可以了
            if (nums[i] > 0) {
                return result;
            }
            // 错误去重方法，将漏掉[-1,-1,2]的情况
            /*
            if (nums[i] == nums[i + 1]) {
                continue;
            }
            */
            // 正确去重方法
            if (i > 0 && nums[i] == nums[i - 1]) {
                continue;
            }
            int left = i + 1;
            int right = nums.size() - 1;
```

```
            while (right > left) {
                // 如果去重复逻辑放在这里，则可能直接导致 right≤left，
                // 从而漏掉了[0,0,0]三元组
                /*
                while (right > left && nums[right] == nums[right - 1])
right--;

                while (right > left && nums[left] == nums[left + 1]) left++;
                */
                if (nums[i] + nums[left] + nums[right] > 0) {
                    right--;
                } else if (nums[i] + nums[left] + nums[right] < 0) {
                    left++;
                } else {
                    result.push_back(vector<int>{nums[i], nums[left],
nums[right]});

                    // 去重逻辑应该放在找到一个三元组之后
                    while (right > left && nums[right] == nums[right - 1])
right--;

                    while (right > left && nums[left] == nums[left + 1])
left++;

                    // 找到答案时，双指针同时收缩
                    right--;
                    left++;
                }
            }

        }
        return result;
    }
};
```

- 时间复杂度：$O(n^2)$。
- 空间复杂度：$O(1)$。

【思考题】

既然三数之和可以使用双指针法，那么 5.4 节的两数之和可不可以使用双指针法呢？

如果不能，那么如何更改题意才可以使用双指针法呢？

5.7 四数之和

力扣题号：18.四数之和。

在一个数组中，找到四个元素（这四个元素就是一个四元组），使其相加等于 target。问在这个数组中可以找到多少组这样的元组（四元组不可重复）？

【示例一】

输入：nums=[-1,3,4,-3,0,-1,3,-3]，target=0。

输出：

```
[
    [-3,-3,3,3]
    [-3,-1,0,4]
]
```

【思路】

解答四数之和与 5.6 节的三数之和是一个思路，都是使用双指针法，基本解法就是在三数之和解法的基础上再套一层 for 循环。

但是有一些细节需要注意，例如，在剪枝的时候不需要判断 nums[k]>target 就返回，而在 5.6 节中，当 nums[i]>0 时就返回，因为 0 已经是确定的数了，四数之和这道题目中的 target 是任意值。

三数之和的双指针解法是一层 for 循环遍历，得到的 num[i]为确定值，然后循环内有 left 和 right 下标作为双指针，找到 nums[i]+nums[left]+nums[right]==0。

四数之和的双指针解法是两层 for 循环遍历，得到的 nums[k]+nums[i]为确定值，依然是循环内有 left 和 right 下标作为双指针，找出 nums[k]+nums[i]+nums[left]+nums[right]==target 的情况，三数之和的时间复杂度是 $O(n^2)$，四数之和的时间复杂度是 $O(n^3)$。

同理，五数之和、六数之和等都采用这种解法。

对于三数之和，双指针法就是将原本时间复杂度为 $O(n^3)$ 的解法降为时间复杂度为 $O(n^2)$ 的解法，四数之和的双指针法就是将原本时间复杂度为 $O(n^4)$ 的解法降为时间复杂度为 $O(n^3)$ 的解法。

5.5 节的四数相加相对于本题简单得多，因为本题要求在同一个集合中找出四个数相加等于 target，同时四元组不能重复。而四数相加是四个独立的数组，只要找到 A[i]+B[j]+C[k]+D[l]=0 即可，不用考虑有重复的四个元素相加等于 0 的情况，所以相对于本题还是简单了不少。

本题代码如下：

```cpp
class Solution {
public:
    vector<vector<int>> fourSum(vector<int>& nums, int target) {
        vector<vector<int>> result;
        sort(nums.begin(), nums.end());
        for (int k = 0; k < nums.size(); k++) {
            // 这种剪枝是错误的，这道题目中的 target 是任意值
            // if (nums[k] > target) {
            //     return result;
            // }
            // 去重
            if (k > 0 && nums[k] == nums[k - 1]) {
                continue;
            }
            for (int i = k + 1; i < nums.size(); i++) {
                // 正确去重方法
                if (i > k + 1 && nums[i] == nums[i - 1]) {
                    continue;
                }
                int left = i + 1;
                int right = nums.size() - 1;
                while (right > left) {
                    if (nums[k] + nums[i] > target - (nums[left] +
                    nums[right])) {
                        right--;
                    } else if (nums[k] + nums[i] < target - (nums[left] +
                    nums[right])) {
                        left++;
                    } else {
                        result.push_back(vector<int>{nums[k], nums[i],
                        nums[left], nums[right]});
                        // 去重逻辑应该放在找到一个四元组之后
                        while (right > left && nums[right] == nums[right -
                        1]) right--;
                        while (right > left && nums[left] == nums[left + 1])
                        left++;

                        // 找到答案时，双指针同时收缩
                        right--;
                        left++;
                    }
                }
            }
```

```
            }
        }
        return result;
    }
};
```

5.8 本章小结

本章从哈希表的理论基础到数组、set 和 map 的经典应用，把哈希表的整个全貌完整地呈现了出来，也强调了虽然 map 是万能的，但要知道什么时候用数组，什么时候用 set。

双指针法分别有如下三种应用：

（1）双指针法将时间复杂度为 $O(n^2)$ 的解法优化为时间复杂度为 $O(n)$ 的解法，也就是降了一个数量级。题目如下：

- 3.3 节移除元素。
- 5.6 节三数之和。
- 5.7 节四数之和。

使用双指针记录前后指针实现链表反转。题目如下：

- 4.4 节反转链表。

（2）使用双指针确定有环。题目如下：

- 4.6 节环形链表。

第 6 章
字符串

6.1 字符串与数组的区别

字符串是由若干字符组成的有限序列，也可以理解为一个字符数组，但很多语言对字符串做了特殊的规定，本书以 C/C++为例，简单分析一下字符串。

在 C 语言中，把一个字符串存入一个数组时，也把结束符'\0'存入了数组，并以此作为该字符串是否结束的标志。例如：

```
char a[5] = "asd";
for (int i = 0; a[i] != '\0'; i++) {
}
```

在 C++中，提供了一个 string 类，string 类会提供 size 接口，可以用来判断 string 类的字符串是否结束，不用'\0'判断字符串是否结束。例如：

```
string a = "asd";
for (int i = 0; i < a.size(); i++) {
}
```

vector< char >和 string 又有什么区别呢？

在基本操作上没有区别，但 string 提供了更多的字符串处理的相关接口。例如，string 重载了"+"，而 vector 却没有。

所以在处理字符串时，我们还是会定义一个 string 类型的变量。

6.2 反转字符串

力扣题号：344.反转字符串。

【题目描述】

将一个字符串反转。

【示例一】

输入：["a","s","d","f","g"]。

输出：["g","f","d","s","a"]。

【拓展】

对于这道题目，一些人会使用 C++中的一个库函数 reverse，调用库函数直接输出结果。如果按这种方式解题，那么很难理解反转字符串的实现原理。

但库函数并非不能用，而是要分场景。如果是现场面试，那么什么时候使用库函数，什么时候不使用库函数呢？

如果题目的关键部分直接用库函数就可以实现，那么建议不要使用库函数。

毕竟面试官不是考查你对库函数的熟悉程度，使用 Python 和 Java 的读者更需要注意这一点，因为 Python、Java 提供的库函数十分丰富。

如果库函数仅仅是解题过程中的一小部分，并且你熟悉这个库函数的内部实现原理，那么可以考虑使用库函数。

【思路】

4.4 节中的反转链表使用的就是双指针法，反转字符串依然使用双指针法，只不过字符串的反转比链表简单一些。

因为字符串也是一种数组，所以元素在内存中是连续分布的，这就决定了反转链表和反转字符串的方式是有所差异的。

对于字符串，我们定义两个指针（也可以说是索引下标），一个从字符串前面，另一个从字符串后面，两个指针同时向中间移动，并交换元素。

以字符串"asdfg"为例，上述过程如图 6-1 所示。

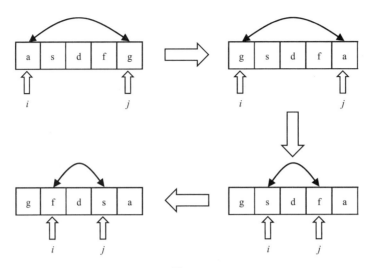

图 6-1

C++代码如下：

```
void reverseString(vector<char>& s) {
    for (int i = 0, j = s.size() - 1; i < s.size()/2; i++, j--) {
        swap(s[i],s[j]);
    }
}
```

循环里只要做交换 s[i]和 s[j]的操作就可以了，这里使用了 swap 库函数。

swap 库函数可以有两种实现方式，一种方式就是常见的交换数值：

```
int tmp = s[i];
s[i] = s[j];
s[j] = tmp;
```

另一种就是位运算：

```
s[i] ^= s[j];
s[j] ^= s[i];
s[i] ^= s[j];
```

本题解中没有使用 reverse 库函数，而使用了 swap 库函数。

6.3 反转字符串 II

力扣题号：541.反转字符串 II。

【题目描述】

分段反转字符串，在字符串中，从前向后遍历，每隔 2k 个字符的前 k 个字符需要反转，如果剩下的字符小于 k 个，则反转剩下的所有字符，如果剩下的字符小于 2k 且大于或等于 k 个，则反转前 k 个字符。

【示例一】

输入：s="asdfghjkl"，k=3。

输出："dsafghlkj"。

【示例二】

输入：s="asdfghjk"，k=3。

输出："dsafghkj"。

【示例三】

输入：s="asdfghjklw"，k=3。

输出："dsafghlkjw"。

【思路】

这道题目其实也是模拟类型的题目，实现题目中规定的反转规则就可以了。一些读者可能为了处理题目中"每隔 2k 个字符的前 k 个字符"的逻辑，写了一堆逻辑代码，或者编写了一个计数器，先统计 2k 个字符，再统计前 k 个字符。

题目中要找的是每个 2k 区间的起点，在遍历字符串的过程中，只要让 i += (2 × k)，i 每次移动 2 × k，然后判断是否有需要反转的区间即可。

所以当按照固定规律一段一段地处理字符串的时候，要在 for 循环的表达式上多做文章。

那么具体反转的逻辑要不要使用库函数呢？其实用不用都可以，使用 reverse 实现反转也可以，毕竟不是解题的关键部分。

reverse 函数在 6.2 节中已经讲解了，这里直接使用库函数即可，代码如下：

```cpp
class Solution {
public:
    string reverseStr(string s, int k) {
        for (int i = 0; i < s.size(); i += (2 * k)) {
            // 1.每隔 2k 个字符的前 k 个字符进行反转
            // 2.剩余字符小于 2k 但大于或等于 k 个，则反转前 k 个字符
            if (i + k <= s.size()) {
```

```
                reverse(s.begin() + i, s.begin() + i + k );
                continue;
            }
            // 3.如果剩余字符少于 k 个，则将剩余字符全部反转
            reverse(s.begin() + i, s.begin() + s.size());
        }
        return s;
    }
};
```

6.4 反转字符串里的单词

力扣题号：151.反转字符串里的单词。

给定一句英文，要求倒叙输出每一个单词，并删除单词两边冗余的空格（句子前面和后面没有空格，两个单词之间仅有一个空格）。

注意：不可以使用额外的辅助空间，即原地修改字符串。

【示例一】

输入："I am a programmer"。

输出："programmer a am I"。

【示例二】

输入："hello world! "。

输出："world! hello"。

解释：反转之后字符串的前面和后面没有空格，两个单词之间仅有一个空格。

【思路】

这道题目综合考查了字符串的多种操作。一些读者会使用 split 库函数来分隔单词，然后定义一个新的 string 字符串，最后把单词倒序相加。这么做这道题目就失去了它的意义。所以题目中要求不可以使用额外的辅助空间。

不能使用辅助空间，那么只能在原字符串上做文章了。

我们可以将整个字符串都反转过来，那么单词的顺序指定是倒序的了，只不过单词本身也倒叙了，再把单词反转一下，单词就"正"过来了。

解题思路如下：

（1）删除多余空格。

（2）将整个字符串反转。

（3）将每个单词反转。

以示例二为例，解题步骤如下：

（1）原字符串：" hello world! "。

（2）删除多余空格："hello world!"。

（3）字符串反转："!dlrow olleh"。

（4）单词反转："world! hello"。

这样就反转了字符串中的单词。

下面讲解代码的实现细节，以删除多余空格为例，一些读者可能写出如下代码：

```cpp
void removeExtraSpaces(string& s) {
    for (int i = s.size() - 1; i > 0; i--) {
        if (s[i] == s[i - 1] && s[i] == ' ') {
            s.erase(s.begin() + i);
        }
    }
    // 删除字符串最后面的空格
    if (s.size() > 0 && s[s.size() - 1] == ' ') {
        s.erase(s.begin() + s.size() - 1);
    }
    // 删除字符串最前面的空格
    if (s.size() > 0 && s[0] == ' ') {
        s.erase(s.begin());
    }
}
```

逻辑很简单，从前向后遍历，遇到空格就使用 erase 函数删除。如果不仔细琢磨 erase 函数的时间复杂度，则会以为以上代码的时间复杂度是 $O(n)$。

而真正的时间复杂度是多少呢？

erase 函数本来就是时间复杂度为 $O(n)$的操作，而数组中的元素是不能删除的，只能覆盖。以上代码的 erase 操作还套了一个 for 循环，所以这份删除冗余空格的代码的时间复杂度为 $O(n^2)$。

使用双指针法删除空格，最后重新设置（resize）字符串的大小，就可以实现 $O(n)$的时间复杂度。

这种做法在 3.3 节中已经讲解了。

使用双指针删除冗余空格的代码如下：

```
void removeExtraSpaces(string& s) {
    int slowIndex = 0, fastIndex = 0; // 定义快指针、慢指针
    // 去掉字符串前面的空格
    while (s.size() > 0 && fastIndex < s.size() && s[fastIndex] == ' ') {
        fastIndex++;
    }
    for (; fastIndex < s.size(); fastIndex++) {
        // 去掉字符串中间部分的冗余空格
        if (fastIndex - 1 > 0
                && s[fastIndex - 1] == s[fastIndex]
                && s[fastIndex] == ' ') {
            continue;
        } else {
            s[slowIndex++] = s[fastIndex];
        }
    }
    // 去掉字符串末尾的空格
    if (slowIndex - 1 > 0 && s[slowIndex - 1] == ' ') {
        s.resize(slowIndex - 1);
    } else {
        s.resize(slowIndex); // 重新设置字符串大小
    }
}
```

此时已经通过 removeExtraSpaces 函数删除了冗余空格。

实现反转字符串的功能（支持反转字符串子区间），代码如下：

```
// 反转字符串 s 中左闭右闭的区间[start,end]
void reverse(string& s, int start, int end) {
    for (int i = start, j = end; i < j; i++, j--) {
        swap(s[i], s[j]);
    }
}
```

本题整体代码如下：

```
class Solution {
public:
    // 反转字符串 s 中左闭右闭的区间[start,end]
    void reverse(string& s, int start, int end) {
        for (int i = start, j = end; i < j; i++, j--) {
```

```
            swap(s[i], s[j]);
        }
    }

// 删除冗余空格：使用双指针（快慢指针法），时间复杂度为 O(n) 的算法
void removeExtraSpaces(string& s) {
    int slowIndex = 0, fastIndex = 0; // 定义快指针、慢指针
    // 去掉字符串前面的空格
    while (s.size() > 0 && fastIndex < s.size() && s[fastIndex] == ' ') {

        fastIndex++;
    }
    for (; fastIndex < s.size(); fastIndex++) {
        // 去掉字符串中间部分的冗余空格
        if (fastIndex - 1 > 0
                && s[fastIndex - 1] == s[fastIndex]
                && s[fastIndex] == ' ') {
            continue;
        } else {
            s[slowIndex++] = s[fastIndex];
        }
    }
    // 去掉字符串末尾的空格
    if (slowIndex - 1 > 0 && s[slowIndex - 1] == ' ') {
        s.resize(slowIndex - 1);
    } else {
        s.resize(slowIndex); // 重新设置字符串大小
    }
}


string reverseWords(string s) {
    removeExtraSpaces(s); // 去掉冗余空格
    reverse(s, 0, s.size() - 1); // 将字符串全部反转
    int start = 0; // 反转的单词在字符串中的起始位置
    int end = 0; // 反转的单词在字符串中的终止位置
    bool entry = false; // 标记枚举字符串的过程中是否已经进入单词区间
    for (int i = 0; i < s.size(); i++) { // 开始反转单词
        if ((!entry) || (s[i] != ' ' && s[i - 1] == ' ')) {
            start = i; // 确定单词起始位置
            entry = true; // 进入单词区间
        }
        // 单词后面有空格的情况，空格就是分词符
        if (entry && s[i] == ' ' && s[i - 1] != ' ') {
            end = i - 1; // 确定单词终止位置
```

```
                            entry = false; // 结束单词区间
                            reverse(s, start, end);
                        }
                        // 最后一个结尾单词之后没有空格的情况
                        if (entry && (i == (s.size() - 1)) && s[i] != ' ') {
                            end = i;// 确定单词的终止位置
                            entry = false; // 结束单词区间
                            reverse(s, start, end);
                        }
                    }
                    return s;
                }
        };
```

6.5 KMP 算法理论基础

KMP 算法还是很晦涩难懂的，在阅读本书的同时，读者还可以观看笔者在 B 站（哔哩哔哩）上讲解 KMP 算法的视频来辅助理解，笔者的 B 站 ID：代码随想录。

6.5.1 什么是 KMP 算法

KMP 算法由 Knuth、Morris 和 Pratt 三位学者发明，这个算法取了三位学者名字的首字母，所以叫作 KMP。

KMP 主要应用在字符串匹配的场景中，其思想是当出现字符串不匹配的情况时，可以知道一部分之前已经匹配的文本内容，利用这些信息避免从头再去做匹配。

如何记录已经匹配的文本内容是 KMP 的重点，也是 next 数组"肩负的重任"。其实 KMP 的代码不容易理解，一些读者甚至把 KMP 代码的模板背下来。没有彻底理解 KMP 的代码，死记硬背是很容易忘记的。

如果面试官问：next 数组中的数字表示的是什么，为什么这么表示？估计大多数面试者是回答不上来的。

6.5.2 什么是前缀表

next 数组是一个前缀表（prefix table），或者说是前缀表的某种变形。

前缀表有什么作用呢？

前缀表是用来回退的，它记录了模式串与主串（文本串）不匹配的时候，模式串应该从哪里开始重新匹配的信息。

为了清楚地了解前缀表的来历，下面举一个例子：

在文本串 aabaabaafa 中查找是否出现过一个模式串 aabaaf 的过程如图 6-2 所示。

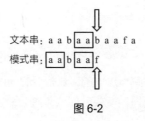

图 6-2

注意记住文本串和模式串的角色，对于理解下文很重要。

这里特意标记了子字符串 aa，这是有原因的，后面会讲解。

可以看出，文本串中第 6 个字符 b 和模式串中的第 6 个字符 f 不匹配了。如果暴力匹配，则会发现不匹配，此时就要从头匹配了。如果使用前缀表，则不会从头匹配，而是从上次已经匹配的内容开始匹配，找到模式串中第 3 个字符 b 继续匹配。

前缀表是如何记录的呢？

前缀表的任务是当前位置匹配失败后，找到之前已经匹配的位置再重新匹配，这也意味着在某个字符失配时，前缀表会告诉你下一步匹配时模式串应该跳到哪个位置。

这里定义前缀表为：记录下标 i（包括 i）之前的字符串中有多长的相同前后缀。

6.5.3 为什么一定要用前缀表

在匹配的过程中，在下标 5 的地方遇到不匹配的情况，在模式串中指向的是字符 f，如图 6-3 所示。

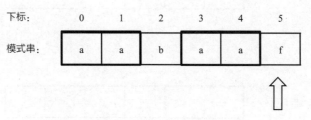

图 6-3

然后找到下标 2，指向 b，继续匹配，如图 6-4 所示。

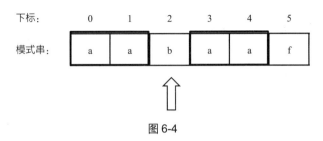

图 6-4

下标 5 之前的字符串（也就是字符串 aabaa 的最长相等的前缀和后缀字符串）是子字符串 aa，因为找到了最长相等的前缀和后缀，所以匹配失败的位置是后缀子字符串的后一个字符，我们找到与其相同的前缀，从后面重新匹配即可。

这是因为前缀表记录的最长相同前后缀的长度的信息，才具有告诉我们当前位置匹配失败时跳到之前已经匹配过的地方的能力。

正确理解什么是前缀、什么是后缀很重要。

字符串的前缀指不包含最后一个字符的所有以第一个字符开头的连续子字符串，后缀指不包含第一个字符的所有以最后一个字符结尾的连续子字符串。

例如，字符串 aaa 的最长相等前后缀的长度为 2。

6.5.4 如何计算前缀表

长度为前 1 个字符的子字符串 a，最长相同前后缀的长度为 0，如图 6-5 所示。

长度为前 2 个字符的子字符串 aa，最长相同前后缀的长度为 1，如图 6-6 所示。

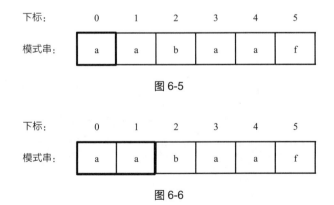

图 6-5

图 6-6

长度为前 3 个字符的子字符串 aab，最长相同前后缀的长度为 0，如图 6-7 所示。

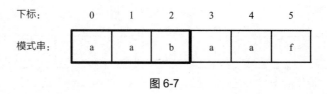

图 6-7

以此类推：长度为前 4 个字符的子字符串 aaba，最长相同前后缀的长度为 1；长度为前 5 个字符的子字符串 aabaa，最长相同前后缀的长度为 2；长度为前 6 个字符的子字符串 aabaaf，最长相同前后缀的长度为 0。

求得的最长相同前后缀的长度就是对应前缀表的元素，如图 6-8 所示。

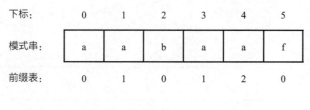

图 6-8

再来看一下如何利用前缀表找到当字符不匹配时指针应该移动的位置。当文本串和模式串遇到第一个不匹配的字符时，如图 6-9 所示。

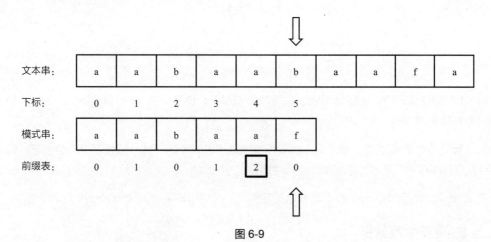

图 6-9

文本串 s 中的 s[5]和模式串 t 中的 t[5]不相同，则寻找前一位下标在前缀表中对应的元素，在图 6-9 中为 2，即跳到下标为 2 的位置，如图 6-10 所示。

继续重新匹配，在文本串中找到模式串，如图 6-11 所示。

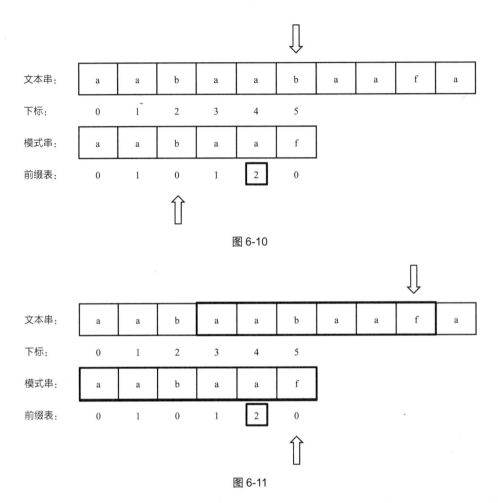

图 6-10

图 6-11

在 KMP 算法实现中，一般会用 next 数组表示前缀表，但不同的 KMP 算法实现，next 数组的表示方法会有所不同。

next 数组可以是前缀表，但也有一些实现方法是把前缀表统一减一或者整体右移一位，初始位置为-1，这样操作之后的前缀表将作为 next 数组。

在 KMP 具体实现中，next 数组既可以是前缀表，也可以是前缀表统一减一后的前缀表。

6.5.5　时间复杂度分析

n 为文本串长度，m 为模式串长度，在匹配的过程中，根据前缀表不断调整匹配的位置，可以看出匹配的过程的时间复杂度是 $O(n)$，之前还要单独生成 next 数组，时间复杂度是 $O(m)$。所以整个 KMP 算法的时间复杂度是 $O(n+m)$。

因为暴力解法的时间复杂度是 $O(n \times m)$，所以 KMP 算法在字符串匹配过程中极大地提高了搜索的效率。

6.6 使用 KMP 匹配字符串

力扣题号：28.实现 strStr。

【题目描述】

在文本串 s 中查找是否出现过模式串 t，如果出现过则返回匹配的第一个位置，如果没出现过则返回-1。

【思路】

这是一道经典的 KMP 算法应用的题目，接下来我们详细分析。

6.6.1 构造 next 数组

下面生成 next 数组的方式是将前缀表统一减一之后实现的，后面也会给出将前缀表直接作为 next 数组的实现方法。

定义一个函数 getNext 来构建 next 数组，函数参数为指向 next 数组的指针和一个字符串，代码如下：

```
void getNext(int* next, const string& s)
```

构造 next 数组其实就是计算模式串 s 的前缀表的过程，主要有如下三步：

- 初始化 next 数组。
- 处理前后缀不相同的情况。
- 处理前后缀相同的情况。

1. 初始化 next 数组

定义两个指针 i 和 j，j 指向前缀的末尾位置，i 指向后缀的末尾位置。然后对 next 数组进行初始化赋值：

```
int j = -1;
next[0] = j;
```

j 为什么要初始化为 -1 呢？，因为前缀表统一减一的操作仅仅是其中的一种实现，这里选择将 j 初始化为-1，后面还会给出 j 不初始化为-1 的实现代码。

next[*i*]表示 *i*（包括 *i*）之前最长相等的前后缀的长度（其实就是 *j*），所以初始化 next[0]=*j*。

2. 处理前后缀不相同的情况

因为 *j* 初始化为-1，所以 *i* 就从 1 开始，比较 s[*i*]与 s[*j*+1]是否相同，遍历模式串 s 的循环下标 *i* 要从 1 开始，代码如下：

```
for(int i = 1; i < s.size(); i++) {
```

如果 s[*i*]与 s[*j*+1]不相同，也就是遇到前后缀末尾不相同的情况，那么就要向前回退。

怎么回退呢？

next[*j*]记录了 *j*（包括 *j*）之前的子字符串的相同前后缀的长度，如果 s[*i*]与 s[*j*+1] 不相同，则要查找下标 *j*+1 的前一个元素在 next 数组中的值（即 next[*j*]）。处理前后缀不相同的情况的代码如下：

```
while (j >= 0 && s[i] != s[j + 1]) { // 前后缀不相同
    j = next[j]; // 向前回退
}
```

3. 处理前后缀相同的情况

如果 s[*i*]与 s[*j*+1] 相同，那么就同时向后移动 *i* 和 *j*，说明找到了相同的前后缀，同时还要将 *j*（前缀的长度）赋值给 next[*i*]，因为 next[*i*]要记录相同前后缀的长度。代码如下：

```
if (s[i] == s[j + 1]) { // 找到相同的前后缀
    j++;
}
next[i] = j;
```

整体构建 next 数组的代码如下：

```
void getNext(int* next, const string& s){
    int j = -1;
    next[0] = j;
    for(int i = 1; i < s.size(); i++) { // 注意 i 从 1 开始
        while (j >= 0 && s[i] != s[j + 1]) { // 前后缀不相同
            j = next[j]; // 向前回退
        }
        if (s[i] == s[j + 1]) { // 找到相同的前后缀
            j++;
        }
        next[i] = j; // 将 j（前缀的长度）赋值给 next[i]
    }
}
```

得到 next 数组之后，就要用这个 next 数组来做匹配了。

6.6.2 使用 next 数组做匹配

定义两个下标 *i* 和 *j*，*i* 指向文本串的起始位置，*j* 指向模式串的起始位置。

j 的初始值依然为-1，为什么呢？因为 next 数组中记录的起始位置为-1。*i* 从 0 开始，遍历文本串，代码如下：

```
for (int i = 0; i < s.size(); i++)
```

接下来比较 s[*i*] 与 t[*j*+1] 是否相同。如果 s[*i*] 与 t[*j*+1] 不相同，则 *j* 就要从 next 数组中寻找下一个匹配的位置，代码如下：

```
while(j >= 0 && s[i] != t[j + 1]) {
    j = next[j];
}
```

如果 s[*i*] 与 t[*j*+1] 相同，那么 *i* 和 *j* 同时向后移动，代码如下：

```
if (s[i] == t[j + 1]) {
    j++; // i 的增加逻辑在 for 循环中
}
```

如何判断在文本串 s 中出现了模式串 t 呢？如果 *j* 指向了模式串 t 的末尾，那么说明模式串 t 完全匹配文本串 s 中的某个子串了。

本题要在文本串中找出模式串出现的第一个字符的位置（从 0 开始），所以返回当前在文本串匹配模式串的最后一个位置 *i*，再减去模式串的长度，就是文本串中出现模式串的第一个字符的位置，代码如下：

```
if (j == (t.size() - 1) ) {
    return (i - t.size() + 1);
}
```

使用 next 数组，用模式串匹配文本串的整体代码如下：

```
int j = -1; // 因为 next 数组中记录的起始位置为-1
for (int i = 0; i < s.size(); i++) { // 注意 i 从 0 开始
    while(j >= 0 && s[i] != t[j + 1]) { // 不匹配
        j = next[j]; // j 寻找之前匹配的位置
    }
    if (s[i] == t[j + 1]) { // 匹配，j 和 i 同时向后移动
        j++; // i 的增加逻辑在 for 循环中
    }
    if (j == (t.size() - 1) ) { // 文本串 s 中出现了模式串 t
        return (i - t.size() + 1);
    }
}
```

6.6.3 前缀表统一减一的代码实现

前缀表统一减一的代码如下：

```cpp
class Solution {
public:
    void getNext(int* next, const string& s) {
        int j = -1;
        next[0] = j;
        for(int i = 1; i < s.size(); i++) { // 注意 i 从 1 开始
            while (j >= 0 && s[i] != s[j + 1]) { // 前后缀不相同
                j = next[j]; // 向前回退
            }
            if (s[i] == s[j + 1]) { // 找到相同的前后缀
                j++;
            }
            next[i] = j; // 将 j（前缀的长度）赋值给 next[i]
        }
    }
    // haystack 为文本串, needle 为模式串
    int strStr(string haystack, string needle) {
        if (needle.size() == 0) {
            return 0;
        }
        int next[needle.size()];
        getNext(next, needle);
        int j = -1; // next 数组中记录的起始位置为 -1
        for (int i = 0; i < haystack.size(); i++) { // 注意 i 就从 0 开始
            while(j >= 0 && haystack[i] != needle[j + 1]) { // 不匹配
                j = next[j]; // j 寻找之前匹配的位置
            }
            if (haystack[i] == needle[j + 1]) { // 匹配, j 和 i 同时向后移动
                j++; // i 的增加逻辑在 for 循环中
            }
            if (j == (needle.size() - 1) ) { // 文本串 s 中出现了模式串 t
                return (i - needle.size() + 1);
            }
        }
        return -1;
    }
};
```

6.6.4 前缀表（不减一）的代码实现

如果前缀表不减一也不右移，到底行不行呢？行！

之前讲过，这仅仅是 KMP 算法实现上的问题，如果直接使用前缀表，那么可以换一种回退方式，通过 *j*=next[*j*-1]进行回退。

getNext 函数的实现代码（前缀表统一减一）如下：

```
void getNext(int* next, const string& s) {
    int j = -1;
    next[0] = j;
    for(int i = 1; i < s.size(); i++) { // 注意 i 从 1 开始
        while (j >= 0 && s[i] != s[j + 1]) { // 前后缀不相同
            j = next[j]; // 向前回退
        }
        if (s[i] == s[j + 1]) { // 找到相同的前后缀
            j++;
        }
        next[i] = j; // 将 j（前缀的长度）赋给 next[i]
    }
}
```

如果输入的模式串为 aabaaf，那么对应的 next 数组为[-1,0,-1,0,1,-1]。

这里的 *j* 和 next[0]初始化为-1，整个 next 数组是由前缀表减一之后的数值构建的。

用前缀表直接构建 next 数组，代码如下（注意看注释，和上一种方法不同）：

```
void getNext(int* next, const string& s) {
    int j = 0;
    next[0] = 0;
    for(int i = 1; i < s.size(); i++) {
        // j 要保证大于 0，因为下面有取 j-1 作为数组下标的操作
        while (j > 0 && s[i] != s[j]) {
            j = next[j - 1]; // 注意这里，查找前一位对应的回退位置
        }
        if (s[i] == s[j]) {
            j++;
        }
        next[i] = j;
    }
}
```

可以看出两种构造 next 数组方法的区别就在于匹配的地方，如果由前缀表统一减一来构造 next 数组，那么遇到不匹配的地方就查找当前位置下标的 next 数组对应的数值进行回退，如果直接用前

缀表构造 next 数组，那么遇到不匹配的地方就查找前一位下标的 next 数组对应的数值进行回退。

如果输入的模式串为 aabaaf，则对应的 next 数组为[0,1,0,1,2,0]（其实这就是前缀表的数值了）。

这样的 next 数组也可以用来做匹配，实现代码如下：

```cpp
class Solution {
public:
    void getNext(int* next, const string& s) {
        int j = 0;
        next[0] = 0;
        for(int i = 1; i < s.size(); i++) {
            while (j > 0 && s[i] != s[j]) {
                j = next[j - 1];
            }
            if (s[i] == s[j]) {
                j++;
            }
            next[i] = j;
        }
    }
    // haystack 为文本串，needle 为模式串
    int strStr(string haystack, string needle) {
        if (needle.size() == 0) {
            return 0;
        }
        int next[needle.size()];
        getNext(next, needle);
        int j = 0;
        for (int i = 0; i < haystack.size(); i++) {
            while(j > 0 && haystack[i] != needle[j]) {
                j = next[j - 1];
            }
            if (haystack[i] == needle[j]) {
                j++;
            }
            if (j == needle.size() ) {
                return (i - needle.size() + 1);
            }
        }
        return -1;
    }
};
```

6.7 找到重复的子字符串

力扣题号：459.重复的子字符串。

【题目描述】

给定一个非空的字符串，判断它是否可以由它的一个子串重复多次构成。给定的字符串只含有小写英文字母，并且长度不超过 10000。

【示例一】

输入："abcabc"。

输出：True。

【示例二】

输入："asdfa"。

输出：False。

【思路】

这其实是一道标准的 KMP 的题目，为什么寻找重复子字符串也涉及 KMP 算法了呢？

这里就要说一说 next 数组了，next 数组记录的就是最长相等前后缀的长度，如果 next[len-1]!=-1，则说明字符串有相同的前后缀。

最长相等前后缀的长度为 next[len-1]+1，数组长度为 len。

如果 len % (len-(next[len-1]+1))==0，则说明（数组长度-最长相等前后缀的长度）正好可以被数组的长度整除，该字符串中有重复的子字符串。

数组长度减去最长相等前后缀的长度相当于第一个重复子字符串的长度，也就是一个重复周期的长度，如果这个周期可以被整除，则说明整个数组就是这个周期的循环。

强烈建议读者把 next 数组打印出来，分析 next 数组的规律，有助于理解 KMP 算法。

以字符串 asdfasdfasdf 为例，如图 6-12 所示。

此时 next[len-1]=7，next[len-1]+1=8，8 就是字符串 asdfasdfasdf 的最长相等前后缀的长度。

(len-(next[len-1]+1))=12（字符串的长度）-8（最长公共前后缀的长度）=4，4 正好可以被 12（字符串的长度）整除，说明有重复的子字符串（asdf）。

字符串：

a	s	d	f	a	s	d	f	a	s	d	f

对应的 next 数组的值：

-1	-1	-1	-1	0	1	2	3	4	5	6	7

图 6-12

代码如下（这里使用了前缀表统一减一的实现方式）：

```cpp
class Solution {
public:
    void getNext (int* next, const string& s){
        next[0] = -1;
        int j = -1;
        for(int i = 1;i < s.size(); i++){
            while(j >= 0 && s[i] != s[j+1]) {
                j = next[j];
            }
            if(s[i] == s[j+1]) {
                j++;
            }
            next[i] = j;
        }
    }
    bool repeatedSubstringPattern (string s) {
        if (s.size() == 0) {
            return false;
        }
        int next[s.size()];
        getNext(next, s);
        int len = s.size();
        if (next[len - 1] != -1 && len % (len - (next[len - 1] + 1)) == 0) {
            return true;
        }
        return false;
    }
};
```

直接使用前缀表构造 next 数组：

```cpp
class Solution {
public:
    void getNext (int* next, const string& s){
        next[0] = 0;
```

```
            int j = 0;
            for(int i = 1;i < s.size(); i++){
                while(j > 0 && s[i] != s[j]) {
                    j = next[j - 1]; // 注意这里和上一种方法的不同
                }
                if(s[i] == s[j]) {
                    j++;
                }
                next[i] = j;
            }
        }
    bool repeatedSubstringPattern (string s) {
        if (s.size() == 0) {
            return false;
        }
        int next[s.size()];
        getNext(next, s);
        int len = s.size();
        if (next[len - 1] != 0 && len % (len - (next[len - 1] )) == 0) {
            return true;
        }
        return false;
    }
};
```

6.8 本章小结

字符串类型的题目和数组是类似的，复杂的字符串题目非常考验面试者对代码的掌控能力。

双指针法经常应用在数组、链表和字符串类题目中，前几章讲解了 7 道使用双指针法的题目：

- 3.3 节移除元素。
- 5.6 节三数之和。
- 5.7 节四数之和。
- 4.4 节反转链表。
- 4.6 节环形链表。
- 6.2 节反转字符串。

使用 KMP 可以解决两类经典问题：

（1）匹配问题，如 6.6 节使用 KMP 匹配字符串。

（2）重复子串问题，如 6.7 节找到重复的子字符串。

第 7 章
栈与队列

7.1 栈与队列理论基础

队列是先进先出,栈是先进后出,如图 7-1 所示。

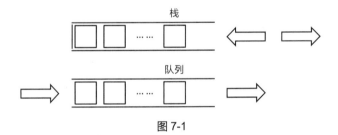

图 7-1

下面列出四个关于栈(stack)的问题(以 C++为例),读者可以思考一下。

- C++中的 stack 是容器吗?
- 我们使用的 stack 属于哪个版本的 STL?
- 我们使用的 STL 中的 stack 是如何实现的?
- stack 提供迭代器来遍历 stack 空间吗?

栈和队列是 STL(C++标准库)中的两种数据结构。STL 有多个版本,我们要知道使用的 STL 是哪个版本,才能知道对应的栈和队列的实现原理。三个 STL 版本如下:

- HP STL:其他版本的 C++ STL 一般是以 HP STL 为蓝本实现的,HP STL 是 C++ STL 的第一个实现版本,而且开放源代码。

- P.J.Plauger STL：由 P.J.Plauger 参照 HP STL 实现，被 Visual C++编译器所采用，不是开源的。
- SGI STL：由 Silicon Graphics Computer Systems 公司参照 HP STL 实现，被 Linux 的 C++编译器 GCC 所采用，SGI STL 是开源软件，源码可读性很高。

接下来介绍的栈和队列就是 SGI STL 中的数据结构，知道了 STL 版本，才知道对应的底层实现。

栈提供了 push 和 pop 等接口，所有元素必须符合先进后出的规则，所以栈不提供走访功能，也不提供迭代器（iterator），不像 set 或者 map 提供迭代器 iterator 来遍历所有元素。

栈使用底层容器完成其所有的工作，对外提供统一的接口，底层容器是可插拔的，也就是说，我们可以控制使用哪种容器来实现栈的功能。

所以 STL 中的栈往往不被归类为容器，而被归类为 container adapter（容器适配器）。那么 STL 中的栈是用什么容器实现的呢？

在图 7-2 中可以看出栈的内部结构，栈的底层实现可以是 vector、deque、list，主要是数组和链表的底层实现。

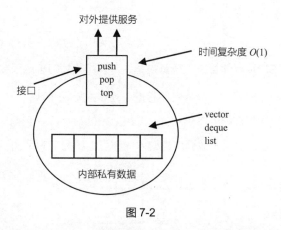

图 7-2

我们常用的 SGI STL，如果没有指定底层实现，则默认以 deque 为栈的底层结构。deque 是一个双向队列，只要封住双向队列的一端，只从双向队列的另一端操作数据就可以实现栈的逻辑了。

SGI STL 中队列的底层实现在默认情况下也使用 deque。我们也可以指定 vector 为栈的底层实现，初始化语句如下：

```
std::stack<int, std::vector<int> > third;  // 定义以 vector 为底层容器的栈
```

队列中先进先出的数据结构同样不允许有遍历行为，不提供迭代器，也可以指定 list 为底层实现，初始化 queue 的语句如下：

```
std::queue<int, std::list<int>> third;  // 定义以 list 为底层容器的队列
```

所以 STL 中的队列也不被归类为容器，而被归类为 container adapter（容器适配器）。

这里讲的都是 C++中的情况，使用其他语言的读者也要思考栈与队列的底层实现问题，不要对数据结构的使用浅尝辄止，而要深入研究其内部原理。

7.2 用栈组成队列

力扣题号：232.用栈实现队列。

【题目描述】

使用两个栈实现队列的功能：

- pop()：弹出队头元素。
- peek()：获取队头元素。
- push()：从队尾添加元素。
- empty()：队列是否为空。

【思路】

这是一道模拟题，不涉及具体算法，考查的就是对栈和队列的掌握程度。

使用栈模拟队列的行为，仅用一个栈是不行的，所以需要两个栈，**一个是输入栈，另一个是输出栈**，这里要注意输入栈和输出栈的关系。

在"push"数据的时候，只要将数据放进输入栈即可，如图 7-3 所示。

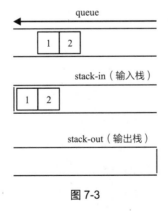

图 7-3

但在"pop"数据的时候，操作就复杂一些，如果输出栈为空，则把进栈数据全部导入输出栈，如图 7-4 所示。

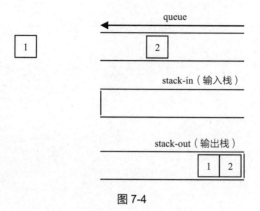

图 7-4

如果输出栈不为空，则直接从输出栈中弹出数据即可。

如何判断队列为空呢？如果输入栈和输出栈都为空，则说明模拟的队列为空了。

pop()和 peek()两个函数的功能类似，在代码实现上也是类似的，可以思考如何复用代码。

本题的实现代码如下：

```cpp
class MyQueue {
public:
    stack<int> stIn;
    stack<int> stOut;
    MyQueue() {

    }
    void push(int x) {
        stIn.push(x);
    }

    int pop() {
        // 只有当 stOut 为空的时候，才从 stIn 中导入数据（导入 stIn 全部数据）
        if (stOut.empty()) {
            // 从 stIn 中导入数据直到 stIn 为空
            while(!stIn.empty()) {
                stOut.push(stIn.top());
                stIn.pop();
            }
        }
        int result = stOut.top();
        stOut.pop();
        return result;
```

```
        }

        // 获取队列头部元素
    int peek() {
        int res = this->pop(); // 直接使用已有的 pop 函数
        stOut.push(res); // 因为 pop 函数弹出了元素 res，所以再添加回去
        return res;
    }

    bool empty() {
        return stIn.empty() && stOut.empty();
    }
};
```

【拓展】

可以看出 peek()的实现直接复用了 pop()。

在工业级别的代码开发中，最忌讳的就是实现一个功能类似的函数（这个函数的功能在其他模块中出现过），在本模块中直接复制并使用该函数的代码。

一定要懂得复用，把功能相近的函数要抽象出来，而不是频繁地复制粘贴代码，否则很容易出问题。

在工作中如果发现某个功能使用频率较高，那么把这个功能抽象为一个易用的函数或者工具类，这样可以提高工作效率。

7.3 用队列组成栈

力扣题号：225.用队列实现栈。

【题目描述】

使用队列（单向队列）实现栈。

使用队列实现栈的下列操作：

- pop()：弹出栈顶元素。
- push(x)：将 x 入栈。
- top()：获取栈顶元素。
- empty()：返回栈是否为空。

7.3.1 使用两个队列实现栈

有的读者可能疑惑这种题目有什么实际的工程意义，其实很多算法题目的教学意义大于其工程实践的意义，面试题也是这样的。

其实使用一个队列就可以实现栈，下面是使用两个队列实现栈的思路。

队列的规则是先进先出，把一个队列中的数据导入另一个队列，数据的顺序并没有变。所以用栈实现队列和用队列实现栈的思路是不一样的，取决于这两个数据结构的性质。如果用两个队列实现栈，那么两个队列就没有输入队列和输出队列的关系，另一个队列完全是用来备份的。

用两个队列 queue1 和 queue2 实现栈的功能，模拟入栈用 queue1，如图 7-5 所示。

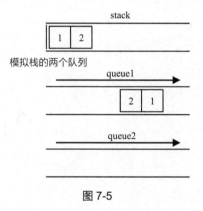

图 7-5

模拟出栈的时候 queue2 的作用就是备份，把 queue1 中除队列中的最后一个元素外的所有元素都备份到 queue2 中，即把元素 1 备份到 queue2 中，如图 7-6 所示。

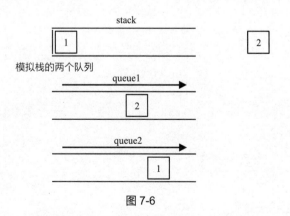

图 7-6

然后弹出最后的元素，再把元素 1 从 queue2 导回 queue1，如图 7-7 所示。

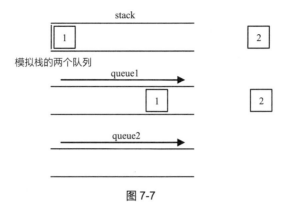

图 7-7

代码如下：

```cpp
class MyStack {
public:
    queue<int> que1;
    queue<int> que2; // 辅助队列，用来备份
    MyStack() {

    }

    void push(int x) {
        que1.push(x);
    }

    int pop() {
        int size = que1.size();
        size--;
        while (size--) { // 将 queue1 导入 queue2，但要留下最后一个元素
            que2.push(que1.front());
            que1.pop();
        }

        int result = que1.front(); // 留下的最后一个元素就是要返回的值
        que1.pop();
        que1 = que2;                 // 再将 queue2 赋值给 queue1
        while (!que2.empty()) { // 清空 queue2
            que2.pop();
        }
        return result;
    }
```

```
    int top() {
        return que1.back();
    }

    bool empty() {
        return que1.empty();
    }
};
```

7.3.2 使用一个队列实现栈

其实使用一个队列也可以实现栈，在模拟栈弹出元素的时候只要将队列头部的元素（除了最后一个元素）重新添加到队列尾部，此时再弹出元素的顺序就是栈的顺序了。

实现代码如下：

```
class MyStack {
public:
    queue<int> que;
    MyStack() {

    }
    void push(int x) {
        que.push(x);
    }
    int pop() {
        int size = que.size();
        size--;
        while (size--) { // 将队列头部的元素（除了最后一个元素）重新添加到队列尾部
            que.push(que.front());
            que.pop();
        }
        int result = que.front(); // 此时弹出的元素的顺序就是栈的顺序了
        que.pop();
        return result;
    }

    int top() {
        return que.back();
    }

    bool empty() {
        return que.empty();
    }
```

```
    };
```

7.4 匹配括号

力扣题号：20.有效的括号。

【题目描述】

一个字符串只要有左括号"（"，就要有"）"来闭合，"{" "}" "[" "]"也同理。

字符串只包含以上字符，判断字符串是否合法。

【示例一】

输入："(){}[]{[]}"。

输出：true。

【示例二】

输入："{[}()}"。

输出：false。

【拓展】

括号匹配是使用栈解决的经典问题。题意其实就像我们在写代码的过程中，要求括号的顺序是一样的，有左括号，相应的位置必须要有右括号。

在编译原理中，编译器在词法分析的过程中处理括号、花括号等符号的逻辑也使用了栈这种数据结构。再举个例子，Linux 系统中的 cd 命令：

```
cd a/b/c/../../
```

这个命令最后进入 a 目录，系统是如何知道进入了 a 目录呢？这就是栈的应用。

【思路】

由于栈结构的特殊性，非常适合处理对称匹配类的问题。建议写代码之前先分析字符串中的括号有几种不匹配的情况。

这里有三种不匹配的情况。

第一种情况，字符串中左方向的括号多余了，所以不匹配，如图 7-8 所示。

图 7-8

第二种情况，括号没有多余，但是括号的类型不匹配，如图 7-9 所示。

图 7-9

第三种情况，字符串中右方向的括号多余了，所以不匹配，如图 7-10 所示。

图 7-10

代码只要覆盖了这三种不匹配的情况，就不会出问题。

第一种情况：已经遍历了字符串，但是栈不为空，说明有相应的左括号，但没有右括号，所以返回错误。

第二种情况：在遍历字符串的过程中，发现栈中没有要匹配的字符，返回错误。

第三种情况：在遍历字符串的过程中栈已经为空，没有匹配的字符了，说明右括号没有找到对应的左括号，返回错误。

那么什么时候说明左括号和右括号全都匹配了呢？如果遍历字符串之后，栈是空的，则说明全都匹配了。

还有一些技巧，在匹配左括号的时候，右括号先入栈，这时只需要比较当前元素和栈顶是否相等即可，比左括号先入栈的代码要简单得多。具体实现代码如下：

```cpp
class Solution {
public:
    bool isValid(string s) {
        stack<int> st;
        for (int i = 0; i < s.size(); i++) {
            if (s[i] == '(') st.push(')');
            else if (s[i] == '{') st.push('}');
            else if (s[i] == '[') st.push(']');
            // 第三种情况：在遍历字符串的过程中，栈已经为空，没有匹配的字符了，说明右
            // 括号没有找到对应的左括号，返回错误
            // 第二种情况：在遍历字符串的过程中，发现栈里没有要匹配的字符，所以返回错误
            else if (st.empty() || st.top() != s[i]) return false;
```

```
        else st.pop(); // st.top()与 s[i]相等, 栈弹出元素
    }
    // 第一种情况: 此时我们已经遍历完了字符串, 但是栈不为空, 说明有相应的左括号没
    // 有右括号匹配, 所以返回错误, 否则返回正确
    return st.empty();
    }
};
```

7.5 逆波兰表达式

力扣题号: 150.逆波兰表达式求值。

逆波兰表达式即后缀表达式。

【题目描述】

给出逆波兰表达式, 求得对应的值。

【示例一】

输入: ["5","2","-","4"," * "]。

输出: 12。

解释: 该算式转化为常见的中缀算术表达式为 ((5-2)×4)=12。

【拓展】

我们习惯看到的表达式都是中缀表达式, 但中缀表达式对于计算机来说不是很友好。

例如: 4+13/5, 这就是中缀表达式, 计算机从左到右去扫描, 扫到 13, 要判断 13 后面是什么运算, 还要比较一下优先级, 接着 13 和后面的 5 做运算, 做完运算之后, 向前回退到 4 的位置, 继续做加法, 这个流程非常复杂。

将中缀表达式转化为后缀表达式 (["4", "13", "5", "/", "+"]) 之后, 计算机可以根据栈的顺序对数据进行处理, 不需要考虑运算符的优先级, 也不用回退了, 后缀表达式对计算机来说是非常友好的。

【思路】

逆波兰表达式相当于二叉树中的后序遍历。可以把运算符作为中间节点, 按照后序遍历的规则画出一个二叉树。

但我们没有必要从二叉树的角度去解决这个问题, 只要知道逆波兰表达式是用后序遍历的方式把二叉树序列化就可以了。

再进一步看，本题中每一个子表达式要得出一个结果，然后将这个结果再进行运算，其实就是一个相邻字符串消除的过程。

以["4", "13", "5", "/", "+"]为例，当遍历到"/"时，就可以处理"13""5""/"，得到结果 2，如图 7-11 所示。

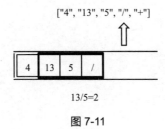

图 7-11

继续遍历，当遇到"+"时，就可以处理"4""2""+"，得到结果 6，如图 7-12 所示。

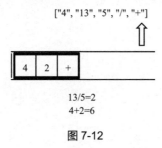

图 7-12

实现代码如下：

```cpp
class Solution {
public:
    int evalRPN(vector<string>& tokens) {
        stack<int> st;
        for (int i = 0; i < tokens.size(); i++) {
            if (tokens[i] == "+" || tokens[i] == "-" || tokens[i] == "*" ||
tokens[i] == "/") {
                int num1 = st.top();
                st.pop();
                int num2 = st.top();
                st.pop();
                if (tokens[i] == "+") st.push(num2 + num1);
                if (tokens[i] == "-") st.push(num2 - num1);
                if (tokens[i] == "*") st.push(num2 * num1);
                if (tokens[i] == "/") st.push(num2 / num1);
            } else {
```

```
            st.push(stoi(tokens[i]));
        }
    }
    int result = st.top();
    st.pop(); // 把栈中的最后一个元素弹出（其实不弹出也可以）
    return result;
    }
};
```

7.6 滑动窗口最大值

力扣：239.滑动窗口最大值。

【题目描述】

一个大小为 k 的滑动窗口，从前向后在数组 nums 上移动，返回滑动窗口每移动一次时窗口中的最大值。

要求时间复杂度为：$O(n)$。

【示例一】

输入：[2,4,-2,-4,3,1,5]，k=4。

输出：[4,4,3,5]。

滑动窗口在数组上每移动一次后取窗口中的最大值，如图 7-13 所示。

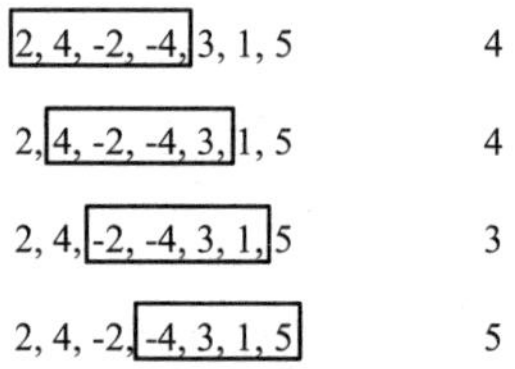

```
2, 4, -2, -4, 3, 1, 5          4

2, 4, -2, -4, 3, 1, 5          4

2, 4, -2, -4, 3, 1, 5          3

2, 4, -2, -4, 3, 1, 5          5
```

图 7-13

【思路】

本题的难点是如何求一个区间的最大值。很多人想到的是暴力解法，在遍历窗口的过程中每次从窗口中找到最大的数值，但这样的解法的时间复杂度是 $O(n \times k)$。

还有的人可能会想用一个大顶堆（优先级队列）来存放这个窗口中的 k 个数字，这样就可以知道最大值是多少了。但这个窗口是移动的，而大顶堆每次只能弹出最大值元素，无法移除其他元素，这样就造成大顶堆维护的不是滑动窗口中的数值，所以不能用大顶堆。

此时就需要一个队列，将窗口中的元素放入这个队列，随着窗口的移动，队列也一进一出，每次移动之后，告诉我们队列中的最大值是什么。

这个队列的代码如下：

```cpp
class MyQueue {
public:
    void pop(int value) {
    }
    void push(int value) {
    }
    int front() {
        return que.front();
    }
};
```

每次窗口移动的时候，调用 que.pop（滑动窗口中移除的元素）、que.push（滑动窗口中添加的元素），然后 que.front()返回队列中的最大值。

这个队列很符合本题的需求，可惜的是，没有现成的数据结构，我们需要自己实现这样的队列。

队列中的元素需要排序，而且将最大值放在出队口，否则就不知道哪个是最大值。如果把窗口中的元素都放入队列，那么窗口移动的时候，队列需要弹出对应的元素。排序后的队列如何弹出窗口中要移除的元素（这个元素不一定是最大值）呢？

其实队列没有必要维护窗口中的所有元素，只需要维护有可能成为窗口中最大值的元素即可，同时保证队列的元素数值是由大到小排序的。

这个维护元素单调递减的队列就叫作单调队列，即单调递减或单调递增的队列。C++中没有这种现成的单调队列，需要我们实现它。

注意：不要以为实现单调队列就是对窗口中的元素进行排序，如果是对元素进行排序，那么和优先级队列就没有区别了。

下面看一下如何维护单调队列中的元素，对于窗口中的元素{2, 3, 5, 1, 4}，只维护{5, 4}就够了，保持单调队列中的元素单调递减，此时队列出口的元素就是窗口中的最大元素，如图 7-14 所示。

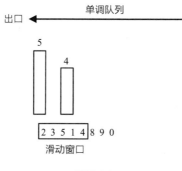

图 7-14

单调队列中的 {5, 4} 如何配合窗口滑动呢？

设计单调队列的时候，pop 和 push 操作要保持如下规则：

（1）pop()：如果窗口移除的元素 value 等于单调队列的出口元素，那么队列弹出元素，否则不进行任何操作。

（2）push(value)：如果 push 的元素 value 大于入口元素的数值，那么就将队列入口的元素弹出，直到 push 元素的数值小于或等于队列入口元素的数值。

基于以上规则，每次窗口移动的时候，只要调用 que.front() 就可以返回当前窗口的最大值。

那么我们用什么数据结构实现这个单调队列呢？

使用 deque 最合适，7.1 节提到了 SGI STL 中的队列在没有指定容器的情况下，deque 就是默认底层容器。

基于单调队列 pop 和 push 的规则，代码如下：

```cpp
class MyQueue { // 单调队列（从大到小）
public:
    deque<int> que; // 使用 deque 实现单调队列
    // 每次弹出元素时，比较当前要弹出的数值是否等于队列出口元素的数值，如果相等则弹出
    // 弹出元素之前，需要判断队列当前是否为空
    void pop(int value) {
        if (!que.empty() && value == que.front()) {
            que.pop_front();
        }
    }
    // 如果 push 的数值大于入口元素的数值，那么就将队列入口的元素弹出，直到 push 的数
    // 值小于或等于队列入口元素的数值
    // 这样就保持了队列中的数值是从大到小单调递减的了
    void push(int value) {
```

```
        while (!que.empty() && value > que.back()) {
            que.pop_back();
        }
        que.push_back(value);

    }
    // 查询当前队列里的最大值，直接返回队列前端元素
    int front() {
        return que.front();
    }
};
```

这样就用 deque 实现了一个单调队列，接下来解决求滑动窗口最大值的问题就简单了，代码如下：

```
class Solution {
private:
    class MyQueue { // 单调队列（从大到小）
    public:
        deque<int> que; // 使用 deque 实现单调队列
        void pop(int value) {
            if (!que.empty() && value == que.front()) {
                que.pop_front();
            }
        }
        void push(int value) {
            while (!que.empty() && value > que.back()) {
                que.pop_back();
            }
            que.push_back(value);

        }
        int front() {
            return que.front();
        }
    };
public:
    vector<int> maxSlidingWindow(vector<int>& nums, int k) {
        MyQueue que;
        vector<int> result;
        for (int i = 0; i < k; i++) { // 先将前 k 个元素放入队列
            que.push(nums[i]);
        }
        result.push_back(que.front()); // result，记录前 k 个元素的最大值
```

```
        for (int i = k; i < nums.size(); i++) {
            que.pop(nums[i - k]); // 滑动窗口前移除最前面的元素
            que.push(nums[i]); // 滑动窗口前加入最后面的元素
            result.push_back(que.front()); // 记录对应的最大值
        }
        return result;
    }
};
```

使用单调队列的时间复杂度是 $O(n)$。有的读者可能会想，在调用 push 函数的过程中，还有一个 while 循环，里面有 pop 函数，感觉时间复杂度不是"纯粹的" $O(n)$。其实，观察单调队列的实现，nums 中的每个元素最多也就被"push_back"（添加队列）和"pop_back"（弹出队列）各一次，没有任何多余操作，所以整体的时间复杂度还是 $O(n)$。

因为定义了一个辅助队列，所以空间复杂度是 $O(n)$。

【扩展】

单调队列中的 pop 和 push 接口仅适用于本题。单调队列不是一成不变的，不同场景有不同的写法，总之，基于单调递减或单调递增原则的队列就叫作单调队列。

7.7 前 k 个高频元素

力扣题号：347.前 k 个高频元素。

【题目描述】

在一个数组中找到出现频率前 k 高的元素。

【示例一】

输入：nums=[2,2,2,2,2,3,3,3,1]，$k=2$。

输出：[2,3]。

【思路】

这道题目主要涉及如下三部分内容：

- 统计元素出现的次数。
- 对次数排序。
- 找出前 k 个高频元素。

首先统计元素出现的次数，可以使用 map 进行统计。然后对次数进行排序，这里可以使用一种容器适配器即优先级队列。

优先级队列就是一个"披着队列外衣"的堆，因为优先级队列对外提供的接口只有从队头取元素、从队尾添加元素，再无其他取元素的方式，所以看起来像一个队列。

优先级队列中的元素自动依照元素的权值排列，它是如何有序排列的呢？

默认情况下，priority_queue 利用 max-heap（大顶堆）完成对元素的排序。

【背景知识】

堆是一棵完全二叉树，树中每个节点的值都不小于（或不大于）其左右孩子的值。如果父节点的值大于或等于左右孩子的值，那么就是大顶堆，如果父节点的值小于或等于左右孩子的值，则是小顶堆。

所以大顶堆的堆头为最大元素，小顶堆的堆头为最小元素。在 C++中，priority_queue（优先级队列）其实就是堆，底层实现都是一样的，元素从小到大排列就是小顶堆，元素从大到小排列就是大顶堆。

本题我们就要使用优先级队列对部分元素出现的次数进行排序。

为什么不使用快排呢？使用快排就要将 map 转换为 vector 的结构，然后对整个数组进行排序，而在本题场景下，我们只需要维护 k 个有序的序列，所以使用优先级队列是最优的。

此时还要思考一下，使用小顶堆，还是大顶堆？

有的读者可能会想，题目中要求统计前 k 个高频元素，果断使用大顶堆。那么问题来了，定义一个大小为 k 的大顶堆，在每次更新大顶堆的时候都把最大的元素弹出去了，怎么保留前 k 个高频元素呢？要不就是把所有元素都排序了（效率相对来说不高）。

我们要使用小顶堆，因为要统计最大的前 k 个元素，所以只有小顶堆可以每次将最小的元素弹出，最后小顶堆中剩下的就是前 k 个最大元素。

查找前 k 个最大元素的流程如图 7-15 所示。

图 7-15 中的元素只有三个，所以正好构成一个大小为 3 的小顶堆。

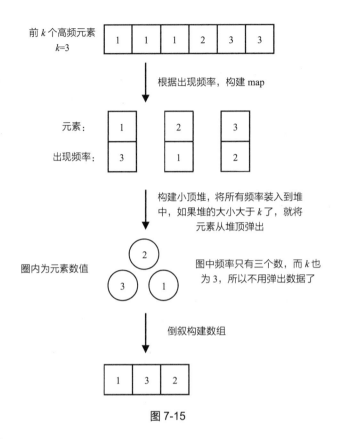

图 7-15

实现代码如下:

```
class Solution {
public:
    // 小顶堆
    class mycomparison {
    public:
        bool operator()(const pair<int, int>& lhs, const pair<int, int>& rhs)
{
            return lhs.second > rhs.second;
        }
    };
    vector<int> topKFrequent(vector<int>& nums, int k) {
        // 统计元素出现的次数
        unordered_map<int, int> map; // map<nums[i],对应出现的次数>
        for (int i = 0; i < nums.size(); i++) {
            map[nums[i]]++;
        }
```

```
        // 对元素出现的次数进行排序
        // 定义一个小顶堆, 大小为 k
        priority_queue<pair<int, int>, vector<pair<int, int>>,
        mycomparison> pri_que;

        // 用固定大小为 k 的小顶堆遍历所有元素出现次数的数值
        for (unordered_map<int, int>::iterator it = map.begin(); it !=
        map.end(); it++) {
            pri_que.push(*it);
            if (pri_que.size() > k) { // 如果堆的大小大于 k, 则队列弹出, 保证堆
                                      // 的大小一直为 k
                pri_que.pop();
            }
        }

        // 找出前 k 个高频元素, 因为小顶堆先弹出的是最小的元素, 所以倒序输出到 result
        // 数组中
        vector<int> result(k);
        for (int i = k - 1; i >= 0; i--) {
            result[i] = pri_que.top().first;
            pri_que.pop();
        }
        return result;

    }
};
```

- 时间复杂度: $O(n\log k)$。
- 空间复杂度: $O(n)$。

7.8 接雨水

力扣题号: 42.接雨水。

给出一排宽度为 1、高度为 n 的柱子, 求可以接到雨水的面积。

【示例一】

输入: height=[1,0,2,1,3,1,0,1,2,0,1]。

输出: 7。

解释：7 为浅色部分的面积，即雨水面积，如图 7-16 所示。

黑色为柱子，灰色为雨水

图 7-16

7.8.1 双指针解法

首先明确按照行还是列计算雨水面积。

按照行计算雨水面积，如图 7-17 所示。

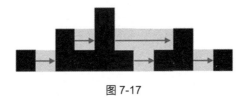

图 7-17

按照列计算雨水面积，如图 7-18 所示。

图 7-18

一些读者在使用双指针法解答本题的时候，很容易一会按照行计算雨水面积，一会按照列计算雨水面积，这样就会越写越乱。其实按照行或者按照列都可以，只不过要始终坚持一个方向。下面给出按照列计算雨水面积的思路。

如果按照列计算，则宽度一定是 1，我们再求每一列雨水的高度即可。

每一列雨水的高度取决于该列左侧最高的柱子和右侧最高的柱子之间的最矮柱子的高度。例如，求列 5 的雨水高度，如图 7-19 所示。

列 5 左侧最高的柱子是列 4，高度为 3（以下用 lHeight 表示），列 5 右侧最高的柱子是列 8，高度为 2（以下用 rHeight 表示），列 5 柱子的高度为 1（以下用 height 表示）。

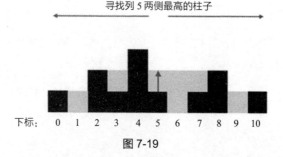

寻找列 5 两侧最高的柱子

下标：　0　1　2　3　4　5　6　7　8　9　10

图 7-19

列 5 的雨水高度为列 4 和列 8 的高度的最小值减去列 5 的高度，即 min(lHeight,rHeight)-height。列 5 的雨水高度和宽度（1）相乘就是列 5 的雨水面积。

同样的方法，只要从头遍历一遍所有的列，然后求出每一列雨水的面积，相加之后就是总雨水的面积。

从头遍历所有的列，注意第一个柱子和最后一个柱子不接雨水，整体代码如下：

```cpp
class Solution {
public:
    int trap(vector<int>& height) {
        int sum = 0;
        for (int i = 0; i < height.size(); i++) {
            // 第一个柱子和最后一个柱子不接雨水
            if (i == 0 || i == height.size() - 1) continue;

            int rHeight = height[i]; // 记录右边柱子的最高高度
            int lHeight = height[i]; // 记录左边柱子的最高高度
            for (int r = i + 1; r < height.size(); r++) {
                if (height[r] > rHeight) rHeight = height[r];
            }
            for (int l = i - 1; l >= 0; l--) {
                if (height[l] > lHeight) lHeight = height[l];
            }
            int h = min(lHeight, rHeight) - height[i];
            if (h > 0) sum += h;
        }
        return sum;
    }
};
```

- 时间复杂度：$O(n^2)$。
- 空间复杂度：$O(1)$。

7.8.2 动态规划解法

在 7.8.1 节的双指针解法中，我们可以看到只要记录左边柱子的最高高度和右边柱子的最高高度，就可以计算当前位置的雨水面积。

当前位置的雨水面积：［min（左边柱子的最高高度，右边柱子的最高高度）-当前柱子高度］× 单位宽度。

这里的单位宽度是 1。

为了得到两边的最高高度，使用了双指针来遍历，每到一个柱子都向两边遍历一遍，这其实是有重复计算的。我们将每个位置的左边最高高度记录在一个数组中（maxLeft），将右边最高高度记录在另一个数组中（maxRight），避免了重复计算，这时就用到了动态规划。

当前位置的左边最高高度是前一个位置的左边最高高度和本高度比较后的最大值。

- 从左向右遍历：maxLeft[i]=max(height[i], maxLeft[i-1])。
- 从右向左遍历：maxRight[i]=max(height[i], maxRight[i+1])。

代码如下：

```cpp
class Solution {
public:
    int trap(vector<int>& height) {
        if (height.size() <= 2) return 0;
        vector<int> maxLeft(height.size(), 0);
        vector<int> maxRight(height.size(), 0);
        int size = maxRight.size();

        // 记录每个柱子左边柱子的最大高度
        maxLeft[0] = height[0];
        for (int i = 1; i < size; i++) {
            maxLeft[i] = max(height[i], maxLeft[i - 1]);
        }
        // 记录每个柱子右边柱子的最大高度
        maxRight[size - 1] = height[size - 1];
        for (int i = size - 2; i >= 0; i--) {
            maxRight[i] = max(height[i], maxRight[i + 1]);
        }
        // 求和
        int sum = 0;
        for (int i = 0; i < size; i++) {
            int count = min(maxLeft[i], maxRight[i]) - height[i];
            if (count > 0) sum += count;
```

```
        }
        return sum;
    }
};
```

7.8.3 单调栈解法

单调栈就是保持栈内元素有序。和 7.6 节的单调队列一样，需要我们自己维持元素顺序，没有现成的容器可以使用。

首先明确如下几点。

（1）单调栈按照行方向计算雨水面积，如图 7-20 所示。

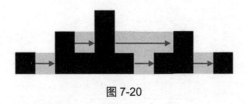

图 7-20

单调栈内元素的顺序是从大到小还是从小到大呢？

从栈头（元素从栈头入栈和弹出）到栈底的元素应该是从小到大的顺序。

因为一旦发现添加的柱子高度大于栈头元素，就说明此时出现凹槽了，栈头元素就是凹槽底部的柱子，栈头的第二个元素就是凹槽底部左边的柱子，而添加的元素就是凹槽底部右边的柱子，如图 7-21 所示。

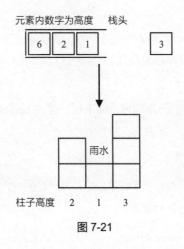

图 7-21

（2）遇到相同高度的柱子怎么办？

遇到相同的元素就更新栈内元素，即将栈内元素（旧下标）弹出，将新元素（新下标）加入栈。

例如，[5,5,1,3]这种情况。添加第二个 5 的时候就应该将第一个 5 的下标弹出，把第二个 5 添加到栈中。

因为求宽度的时候如果遇到相同高度的柱子，则需要使用最右边的柱子计算宽度，如图 7-22 所示。

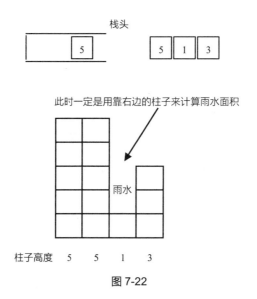

图 7-22

（3）栈中要保存什么数值？

使用单调栈，其实是通过长×宽计算雨水面积的。长是通过柱子的高度计算的，宽是通过柱子之间的下标计算的，那么栈中有没有必要存在一个键值对 pair<int, int>类型的元素，用于保存柱子的高度和下标呢？

其实不用，栈中存放 int 类型的元素即可，即下标。通过 height[stack.top()]就知道弹出的下标对应的高度了。

栈的定义如下：

```
stack<int> st; // 存放下标，计算的时候使用下标对应的柱子高度
```

明确了如上几点，我们再来看处理逻辑。

首先将下标 0 的柱子加入栈：st.push(0)。

然后从下标 1 开始遍历所有的柱子：for (int i = 1; i < height.size(); i++)。

如果当前遍历的元素（柱子）的高度小于栈顶元素的高度，就把这个元素加入栈，因为栈中的元素本来就要保持从小到大的顺序（从栈头到栈底）。

代码如下：

```
if (height[i] < height[st.top()])  st.push(i);
```

如果当前遍历的元素（柱子）的高度等于栈顶元素的高度，则更新栈顶元素，因为遇到相同高度的柱子，需要使用最右边的柱子计算宽度。

代码如下：

```
if (height[i] == height[st.top()]) { // 例如，[5,5,1,7]这种情况
  st.pop();
  st.push(i);
}
```

如果当前遍历的元素（柱子）的高度大于栈顶元素的高度，那么此时就出现凹槽了，如图 7-23 所示。

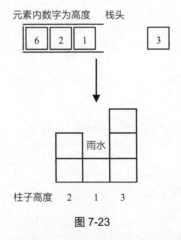

图 7-23

将栈顶元素弹出，弹出元素就是凹槽的底部高度的下标，也就是中间位置，下标记为 mid，对应的高度为 height[mid]（图 7-23 中对应的高度为 1）。

此时的栈顶元素就是凹槽的左边柱子，下标为 st.top()，对应的高度为 height[st.top()]（图 7-23 中对应的高度 2）。

当前遍历的元素就是凹槽右边的柱子，下标为 i，对应的高度为 height[i]（图 7-23 中对应的高度 3）。

此时可以发现栈顶和栈顶的下一个元素，以及要入栈的三个元素用来接雨水。

雨水的高度就是 min(凹槽左边高度,凹槽右边高度)–凹槽底部高度，代码如下：

```
int h = min(height[st.top()], height[i]) - height[mid]。
```

雨水的宽度就是凹槽右边的下标–凹槽左边的下标–1，代码如下：

```
int w = i - st.top() - 1 ;
```

当前凹槽雨水的面积：$h \times w$。

整体代码如下：

```cpp
class Solution {
public:
    int trap(vector<int>& height) {
        if (height.size() <= 2) return 0; // 可以不加
        stack<int> st; // 存放下标, 计算的时候使用下标对应的柱子高度
        st.push(0);
        int sum = 0;
        for (int i = 1; i < height.size(); i++) {
            if (height[i] < height[st.top()]) {        // 情况一
                st.push(i);
            } else if (height[i] == height[st.top()]) {  // 情况二
                // 其实这一行可以不加, 效果是一样的, 但处理情况二的思路却变了
                st.pop();
                st.push(i);
            } else {                                      // 情况三
                // 注意这里是 while
                while (!st.empty() && height[i] > height[st.top()]) {
                    int mid = st.top();
                    st.pop();
                    if (!st.empty()) {
                        int h = min(height[st.top()], height[i]) - height[mid];
                        int w = i - st.top() - 1; // 注意减一, 只求中间宽度
                        sum += h * w;
                    }
                }
                st.push(i);
            }
        }
        return sum;
    }
};
```

以上代码冗余了一些，但思路是清晰的，可以将代码精简一下：

```
class Solution {
public:
    int trap(vector<int>& height) {
        stack<int> st;
        st.push(0);
        int sum = 0;
        for (int i = 1; i < height.size(); i++) {
            while (!st.empty() && height[i] > height[st.top()]) {
                int mid = st.top();
                st.pop();
                if (!st.empty()) {
                    int h = min(height[st.top()], height[i]) - height[mid];
                    int w = i - st.top() - 1;
                    sum += h * w;
                }
            }
            st.push(i);
        }
        return sum;
    }
};
```

精简之后的代码看上去好像只处理的是情况三，其实是把情况一和情况二融合了，精简之后的代码并不利于理解。

7.9 本章小结

7.1 节讲解了栈和队列的理论基础。本章以 C++为例，如果使用其他编程语言，那么可以考虑一下基于不同编程语言，栈和队列是如何实现的。

栈与队列的理论基础方面可以出一道面试题：栈内的元素在内存中是连续分布的吗？

这个问题有两个陷阱：

- 陷阱 1：栈是容器适配器，底层容器使用不同的容器，决定了栈内数据在内存中是不是连续分布的。
- 陷阱 2：在默认情况下，默认底层容器是 deque，deque 在内存中的数据分布其实是不连续的。

了解栈与队列的基础知识之后，可以用 7.2 节和 7.3 节中的题目练习一下栈与队列的基本操作。通过 7.4 节和 7.5 节的讲解，可以看出栈在计算机领域中的应用是非常广泛的，特别是匹配方面的问题。7.6 节主要是解决获取滑动窗口的最大值问题，主要思想是队列没有必要维护窗口中的所有元素，只需要维护有可能成为窗口中最大值的元素即可，同时保证队列中的元素数值是由大到小排序的。

7.7 节通过求前 k 个高频元素，引出另一种队列即优先级队列，其实就是一个"披着队列外衣"的堆。

7.8 节的内容是面试中经常出现的面试题目，题意很明确，但解决起来比较有难度，本节的题目是单调栈的经典应用。

第 8 章

二叉树

8.1 二叉树理论基础

下面讲解面试和练习算法题目时涉及二叉树的重点内容。

8.1.1 二叉树的种类

1. 满二叉树

如果一棵二叉树只有度为 0 的节点和度为 2 的节点，并且度为 0 的节点在同一层上，则这棵二叉树为满二叉树，如图 8-1 所示。

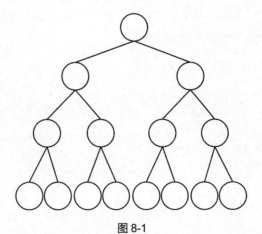

图 8-1

这棵二叉树的深度为 k（从 1 开始计算），有 2^k-1 个节点。

2. 完全二叉树

完全二叉树：除了底层节点可能没填满，其余每层的节点数都达到最大值，并且底层的节点都集中在该层最左边的若干位置。若底层为第 h 层（h 从 1 开始计数），则该层包含 $1 \sim 2^{h-1}$ 个节点。

一个典型的完全二叉树的例子如图 8-2 所示。

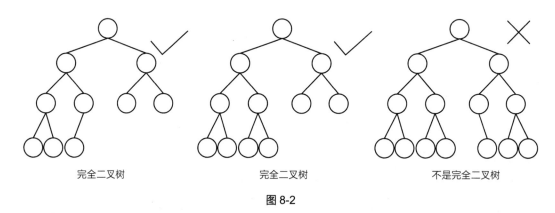

完全二叉树   完全二叉树   不是完全二叉树

图 8-2

注意，图 8-2 中最后一棵二叉树不是完全二叉树。

3. 二叉搜索树

前面介绍的二叉树中的节点都没有数值，而二叉搜索树是有数值的。二叉搜索树是一个有序树，满足如下规则：

- 若它的左子树不空，则左子树上所有节点的值均小于它的根节点的值。
- 若它的右子树不空，则右子树上所有节点的值均大于它的根节点的值。
- 它的左、右子树也分别为二叉排序树。

下面这两棵树都是二叉搜索树，如图 8-3 所示。

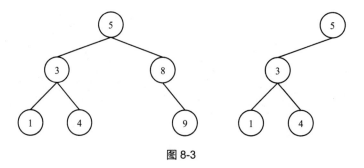

图 8-3

4. 平衡二叉搜索树

平衡二叉搜索树又称为 AVL（Adelson-Velsky and Landis）树，它是一棵空树，或者它的左右两个子树的高度差的绝对值不超过 1，并且左右两个子树都是一棵平衡二叉树，如图 8-4 所示。

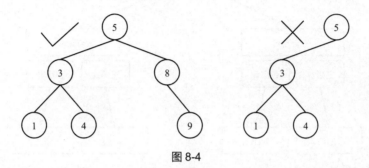

图 8-4

图 8-4 中最后一棵二叉树不是平衡二叉树，因为它的左右两个子树的高度差的绝对值超过了 1。

C++中 map、set、multimap、multiset 的底层实现都是平衡二叉搜索树，所以 map、set 的增删操作的时间复杂度是 $O(\log n)$，而 unordered_map、unordered_set 的底层实现是哈希表。

在使用自己熟悉的编程语言实现算法时，一定要知道常用的容器底层都是如何实现的，最基本的就是 map、set 等，否则很难分析自己写的代码的性能。

8.1.2 二叉树的存储方式

二叉树既可以链式存储，也可以顺序存储。

链式存储的方式使用的是指针，顺序存储的方式使用的是数组。顺序存储的元素在内存中是连续分布的，而链式存储通过指针把散落在各个地址上的节点串联在一起。

链式存储的方式如图 8-5 所示。

顺序存储的方式如图 8-6 所示。

用数组存储的二叉树是如何遍历的呢？

如果父节点的数组的下标是 i，那么它的左孩子就是 $i \times 2+1$，右孩子就是 $i \times 2+2$。

但是用链式表示的二叉树更利于我们理解，所以一般使用链式存储的方式。

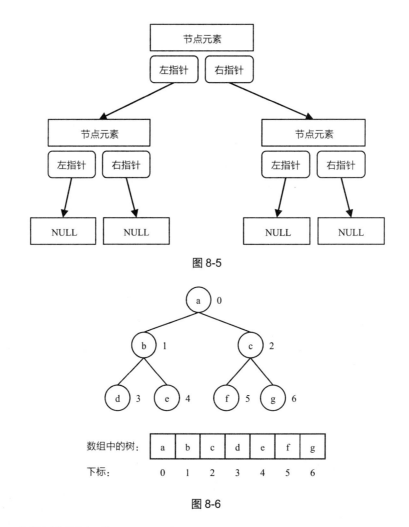

图 8-5

图 8-6

8.1.3 二叉树的遍历方式

二叉树主要有两种遍历方式：

（1）深度优先遍历：先往深处遍历，遇到叶子节点时再往回遍历。

（2）广度优先遍历：一层一层地遍历。

以上是图论中最基本的两种遍历方式，将深度优先遍历和广度优先遍历进一步拓展，有如下遍历方式：

- 深度优先遍历
    — 前序遍历（递归法、迭代法）。

— 中序遍历（递归法、迭代法）。

— 后序遍历（递归法、迭代法）。

- 广度优先遍历

— 层次遍历（迭代法）。

在深度优先遍历中，前、中、后指的就是中间节点的遍历顺序，只要记住前序、中序、后序指的是中间节点的位置即可。

通过如下中间节点的顺序就可以发现，中间节点的顺序就是所谓的遍历方式：

- 前序遍历：中→左→右。
- 中序遍历：左→中→右。
- 后序遍历：左→右→中。

读者可以参考图 8-7，看一下自己理解的前序、中序、后序有没有问题。

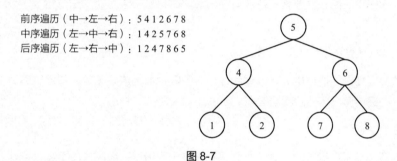

图 8-7

我们做二叉树相关题目时，经常会使用递归的方式实现深度优先遍历，也就是实现前序、中序、后序遍历，使用递归是比较方便的。

编程语言都是通过栈这种数据结构实现递归的，也就是说，前序、中序、后序遍历的逻辑可以借助栈使用非递归的方式实现。

而广度优先遍历一般使用队列实现，这也是由队列先进先出的特点所决定的，因为通过先进先出的结构，才能一层一层地遍历二叉树。

8.1.4 二叉树的定义

在本章的二叉树面试题目中，节点均采用下面的定义方式，代码如下：

```
struct TreeNode {
    int val;
    TreeNode *left;
    TreeNode *right;
```

```
      TreeNode(int val) : val(val), left(nullptr), right(nullptr) {}
};
```

这里会发现二叉树的定义和链表是差不多的，相对于链表，二叉树的节点中多了两个指针，分别指向左孩子节点和右孩子节点。

这里要提醒读者注意二叉树节点定义的书写方式。在现场面试的时候面试官可能要求面试者手写代码，所以一定要锻炼自己可以手写数据结构的定义及简单逻辑的代码。

8.2 前、中、后序的递归遍历

本节介绍前、后、中序的递归写法，通过简单题目确定方法论，有了方法论，后面才能应付复杂的递归。

下面确定递归算法的三个要素。每次写递归算法时都基于下面的"三部曲"，可以写出正确的递归算法。

（1）确定递归函数的参数和返回值。

确定哪些参数在递归过程中需要处理就在递归函数中加上这些参数，并且明确每次递归的返回值是什么，进而确定递归函数的返回类型。

（2）确定终止条件。

写完递归算法，程序运行的时候经常会遇到栈溢出的错误，原因是没写终止条件或者终止条件写得不对。操作系统也是用一个栈的结构保存每一层递归的信息的，如果递归没有终止，那么操作系统的内存栈必然会溢出。

（3）确定单层递归的逻辑。

确定每一层递归需要处理的信息。在这里会重复调用函数本身来实现递归的过程。

下面以前序遍历为例。

（1）确定递归函数的参数和返回值。

因为要打印出前序遍历节点的数值，所以参数中需要传入数组（C++中使用 vector）来存放节点的数值，除了这一点，就不需要再处理其他数据了，也不需要有返回值，所以递归函数的返回类型就是 void，代码如下：

```
void traversal(TreeNode* cur, vector<int>& vec)
```

（2）确定终止条件。

在递归的过程中，如何确定递归结束了呢？当当前遍历到的节点为空时，说明本层递归就要结束了。如果当前遍历的这个节点为空，则直接返回，代码如下：

```
if (cur == NULL) return;
```

（3）确定单层递归的逻辑。

前序遍历是中→左→右的顺序，所以单层递归的逻辑就是先取中节点的数值，再处理左子树和右子树，代码如下：

```
vec.push_back(cur->val);    // 中
traversal(cur->left, vec);  // 左
traversal(cur->right, vec); // 右
```

完整代码如下：

```
class Solution {
public:
    void traversal(TreeNode* cur, vector<int>& vec) {
        if (cur == NULL) return;
        vec.push_back(cur->val);    // 中
        traversal(cur->left, vec);  // 左
        traversal(cur->right, vec); // 右
    }
    vector<int> preorderTraversal(TreeNode* root) {
        vector<int> result;
        traversal(root, result);
        return result;
    }
};
```

中序和后序遍历的代码如下：

```
// 中序遍历
void traversal(TreeNode* cur, vector<int>& vec) {
    if (cur == NULL) return;
    traversal(cur->left, vec);  // 左
    vec.push_back(cur->val);    // 中
    traversal(cur->right, vec); // 右
}
// 后序遍历
void traversal(TreeNode* cur, vector<int>& vec) {
    if (cur == NULL) return;
    traversal(cur->left, vec);  // 左
```

```
        traversal(cur->right, vec); // 右
        vec.push_back(cur->val);    // 中
    }
```

8.3 前、中、后序的迭代遍历

为什么可以用迭代法（非递归的方式）实现二叉树的前中后序遍历呢？

递归的实现就是：每一次递归调用都会把函数的局部变量、参数值和返回地址等压入调用栈，然后在结束本层递归操作的时候，从栈顶弹出上一次递归的各项参数，这也是为什么递归可以返回上一层位置的原因。

此时读者应该知道为什么使用栈也可以实现二叉树的前中后序遍历了。

8.3.1 前序遍历

力扣题号：144.二叉树的前序遍历。

前序遍历是中→左→右，每次先处理中间节点，先将根节点加入栈，然后将右孩子加入栈，最后将左孩子加入栈。

为什么要先将右孩子加入栈，再将左孩子加入栈呢？因为这样出栈的顺序才是中→左→右。

前序遍历的代码如下（注意空节点不入栈）：

```cpp
class Solution {
public:
    vector<int> preorderTraversal(TreeNode* root) {
        stack<TreeNode*> st;
        vector<int> result;
        if (root == NULL) return result;
        st.push(root);
        while (!st.empty()) {
            TreeNode* node = st.top();              // 中
            st.pop();
            result.push_back(node->val);
            if (node->right) st.push(node->right);  // 右（空节点不入栈）
            if (node->left) st.push(node->left);    // 左（空节点不入栈）
        }
        return result;
    }
};
```

此时会发现使用迭代法写出前序遍历的代码并不难。是不是修改前序遍历代码的顺序就可以实现中序遍历了呢？

接下来使用迭代法写中序遍历的代码的时候，会发现套路又不一样了，目前的前序遍历的逻辑无法直接应用到中序遍历上。

8.3.2 中序遍历

力扣题号：94.二叉树的中序遍历。

在使用迭代法处理元素的过程中，涉及以下两个操作。

- 处理：将元素放入 result 数组。
- 访问：遍历节点。

为什么 8.3.1 节中的前序遍历的代码不能和中序遍历的代码通用呢？因为前序遍历的顺序是中→左→右，先访问和处理的元素是中间节点，所以才能写出相对简洁的代码——要访问的元素和要处理的元素顺序是一致的，都是中间节点。

中序遍历的顺序是左→中→右，先访问的是二叉树顶部的节点，然后一层一层向下访问，直到到达树左面的底部，再开始处理节点（也就是把节点的数值放入 result 数组），这就造成了处理顺序和访问顺序是不一致的。

在使用迭代法实现中序遍历时，就需要借用指针的遍历来访问节点，使用栈处理节点上的元素。

中序遍历的代码如下：

```cpp
class Solution {
public:
    vector<int> inorderTraversal(TreeNode* root) {
        vector<int> result;
        stack<TreeNode*> st;
        TreeNode* cur = root;
        while (cur != NULL || !st.empty()) {
            if (cur != NULL) { // 指针访问节点，访问到底层
                st.push(cur); // 将访问的节点放入栈
                cur = cur->left;                // 左
            } else {
                // 从栈里弹出的数据就是要处理的数据（放入 result 数组的数据）
                cur = st.top();
                st.pop();
                result.push_back(cur->val);     // 中
                cur = cur->right;               // 右
            }
```

```
        }
        return result;
    }
};
```

8.3.3 后序遍历

力扣题号：145.二叉树的后序遍历。

后序遍历的顺序是左→右→中，只需要调整前序遍历的代码顺序，变成中→右→左的遍历顺序，然后反转 result 数组，输出结果的顺序就是左→右→中了，如图 8-8 所示。

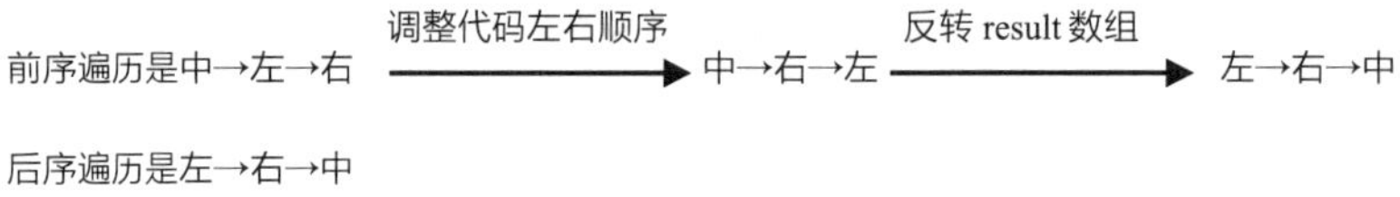

前序遍历是中→左→右   调整代码左右顺序   中→右→左   反转 result 数组   左→右→中

后序遍历是左→右→中

图 8-8

对前序遍历的代码稍作修改，后序遍历的代码如下：

```
class Solution {
public:
    vector<int> postorderTraversal(TreeNode* root) {
        stack<TreeNode*> st;
        vector<int> result;
        if (root == NULL) return result;
        st.push(root);
        while (!st.empty()) {
            TreeNode* node = st.top();
            st.pop();
            result.push_back(node->val);
            // 相对于前序遍历，这里更改一入栈顺序（空节点不入栈）
            if (node->left) st.push(node->left);
            if (node->right) st.push(node->right); // 空节点不入栈
        }
        // 将结果反转之后就是左→右→中的顺序了
        reverse(result.begin(), result.end());
        return result;
    }
};
```

我们使用迭代法写出了二叉树的前、中、后序遍历的代码，可以看出前序遍历和中序遍历完全是两种代码风格，并不像递归写法那样代码稍作调整就可以实现前、中、后序遍历。

这是因为前序遍历中访问节点（遍历节点）和处理节点（将元素放入 result 数组）可以同步处理，

但是中序遍历就无法做到同步。

难道二叉树前、中、后序遍历的迭代法不能统一代码风格吗（即前序遍历的代码改变顺序就可以实现中序遍历和后序遍历）？

当然可以，这种写法在下一节会重点讲解。

8.4 前、中、后序统一迭代法

我们在 8.2 节中使用递归的方式实现了二叉树前、中、后序的遍历。在 8.3 节中使用栈实现了二叉树前、中、后序的迭代遍历（非递归）。之后发现迭代法实现的前、中、后序遍历的代码风格不统一，除了前序遍历和后序遍历有关联，中序遍历完全就是另一个风格了，一会用栈遍历，一会又用指针遍历。

针对三种遍历方式，使用迭代法是可以写出统一风格的代码的。

以中序遍历为例，在 8.3 节中提到使用栈无法同时解决访问节点（遍历节点）和处理节点（将元素放入结果集）不一致的问题。

解决方法是将要访问的节点放入栈，将要处理的节点也放入栈中但是要做标记，即将要处理的节点放入栈之后，紧接着放入一个空指针作为标记。这种方法也可以叫作标记法。

1. 使用**迭代法**实现**中序遍历**

使用迭代法实现中序遍历的代码如下：

```cpp
class Solution {
public:
    vector<int> inorderTraversal(TreeNode* root) {
        vector<int> result;
        stack<TreeNode*> st;
        if (root != NULL) st.push(root);
        while (!st.empty()) {
            TreeNode* node = st.top();
            if (node != NULL) {
                // 将该节点弹出，避免重复操作，下面再将右、中、左节点添加到栈中
                st.pop();
                // 添加右节点（空节点不入栈）
                if (node->right) st.push(node->right);

                st.push(node); // 添加中节点
                st.push(NULL); // 中节点访问过，但还没有处理，加入空节点作为标记
```

```
                // 添加左节点（空节点不入栈）
                if (node->left) st.push(node->left);
            } else { // 只有遇到空节点的时候，才将下一个节点放入结果集
                st.pop();              // 将空节点弹出
                node = st.top();       // 重新取出栈中元素
                st.pop();
                result.push_back(node->val); // 加入结果集
            }
        }
        return result;
    }
};
```

以这棵二叉树为例，栈中的数据如图 8-9 所示。

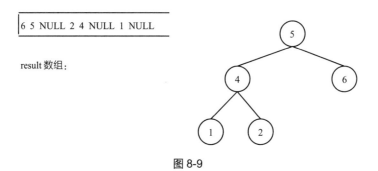

图 8-9

逐步将栈中的元素弹出，把元素放在 result 数组中，如图 8-10 所示。

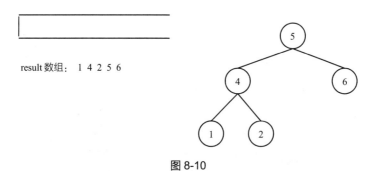

图 8-10

可以看出我们将访问的节点直接加入了栈，如果是要处理的节点，则后面放入一个空节点，只有空节点弹出的时候，才将下一个节点放入结果集。

2. 使用**迭代法**实现**前序遍历**

使用迭代法实现前序遍历的代码如下（和中序遍历相比仅改变了三行代码的顺序）：

```cpp
class Solution {
public:
    vector<int> preorderTraversal(TreeNode* root) {
        vector<int> result;
        stack<TreeNode*> st;
        if (root != NULL) st.push(root);
        while (!st.empty()) {
            TreeNode* node = st.top();
            if (node != NULL) {
                st.pop();
                if (node->right) st.push(node->right);   // 右
                if (node->left) st.push(node->left);     // 左
                st.push(node);                            // 中
                st.push(NULL);
            } else {
                st.pop();
                node = st.top();
                st.pop();
                result.push_back(node->val);
            }
        }
        return result;
    }
};
```

3. 使用**迭代法**实现**后序遍历**

使用迭代法实现后续遍历的代码如下（和中序遍历相比仅改变了三行代码的顺序）：

```cpp
class Solution {
public:
    vector<int> postorderTraversal(TreeNode* root) {
        vector<int> result;
        stack<TreeNode*> st;
        if (root != NULL) st.push(root);
        while (!st.empty()) {
            TreeNode* node = st.top();
            if (node != NULL) {
                st.pop();
                st.push(node);                            // 中
                st.push(NULL);
```

```
                if (node->right) st.push(node->right);  // 右
                if (node->left) st.push(node->left);     // 左

            } else {
                st.pop();
                node = st.top();
                st.pop();
                result.push_back(node->val);
            }
        }
        return result;
    }
};
```

此时我们写出了统一风格的迭代法的代码，但统一风格的迭代法的代码并不好理解，而且在面试中直接写出来还是有难度的。所以读者可以根据自己的个人喜好，对于二叉树的前、中、后序遍历，选择使用一种自己容易理解的递归和迭代法。

8.5 二叉树的层序遍历

力扣题号：102.二叉树的层序遍历。

接下来介绍二叉树的另一种遍历方式——层序遍历。层序遍历就是从左到右一层一层地遍历二叉树。

在图 8-11 中，层序遍历的顺序如下：

[

  [5],

  [4,6],

  [1,2]

]

层序遍历需要借用一个辅助数据结构即队列实现，队列先进先出，符合一层一层遍历的逻辑，而使用栈先进后出适合模拟深度优先遍历，也就是递归的逻辑。

这种层序遍历的方式就是图论中的广度优先遍历，只不过我们应用在二叉树上。

层序遍历的大致流程如图 8-12 所示，先将根节点（节点 6）添加到队列中。

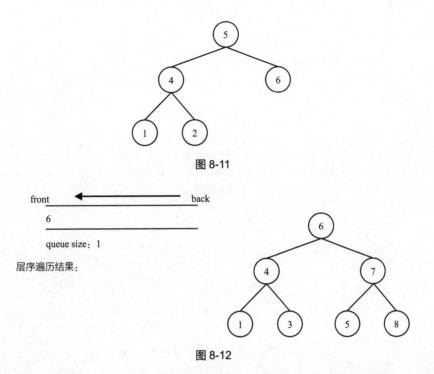

图 8-11

图 8-12

节点 6 弹出，并将节点 6 的左孩子节点 4 和右孩子节点 7 添加到队列中，如图 8-13 所示。

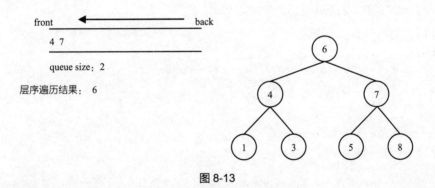

图 8-13

不断重复这个过程，如图 8-14、图 8-15 所示。

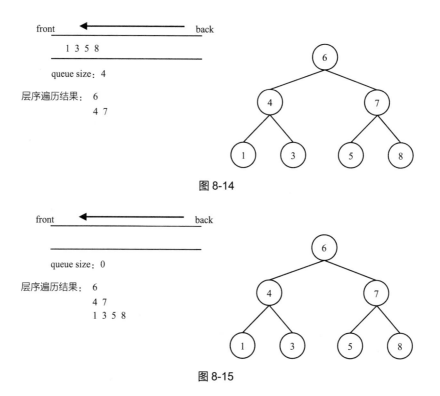

图 8-14

图 8-15

这样就实现了从左到右层序遍历二叉树，代码如下：

```
class Solution {
public:
    vector<vector<int>> levelOrder(TreeNode* root) {
        queue<TreeNode*> que;
        if (root != NULL) que.push(root);
        vector<vector<int>> result;
        while (!que.empty()) {
            int size = que.size();
            vector<int> vec;
            // 这里一定要使用固定大小 size，不要使用 que.size()，因为 que.size 是
            // 不断变化的
            for (int i = 0; i < size; i++) {
                TreeNode* node = que.front();
                que.pop();
                vec.push_back(node->val);
                if (node->left) que.push(node->left);
                if (node->right) que.push(node->right);
            }
```

```
        result.push_back(vec);
    }
    return result;
    }
};
```

8.6 反转二叉树

力扣题号：0226.反转二叉树。

【题目描述】

反转一棵二叉树，如图 8-16 所示。

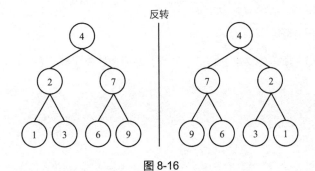

图 8-16

这道题目背后有一个让程序员心酸的故事：听说 Homebrew 的作者 Max Howell 就是因为没在白板上写出反转二叉树，最后被 Google 拒绝了。

【思路】

如果想反转二叉树，那么把每个节点的左右孩子交换一下即可。

关键在于遍历顺序，应该选哪一种遍历顺序呢？

遍历的过程中反转每个节点的左右孩子就可以达到整体反转的效果。注意，只要把每一个节点的左右孩子反转一下，就可以达到整体反转的效果。

这道题目使用前序遍历和后序遍历都可以，唯独中序遍历不方便，因为中序遍历会把某些节点的左右孩子反转两次。

那么可不可以使用层序遍历呢？依然可以，只要把每个节点的左右孩子反转一下的遍历方式都是可以的。

8.6.1 递归法

8.2 节讲了递归的"三部曲",下面围绕这三点进行讲解。

（1）确定递归函数的参数和返回值。

参数就是要传入节点的指针,通常此时需要定下来主要参数,如果在递归的逻辑中发现还需要其他参数,则可以随时补充。

返回值是要返回 root 节点的指针,所以函数的返回类型为 TreeNode*。

```
TreeNode* invertTree(TreeNode* root)
```

（2）确定终止条件。

当前节点为空的时候,就返回 NULL:

```
if (root == NULL) return root;
```

（3）确定单层递归的逻辑。

这里采用前序遍历,所以先交换左右孩子节点,然后反转左子树、右子树:

```
swap(root->left, root->right);
invertTree(root->left);
invertTree(root->right);
```

基于递归"三部曲",C++代码如下:

```cpp
class Solution {
public:
    TreeNode* invertTree(TreeNode* root) {
        if (root == NULL) return root;
        swap(root->left, root->right);  // 中
        invertTree(root->left);          // 左
        invertTree(root->right);         // 右
        return root;
    }
};
```

8.6.2 迭代法

使用迭代法模拟前序遍历的代码如下:

```cpp
class Solution {
public:
    TreeNode* invertTree(TreeNode* root) {
        if (root == NULL) return root;
```

```
        stack<TreeNode*> st;
        st.push(root);
        while(!st.empty()) {
            TreeNode* node = st.top();              // 中
            st.pop();
            swap(node->left, node->right);
            if(node->right) st.push(node->right);    // 右
            if(node->left) st.push(node->left);      // 左
        }
        return root;
    }
};
```

当然也可以使用 8.5 节中讲解的层序遍历，代码如下：

```
class Solution {
public:
    TreeNode* invertTree(TreeNode* root) {
        queue<TreeNode*> que;
        if (root != NULL) que.push(root);
        while (!que.empty()) {
            int size = que.size();
            for (int i = 0; i < size; i++) {
                TreeNode* node = que.front();
                que.pop();
                swap(node->left, node->right); // 节点处理
                if (node->left) que.push(node->left);
                if (node->right) que.push(node->right);
            }
        }
        return root;
    }
};
```

　　针对二叉树的问题，解题之前一定要想清楚究竟使用前、中、后序遍历，还是层序遍历。二叉树解题的大忌就是自己稀里糊涂就把代码写出来了（因为这道题相对简单），但不清楚是如何遍历二叉树的。

　　针对反转二叉树，本节给出了一种递归、两种迭代（一种是模拟深度优先遍历，另一种是层序遍历）的写法，读者也可以有自己的解法，但一定要形成方法论，这样才能举一反三。

8.7 对称二叉树

力扣题号：101.对称二叉树。

【题目描述】

给出一个二叉树，判断其是不是中心轴对称的。

【示例一】

如图 8-17 所示，该二叉树是中心轴对称的。

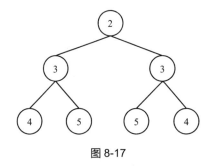

图 8-17

【示例二】

如图 8-18 所示，该二叉树不是中心轴对称的。

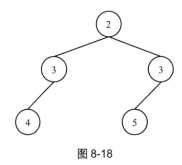

图 8-18

【思路】

首先要想清楚，判断二叉树是否对称要比较的是哪两个节点，要比较的可不是左右节点。

判断二叉树是否对称，要比较的是根节点的左子树与右子树是不是相互反转的，理解这一点就知道了其实要比较的是两棵树（这两棵树是根节点的左右子树），所以在递归遍历的过程中，也需要同时遍历这两棵树。

那么如何比较呢?

要比较的是两棵子树的里侧和外侧的元素是否相等,如图 8-19 所示。

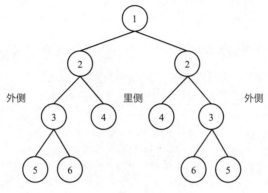

图 8-19

遍历的顺序应该是怎样的呢?

本题只能是"后序遍历",因为我们要通过递归函数的返回值来判断两棵子树的内侧节点和外侧节点是否相等。因为要遍历两棵树,而且要比较内侧和外侧节点是否相等,所以准确地说,一棵树的遍历顺序是左→右→中,另一棵树的遍历顺序是右→左→中。

两个遍历顺序都可以理解为后序遍历,尽管已经不是严格意义上的在一棵树上进行的后序遍历。

我们先看一下递归法的代码应该怎么写。

8.7.1 递归法

递归"三部曲"如下:

(1)确定递归函数的参数和返回值。

因为我们要比较根节点的两棵子树是否相互反转,进而判断这棵树是不是对称树,所以要比较的是两棵树,参数是左子树节点和右子树节点,返回值是 bool 类型。

代码如下:

```
bool compare(TreeNode* left, TreeNode* right)
```

(2)确定终止条件。

要比较两个节点的数值是否相同,首先要确定两个节点是否为空,否则后面比较数值的时候就会操作空指针了。

节点为空的情况：

- 左节点为空，右节点不为空→不对称，返回 false。
- 左节点不为空，右节点为空→不对称，返回 false。
- 左右节点都为空→对称，返回 true。

此时已经排除了节点为空的情况，那么剩下的就是左右节点不为空的情况：

- 左右节点都不为空→比较节点数值，不相同就返回 false。

代码如下：

```
if (left == NULL && right != NULL) return false;
else if (left != NULL && right == NULL) return false;
else if (left == NULL && right == NULL) return true;
else if (left->val != right->val) return false; // 注意这里没有使用else
```

注意最后一行代码，没有使用 else，而是 else if，因为我们把以上情况都排除之后，剩下的就是左右节点都不为空且数值相同的情况。

（3）确定单层递归的逻辑。

单层递归的逻辑就是处理左右节点都不为空且数值相同的情况：

- 比较二叉树外侧是否对称：传入的是左节点的左孩子和右节点的右孩子。
- 比较二叉树内侧是否对称：传入的是左节点的右孩子和右节点的左孩子。
- 如果二叉树内侧对称，外侧也对称，就返回 true，有一侧不对称就返回 false。

代码如下：

```
bool outside = compare(left->left, right->right);
bool inside = compare(left->right, right->left);
bool isSame = outside && inside;
return isSame;
```

上述代码使用的遍历方式是左→右→中（左子树）和右→左→中（右子树），所以把这个遍历顺序称为"后序遍历"（不是严格意义上的后序遍历）。

递归的整体代码如下：

```
class Solution {
public:
    bool compare(TreeNode* left, TreeNode* right) {
        // 首先排除空节点的情况
        if (left == NULL && right != NULL) return false;
```

```
            else if (left != NULL && right == NULL) return false;
            else if (left == NULL && right == NULL) return true;
            // 排除了空节点，再排除数值不相同的情况
            else if (left->val != right->val) return false;

            // 此时就是左右节点都不为空且数值相同的情况
            // 此时才做递归，做下一层的判断
            // 左子树：左；右子树：右
            bool outside = compare(left->left, right->right);
            // 左子树：右；右子树：左
            bool inside = compare(left->right, right->left);
            // 左子树：中；右子树：中
            bool isSame = outside && inside;
            return isSame;

        }
    bool isSymmetric(TreeNode* root) {
        if (root == NULL) return true;
        return compare(root->left, root->right);
    }
};
```

这里给出的代码并不简洁，但是把每一步判断的逻辑都清晰地展示出来了。

如果直接看各种简洁的代码，代码貌似"简单"了不少，但很多逻辑都被掩盖了，以上代码精简之后如下：

```
class Solution {
public:
    bool compare(TreeNode* left, TreeNode* right) {
        if (left == NULL && right != NULL) return false;
        else if (left != NULL && right == NULL) return false;
        else if (left == NULL && right == NULL) return true;
        else if (left->val != right->val) return false;
        else return compare(left->left, right->right) &&
compare(left->right, right->left);

    }
    bool isSymmetric(TreeNode* root) {
        if (root == NULL) return true;
        return compare(root->left, root->right);
    }
};
```

上述代码隐藏了很多逻辑，条理不清晰，而且递归"三部曲"在这里完全体现不出来。

建议读者在学习算法的时候，一定要想清楚每一步的逻辑。先实现相关逻辑代码，再追求代码简洁。

8.7.2 迭代法

这道题目也可以使用迭代法，但要注意，这里的迭代法可不是前、中、后序的迭代写法，因为本题的本质是判断两棵树是否相互反转，已经不是所谓二叉树遍历的前、中、后序的关系了。

我们可以使用队列比较两棵树（根节点的左右子树）是否相互反转（注意，这不是层序遍历）。

1. 使用队列

通过队列判断根节点的左子树和右子树的内侧与外侧是否相等，如图 8-20 所示，分别有两个指针指向根节点的左子树和右子树。

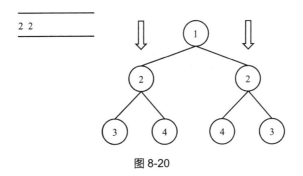

图 8-20

然后将队列元素弹出并比较是否相等，图 8-20 中两个指针指向的元素相等，继续把两个元素的左右孩子添加到队列中，如图 8-21 所示。

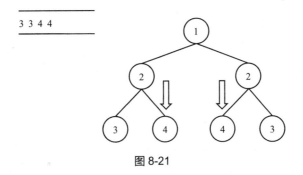

图 8-21

继续从队列中取出两个元素并比较是否相同，如果最后队列为空依然没有找到两个不相同的元素，那么这棵树就是对称二叉树。

代码实现如下：

```cpp
class Solution {
public:
    bool isSymmetric(TreeNode* root) {
        if (root == NULL) return true;
        queue<TreeNode*> que;
        que.push(root->left);    // 将左子树头节点加入队列
        que.push(root->right);   // 将右子树头节点加入队列
        while (!que.empty()) {   // 接下来判断这两棵树是否相互反转
            TreeNode* leftNode = que.front(); que.pop();
            TreeNode* rightNode = que.front(); que.pop();
            // 左节点为空、右节点为空，说明是对称的
            if (!leftNode && !rightNode) {
                continue;
            }

            // 左右一个节点不为空，或者都不为空但数值不相同，返回 false
            if ((!leftNode || !rightNode || (leftNode->val !=
            rightNode->val))) {
                return false;
            }
            que.push(leftNode->left);    // 加入左节点的左孩子
            que.push(rightNode->right);  // 加入右节点的右孩子
            que.push(leftNode->right);   // 加入左节点的右孩子
            que.push(rightNode->left);   // 加入右节点的左孩子
        }
        return true;
    }
};
```

2. 使用栈

细心的读者可能发现，这种迭代法其实是把左右两棵子树要比较的元素按照一定顺序放进一个容器，然后成对地取出来进行比较，那么使用栈也是可以的。

只要把队列原封不动地改成栈就可以了，代码如下：

```cpp
class Solution {
public:
    bool isSymmetric(TreeNode* root) {
        if (root == NULL) return true;
        stack<TreeNode*> st; // 这里改成了栈
        st.push(root->left);
        st.push(root->right);
```

```
    while (!st.empty()) {
        TreeNode* leftNode = st.top(); st.pop();
        TreeNode* rightNode = st.top(); st.pop();
        if (!leftNode && !rightNode) {
            continue;
        }
        if ((!leftNode || !rightNode || (leftNode->val !=
        rightNode->val))) {
            return false;
        }
        st.push(leftNode->left);
        st.push(rightNode->right);
        st.push(leftNode->right);
        st.push(rightNode->left);
    }
    return true;
    }
};
```

8.8 二叉树的最大深度

力扣题号：104.二叉树的最大深度。

【题目描述】

求一棵二叉树的最大深度，根节点的深度为 1。

【示例一】

如图 8-22 所示，该二叉树的深度为 3（假设每一层的节点为一度）。

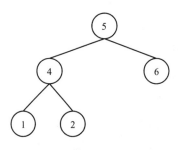

图 8-22

8.8.1 递归法

因为要通过递归函数的返回值计算树的高度，所以本题需要使用后序遍历（左→右→中）。

（1）确定递归函数的参数和返回值。

参数就是传入二叉树的根节点，返回值就是这棵树的深度，所以返回值为 int 类型。

代码如下：

```
int getDepth(TreeNode* node)
```

（2）确定终止条件。

如果为空节点，则返回 0，表示树的高度为 0。

代码如下：

```
if (node == NULL) return 0;
```

（3）确定单层递归的逻辑。

先求左子树的深度，再求右子树的深度，最后取左右深度中的最大值再加 1（加 1 是因为算上当前中间节点）就是当前节点为根节点的树的深度。

本题整体代码如下：

```
// 版本一
class Solution {
public:
    int getDepth(TreeNode* node) {
        if (node == NULL) return 0;
        int leftDepth = getDepth(node->left);      // 左
        int rightDepth = getDepth(node->right);     // 右
        int depth = 1 + max(leftDepth, rightDepth); // 中
        return depth;
    }
    int maxDepth(TreeNode* root) {
        return getDepth(root);
    }
};
```

精简代码如下：

```
// 版本二
class Solution {
public:
    int maxDepth(TreeNode* root) {
```

```
        if (root == NULL) return 0;
        return 1 + max(maxDepth(root->left), maxDepth(root->right));
    }
};
```

精简之后的代码看不出是哪种遍历方式,也看不出递归"三部曲"的步骤。如果对二叉树的操作还不熟练,那么尽量不要直接照着精简代码学习,而是要按照版本一,一步步地分析并写出代码,再在其基础上精简代码。

8.8.2 迭代法

在二叉树中,一层一层地遍历二叉树,遍历的层数就是二叉树的深度,如图 8-23 所示。如果使用迭代法,那么使用层序遍历是最合适的。

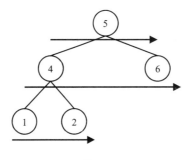

图 8-23

这道题可以使用 8.5 节中的模板来解答。

实现代码如下:

```
class Solution {
public:
    int maxDepth(TreeNode* root) {
        if (root == NULL) return 0;
        int depth = 0;
        queue<TreeNode*> que;
        que.push(root);
        while (!que.empty()) {
            int size = que.size();
            depth++; // 记录深度
            for (int i = 0; i < size; i++) {
                TreeNode* node = que.front();
                que.pop();
                if (node->left) que.push(node->left);
                if (node->right) que.push(node->right);
```

```
            }
        }
        return depth;
    }
};
```

8.9 二叉树的最小深度

力扣题号：111.二叉树的最小深度。

【题目描述】

求一棵二叉树的最小深度，根节点的深度为 1。

最小深度：从根节点到最近叶子节点的最短路径上的节点数量。

【示例一】

如图 8-24 所示，二叉树的最小深度为 2。

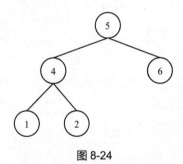

图 8-24

【思路】

遍历顺序依然是后序遍历（因为要比较递归返回之后的结果），但在处理中间节点的逻辑上，最大深度很容易理解，而最小深度容易有一个误区，如图 8-25 所示。

注意：最小深度是从根节点到最近叶子节点的最短路径上的节点数量。左右孩子都为空的节点才是叶子节点。

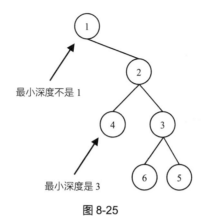

最小深度不是 1

最小深度是 3

图 8-25

8.9.1 递归法

递归"三部曲"如下：

（1）确定递归函数的参数和返回值。

参数为要传入的二叉树的根节点，返回值是 int 类型的深度。代码如下：

```
int getDepth(TreeNode* node)
```

（2）确定终止条件。

终止条件是遇到空节点就返回 0，表示当前节点的深度为 0。代码如下：

```
if (node == NULL) return 0;
```

（3）确定单层递归的逻辑。

这部分和求最大深度不一样，一些读者可能会写出如下代码：

```
int leftDepth = getDepth(node->left);
int rightDepth = getDepth(node->right);
int result = 1 + min(leftDepth, rightDepth);
return result;
```

根据图 8-25，上述代码计算的最小深度出了错误，如果这么求解，那么没有左孩子的分支会作为最小深度。所以，如果左子树为空、右子树不为空，则说明最小深度是右子树的深度+1。

如果右子树为空、左子树不为空，则最小深度是左子树的深度+1。如果左右子树都不为空，那么返回左右子树深度的最小值+1。

可以看出：求二叉树的最小深度和求二叉树的最大深度的差别主要在于处理左右孩子不为空的逻辑。

整体递归代码如下:

```cpp
// 版本一
class Solution {
public:
    int getDepth(TreeNode* node) {
        if (node == NULL) return 0;
        int leftDepth = getDepth(node->left);       // 左
        int rightDepth = getDepth(node->right);      // 右
                                                     // 中
        // 当左子树为空、右不为空时，并不是最小深度
        if (node->left == NULL && node->right != NULL) {
            return 1 + rightDepth;
        }
        // 当右子树为空、左子树不为空时，并不是最小深度
        if (node->left != NULL && node->right == NULL) {
            return 1 + leftDepth;
        }
        int result = 1 + min(leftDepth, rightDepth);
        return result;
    }

    int minDepth(TreeNode* root) {
        return getDepth(root);
    }
};
```

当然上述代码依然是可以精简的，精简之后的代码如下:

```cpp
// 版本二
class Solution {
public:
    int minDepth(TreeNode* root) {
        if (root == NULL) return 0;
        if (root->left == NULL && root->right != NULL) {
            return 1 + minDepth(root->right);
        }
        if (root->left != NULL && root->right == NULL) {
            return 1 + minDepth(root->left);
        }
        return 1 + min(minDepth(root->left), minDepth(root->right));
    }
};
```

如果不熟悉二叉树，那么建议按照版本一编写代码，精简之后的代码隐藏了很多关键逻辑，也

看不出遍历顺序。

8.9.2 迭代法

本题还可以使用层序遍历的方式解答，思路是一样的。

需要注意的是，只有当左右孩子都为空的时候，才说明遍历到最低点了。如果其中一个孩子为空则不是最低点。

实现代码如下：

```cpp
class Solution {
public:
    int minDepth(TreeNode* root) {
        if (root == NULL) return 0;
        int depth = 0;
        queue<TreeNode*> que;
        que.push(root);
        while (!que.empty()) {
            int size = que.size();
            depth++; // 记录最小深度
            for (int i = 0; i < size; i++) {
                TreeNode* node = que.front();
                que.pop();
                if (node->left) que.push(node->left);
                if (node->right) que.push(node->right);
                if (!node->left && !node->right) {
                // 当左右孩子都为空的时候，说明是二叉树的底层了，退出
                    return depth;
                }
            }
        }
        return depth;
    }
};
```

8.10 平衡二叉树

力扣题号：110.平衡二叉树。

【题目描述】

平衡二叉树：每一个节点的左子树和右子树的高度差的绝对值不超过 1。

【示例一】

平衡二叉树如图 8-26 所示。

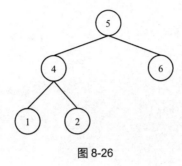

图 8-26

【示例二】

非平衡二叉树如图 8-27 所示。

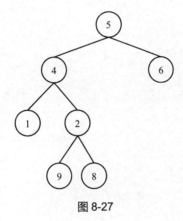

图 8-27

【拓展】

这道题目看上去和 8.8 节的求二叉树的最大深度很像，其实有很大的区别。

这里强调以下两点：

- 二叉树节点的深度：从根节点到该节点的最长简单路径边的条数（或者节点数）。
- 二叉树节点的高度：从该节点到叶子节点的最长简单路径边的条数（或者节点数）。

如果按照节点数计算根节点的深度则为 1，如果按照边计算根节点的深度则为 0，本书按照节点数计算根节点的深度。

求高度和求深度所用的遍历方式是不一样的，求深度要从上到下去查找，所以需要前序遍历（中→左→右），而高度只能从下到上去查找，所以需要后序遍历（左→右→中）。

可能有的读者会疑惑，为什么 8.8 节中求二叉树的最大深度也用的是后序遍历呢？

那是因为代码的逻辑其实是求根节点的高度，而根节点的高度就是这棵树的最大深度，所以才可以使用后序遍历。

在 8.8 节中，如果真正求二叉树的最大深度，则代码应该如下（前序遍历）：

```cpp
class Solution {
public:
    int result;
    void getDepth(TreeNode* node, int depth) {
        result = depth > result ? depth : result; // 中

        if (node->left == NULL && node->right == NULL) return ;

        if (node->left) { // 左
            depth++;    // 深度+1
            getDepth(node->left, depth);
            depth--;    // 回溯，深度-1
        }
        if (node->right) { // 右
            depth++;    // 深度+1
            getDepth(node->right, depth);
            depth--;    // 回溯，深度-1
        }
        return ;
    }
    int maxDepth(TreeNode* root) {
        result = 0;
        if (root == NULL) return result;
        getDepth(root, 1);
        return result;
    }
};
```

可以看出：上述代码使用了前序（中→左→右）的遍历顺序，这才是真正求深度的逻辑。

注意上述代码展示了回溯过程的细节，简化后的代码如下：

```cpp
class Solution {
public:
    int result;
    void getDepth(TreeNode* node, int depth) {
        result = depth > result ? depth : result; // 中
        if (node->left == NULL && node->right == NULL) return ;
```

```
        if (node->left) { // 左
            getDepth(node->left, depth + 1);
        }
        if (node->right) { // 右
            getDepth(node->right, depth + 1);
        }
        return ;
    }
    int maxDepth(TreeNode* root) {
        result = 0;
        if (root == NULL) return result;
        getDepth(root, 1);
        return result;
    }
};
```

8.10.1 递归法

如果要求二叉树的高度，则应该使用后序遍历，递归"三部曲"如下：

（1）明确递归函数的参数和返回值。

参数为传入的节点指针，返回值是以传入节点为根节点的二叉树的高度。

如何标记左右子树的差值是否大于 1 呢？

如果当前以传入节点为根节点的二叉树已经不是二叉平衡树了，那么返回高度就没有意义了，可以返回-1 来标记该二叉树不是平衡树。

代码如下：

```
// -1 表示该树已经不是平衡二叉树了，否则返回值是以该节点为根节点的树的高度
int getDepth(TreeNode* node)
```

（2）明确终止条件。

递归的过程中依然是遇到空节点即终止，返回 0，表示以当前节点为根节点的树的高度为 0。代码如下：

```
if (node == NULL) {
    return 0;
}
```

（3）明确单层递归的逻辑。

如何判断当前以传入节点为根节点的二叉树是不是平衡二叉树呢？当然是看左子树的高度和右子树的高度之差。

分别求出左右子树的高度，如果差值小于或等于 1，则返回当前二叉树的高度，否则返回-1，表示已经不是平衡二叉树了。

代码如下：

```
int leftDepth = depth(node->left); // 左
if (leftDepth == -1) return -1;
int rightDepth = depth(node->right); // 右
if (rightDepth == -1) return -1;

int result;
if (abs(leftDepth - rightDepth) > 1) { // 中
    result = -1;
} else {
    result = 1 + max(leftDepth, rightDepth); // 以当前节点为根节点的最大高度
}
return result;
```

代码精简之后如下：

```
int leftDepth = getDepth(node->left);
if (leftDepth == -1) return -1;
int rightDepth = getDepth(node->right);
if (rightDepth == -1) return -1;
return abs(leftDepth - rightDepth) > 1 ? -1 : 1 + max(leftDepth, rightDepth);
```

此时递归的函数就已经写出来了，这个递归的函数传入节点指针，返回以该节点为根节点的二叉树的高度；如果不是二叉平衡树，则返回-1。

本题整体递归代码如下：

```
class Solution {
public:
    // 返回以该节点为根节点的二叉树的高度，如果不是二叉搜索树则返回-1
    int getDepth(TreeNode* node) {
        if (node == NULL) {
            return 0;
        }
        int leftDepth = getDepth(node->left);
        if (leftDepth == -1) return -1; // 说明左子树已经不是二叉平衡树
        int rightDepth = getDepth(node->right);
        if (rightDepth == -1) return -1; // 说明右子树已经不是二叉平衡树
        return abs(leftDepth - rightDepth) > 1 ? -1 : 1 + max(leftDepth, rightDepth);
    }
    bool isBalanced(TreeNode* root) {
```

```
        return getDepth(root) == -1 ? false : true;
    }
};
```

8.10.2 迭代法

在 8.8 节中我们可以使用层序遍历求深度，但不能直接使用层序遍历求高度，这就体现出求高度和求深度的不同。

可以先定义一个函数 int getDepth(TreeNode* cur)，专门用来求高度。这个函数通过栈模拟的后序遍历查找每个节点的高度（通过求以传入节点为根节点的二叉树的最大深度来求高度），整体代码如下：

```
class Solution {
private:
    int getDepth(TreeNode* cur) {
        stack<TreeNode*> st;
        if (cur != NULL) st.push(cur);
        int depth = 0; // 记录深度
        int result = 0;
        while (!st.empty()) {
            TreeNode* node = st.top();
            if (node != NULL) {
                st.pop();
                st.push(node);                          // 中
                st.push(NULL);
                depth++;
                if (node->right) st.push(node->right);  // 右
                if (node->left) st.push(node->left);    // 左

            } else {
                st.pop();
                node = st.top();
                st.pop();
                depth--;
            }
            result = result > depth ? result : depth;
        }
        return result;
    }

public:
    bool isBalanced(TreeNode* root) {
        stack<TreeNode*> st;
```

```
        if (root == NULL) return true;
        st.push(root);
        while (!st.empty()) {
            TreeNode* node = st.top();            // 中
            st.pop();
            if (abs(getDepth(node->left) - getDepth(node->right)) > 1) {
                return false;
            }
            if (node->right) st.push(node->right);  // 右（空节点不入栈）
            if (node->left) st.push(node->left);    // 左（空节点不入栈）
        }
        return true;
    }
};
```

当然，此题使用迭代法的效率很低，因为没有很好地模拟回溯的过程，所以有很多重复的计算。虽然理论上所有的递归都可以用迭代来实现，但在某些场景下，难度可能比较大。

例如，回溯算法其实就是使用递归实现的，但很少人用迭代的方式实现回溯算法。

8.11 二叉树的所有路径

力扣题号：257.二叉树的所有路径。

【题目描述】

给出一个二叉树，返回所有从根节点到叶子节点的路径。

说明：叶子节点是指没有子节点的节点。

【示例一】

如图 8-28 所示，二叉树的路径为[5→4→1,5→4→2,5→6]。

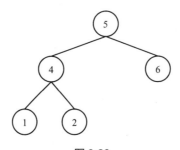

图 8-28

【思路】

这道题目是求从根节点到叶子节点的所有路径，所以需要使用前序遍历，这样才方便让父节点指向子节点，找到对应的路径。在这道题目中将正式涉及回溯，因为我们要记录路径，需要回溯操作来回退一条路径从而进入另一个路径。

前序遍历及回溯的过程如图 8-29 所示（其遍历顺序，按照每一条线上的标号从小到大地遍历）。

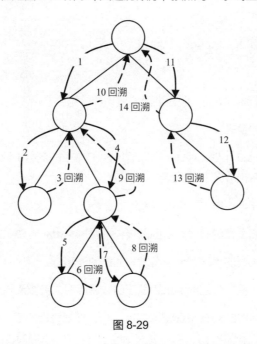

图 8-29

8.11.1 递归法

递归"三部曲"如下：

（1）确定递归函数参数和返回值。

传入二叉树根节点的同时还要用两个数组分别记录每一条路径 path 和最终结果集 result，这里不需要返回值，代码如下：

```
void traversal(TreeNode* cur, vector<int>& path, vector<string>& result)
```

（2）确定递归终止条件。

在写递归算法的时候都习惯这么写：

```
if (cur == NULL) {
    终止处理逻辑
```

```
    }
```

但是这么写本题的终止条件会很麻烦，因为本题找到叶子节点后就开始收集路径的处理逻辑了（把路径放进 result 中）。

那么什么时候算是找到了叶子节点？当 cur 不为空且其左右孩子都为空的时候，就找到了叶子节点。

所以本题的终止条件如下：

```
if (cur->left == NULL && cur->right == NULL) {
    终止处理逻辑
}
```

为什么没有判断 cur 是否为空呢？因为下面的逻辑会控制空节点不进入递归循环。

再来看一下终止处理的逻辑。

这里使用 vector<int> path（注：vector 可以理解为 C++中的数组）记录路径，所以要把 vector 转为字符串，再把这个字符串放入 result 数组。

那么为什么使用 vector<int>结构记录路径呢？

因为下面处理单层递归逻辑的时候要做回溯操作，使用 vector 方便做回溯操作。

可能有的读者写出了本题的代码，但没有发现回溯的逻辑。

其实是有回溯逻辑的，只不过回溯逻辑隐藏在函数调用时的参数赋值中。

这里使用 vector<int>结构的 path 容器记录路径，终止处理逻辑如下：

```
if (cur->left == NULL && cur->right == NULL) { // 遇到叶子节点
    string sPath;
    // 将 path 中记录的路径转为 string 格式
    for (int i = 0; i < path.size() - 1; i++) {
        sPath += to_string(path[i]);
        sPath += "->";
    }
    sPath += to_string(path[path.size() - 1]); // 记录最后一个节点（叶子节点）
    result.push_back(sPath); // 收集一个路径
    return;
}
```

（3）确定单层递归逻辑。

因为是前序遍历，所以需要先处理中间节点，中间节点就是我们要记录的路径上的节点，先放进 path 中，即 path.push_back(cur->val)。

然后是递归和回溯的过程，上面说过在终止条件逻辑中没有判断 cur 是否为空，那么在递归的时候，如果 cur 为空就不进行下一层的递归了。所以递归前要加上判断语句，代码如下：

```
if (cur->left) {
    traversal(cur->left, path, result);
}
if (cur->right) {
    traversal(cur->right, path, result);
}
```

此时还需要做回溯的操作，因为 path 不能一直加入节点，当到达二叉树中一条边的尽头时，还要删除节点，然后才能加入新的节点。有的读者可能会写出如下代码：

```
if (cur->left) {
    traversal(cur->left, path, result);
}
if (cur->right) {
    traversal(cur->right, path, result);
}
path.pop_back();
```

上述代码的回溯逻辑就有很大的问题，我们知道，回溯和递归是一一对应的，有递归，就要有回溯。上述代码相当于把递归和回溯拆开了，一个在花括号里，另一个在花括号外。

"回溯要和递归永远在一起"，代码应该这么写：

```
if (cur->left) {
    traversal(cur->left, path, result);
    path.pop_back(); // 回溯
}
if (cur->right) {
    traversal(cur->right, path, result);
    path.pop_back(); // 回溯
}
```

所以本题的整体代码如下：

```
// 版本一
class Solution {
private:

    void traversal(TreeNode* cur, vector<int>& path, vector<string>& result) {
        path.push_back(cur->val);
        // 这才到了叶子节点
        if (cur->left == NULL && cur->right == NULL) {
```

```
            string sPath;
            for (int i = 0; i < path.size() - 1; i++) {
                sPath += to_string(path[i]);
                sPath += "->";
            }
            sPath += to_string(path[path.size() - 1]);
            result.push_back(sPath);
            return;
        }
        if (cur->left) {
            traversal(cur->left, path, result);
            path.pop_back(); // 回溯
        }
        if (cur->right) {
            traversal(cur->right, path, result);
            path.pop_back(); // 回溯
        }
    }

public:
    vector<string> binaryTreePaths(TreeNode* root) {
        vector<string> result;
        vector<int> path;
        if (root == NULL) return result;
        traversal(root, path, result);
        return result;
    }
};
```

上述代码充分体现了回溯算法的特点。版本一的代码可以精简成如下代码：

```
// 版本二
class Solution {
private:

    void traversal(TreeNode* cur, string path, vector<string>& result) {
        path += to_string(cur->val); // 中
        if (cur->left == NULL && cur->right == NULL) {
            result.push_back(path);
            return;
        }
        if (cur->left) traversal(cur->left, path + "->", result); // 左
        if (cur->right) traversal(cur->right, path + "->", result); // 右
    }
```

```
public:
    vector<string> binaryTreePaths(TreeNode* root) {
        vector<string> result;
        string path;
        if (root == NULL) return result;
        traversal(root, path, result);
        return result;


    }
};
```

上述代码精简了不少，也隐藏了不少内容。注意在定义函数的时候，void traversal(TreeNode* cur, string path, vector<string>& result) 定义的是 string path，每次都是复制一遍数据进行赋值，这里不能使用引用，否则就无法实现回溯的效果。

在上述代码中，貌似没有看到回溯的逻辑，其实不然，回溯就隐藏在 traversal(cur->left, path + "->", result)的 path + "->"中。每次函数调用完，path 依然没有加上 "->"，这就是回溯的效果。

下面把这份精简代码的回溯过程展现出来，将

```
if (cur->left) traversal(cur->left, path + "->", result); //回溯就隐藏在这里
```

改为

```
path += "->";
traversal(cur->left, path, result);
```

即：

```
if (cur->left) {
    path += "->";
    traversal(cur->left, path, result);
}
if (cur->right) {
    path += "->";
    traversal(cur->right, path, result);
}
```

此时就没有回溯逻辑了，程序运行的结果也是不对的。下面加上回溯的逻辑，代码如下：

```
if (cur->left) {
    path += "->";
    traversal(cur->left, path, result);
    path.pop_back(); // 回溯'>'
    path.pop_back(); // 回溯'-'
}
```

```
if (cur->right) {
    path += "->";
    traversal(cur->right, path, result);
    path.pop_back(); // 回溯'-'
    path.pop_back(); // 回溯'>'
}
```

也可以把 path + "->"作为函数参数，因为并有没有改变 path 的数值，执行完递归函数之后，path 依然是之前的数值（相当于回溯了）。

版本二的递归写法的代码虽然精简，但把很多重要的点隐藏在代码细节中，版本一的递归写法的代码虽然多一些，但把每一个逻辑处理都完整地展现出来了。

8.11.2 迭代法

模拟递归过程除了需要一个栈，还需要另一个栈来存放对应的遍历路径，实现代码如下：

```
class Solution {
public:
    vector<string> binaryTreePaths(TreeNode* root) {
        stack<TreeNode*> treeSt;// 保存树的遍历节点
        stack<string> pathSt;   // 保存遍历路径的节点
        vector<string> result;  // 保存最终路径集合
        if (root == NULL) return result;
        treeSt.push(root);
        pathSt.push(to_string(root->val));
        while (!treeSt.empty()) {
            TreeNode* node = treeSt.top(); treeSt.pop(); // 取出节点, 中
            string path = pathSt.top();pathSt.pop(); // 取出该节点对应的路径
            if (node->left == NULL && node->right == NULL) { // 遇到叶子节点
                result.push_back(path);
            }
            if (node->right) { // 右
                treeSt.push(node->right);
                pathSt.push(path + "->" + to_string(node->right->val));
            }
            if (node->left) { // 左
                treeSt.push(node->left);
                pathSt.push(path + "->" + to_string(node->left->val));
            }
        }
        return result;
    }
};
```

8.12 路径总和

力扣题号：112.路径总和。

【题目描述】

找到一条从根节点到叶子节点的路径，使这个路径的节点总和等于目标值。

【示例一】

如图 8-30 所示，在这棵二叉树中找到和为 11 的路径。

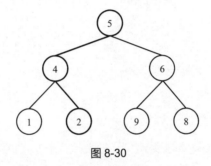

图 8-30

路径为[5→4→2]。

【思路】

这道题我们要遍历从根节点到叶子节点的路径，计算总和是不是目标和。

8.12.1 递归法

可以使用深度优先遍历的方式（本题使用前、中、后序遍历都可以，因为中间节点也没有需要处理的逻辑）来遍历二叉树。

（1）确定递归函数的参数和返回值。

参数：二叉树的根节点和一个计数器，这个计数器用来计算二叉树的一条边的节点之和是否正好是目标和，计数器为 int 类型。

再来看返回值，递归函数什么时候需要返回值？什么时候不需要返回值？这里总结如下三点：

- 如果需要搜索整棵二叉树且不用处理递归的返回值，那么递归函数就不要返回值（这种情况会在 8.12.3 节介绍）。

- 如果需要搜索整棵二叉树且需要处理递归的返回值，那么递归函数就需要返回值（这种情况会在 8.19 节介绍）。
- 如果需要搜索其中一条符合条件的路径，那么递归函数一定需要返回值，因为遇到符合条件的路径就要及时返回（本题的情况）。

遍历的路线如图 8-31 所示。因为并不要遍历整棵树，所以递归函数需要返回值，可以用 bool 类型表示。

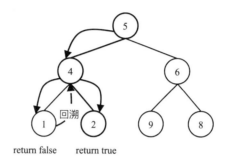

图 8-31

代码如下：

```
// cur 为二叉树节点，count 为计数器
bool traversal(TreeNode* cur, int count)     // 注意函数的返回类型
```

（2）确定终止条件。

计数器如何统计这一条路径的和呢？

不要累加节点的数值然后判断是否等于目标和，那样代码写起来比较麻烦，可以将计数器 count 初始化为目标和，然后每次减去遍历路径节点上的数值。如果最后 count 等于 0，同时遍历到了叶子节点，则说明得到了目标和。

如果遍历到了叶子节点，且 count 不为 0，那么就是没找到等于目标和的路径。

递归终止条件的代码如下：

```
// 遇到叶子节点，并且计数为 0
if (!cur->left && !cur->right && count == 0) return true;
// 遇到叶子节点且没有找到合适的边，直接返回
if (!cur->left && !cur->right) return false;
```

（3）确定单层递归的逻辑。

因为终止条件是判断遍历到叶子节点的时候是否得到目标和，所以递归的过程中就不要让空节

点进入递归函数。递归函数是有返回值的，如果递归函数返回 true，则说明找到了合适的路径，应该立刻返回。

代码如下：

```
if (cur->left) { // 左（空节点不遍历）
    // 注意这里有回溯的逻辑
    if (traversal(cur->left, count - cur->left->val)) return true;
}
if (cur->right) { // 右（空节点不遍历）
    // 注意这里有回溯的逻辑
    if (traversal(cur->right, count - cur->right->val)) return true;
}
return false;
```

上述代码是包含回溯逻辑的，如果没有回溯逻辑，则不能后撤重新找另一条路径。

回溯逻辑隐藏在 traversal(cur->left, count - cur->left->val) 中，把 count - cur->left->val 作为参数直接传入递归函数，函数结束，count 的数值没有改变。

为了把回溯的过程体现出来，可以改为如下代码：

```
if (cur->left) { // 左
    count -= cur->left->val; // 递归，处理节点
    if (traversal(cur->left, count)) return true;
    count += cur->left->val; // 回溯，撤销处理结果
}
if (cur->right) { // 右
    count -= cur->right->val;
    if (traversal(cur->right, count - cur->right->val)) return true;
    count += cur->right->val;
}
return false;
```

本题整体代码如下：

```
class Solution {
private:
    bool traversal(TreeNode* cur, int count) {
        // 遇到叶子节点，并且计数为 0
        if (!cur->left && !cur->right && count == 0) return true;
        if (!cur->left && !cur->right) return false; // 遇到叶子节点直接返回

        if (cur->left) { // 左
            count -= cur->left->val; // 递归，处理节点
            if (traversal(cur->left, count)) return true;
```

```
                count += cur->left->val; // 回溯, 撤销处理结果
            }
            if (cur->right) { // 右
                count -= cur->right->val; // 递归, 处理节点
                if (traversal(cur->right, count)) return true;
                count += cur->right->val; // 回溯, 撤销处理结果
            }
            return false;
        }

public:
    bool hasPathSum(TreeNode* root, int sum) {
        if (root == NULL) return false;
        return traversal(root, sum - root->val);
    }
};
```

以上代码精简之后如下:

```
class Solution {
public:
    bool hasPathSum(TreeNode* root, int sum) {
        if (root == NULL) return false;
        if (!root->left && !root->right && sum == root->val) {
            return true;
        }
        return hasPathSum(root->left, sum - root->val) ||
hasPathSum(root->right, sum - root->val);
    }
};
```

是不是发现精简之后的代码已经完全看不出分析的过程了，所以我们要把题目分析清楚之后，再追求代码精简。

8.12.2 迭代法

如果使用栈模拟递归，那么如何实现回溯呢？

此时栈内的一个元素不仅要记录该节点指针，还要记录从头节点到该节点的路径数值的总和。

如果是 C++，则用 pair 结构存放这个栈内的元素。将栈内的一个元素定义为 pair<TreeNode*, int> pair<节点指针, 路径数值>。

使用栈模拟的前序遍历的代码如下:

```
class Solution {
```

```cpp
public:
    bool hasPathSum(TreeNode* root, int sum) {
        if (root == NULL) return false;
        // 此时栈内存放的是 pair<节点指针, 路径数值>
        stack<pair<TreeNode*, int>> st;
        st.push(pair<TreeNode*, int>(root, root->val));
        while (!st.empty()) {
            pair<TreeNode*, int> node = st.top();
            st.pop();
            // 如果该节点是叶子节点, 同时该节点的路径数值等于 sum, 那么就返回 true
            if (!node.first->left && !node.first->right && sum ==
            node.second) return true;

            // 右节点, 一个节点入栈后, 记录该节点的路径数值
            if (node.first->right) {
                st.push(pair<TreeNode*, int>(node.first->right,
                node.second + node.first->right->val));
            }

            // 左节点, 一个节点入栈后, 记录该节点的路径数值
            if (node.first->left) {
                st.push(pair<TreeNode*, int>(node.first->left,
                node.second + node.first->left->val));
            }
        }
        return false;
    }
};
```

8.12.3 路径总和 II

力扣题号: 113. 路径总和 II。

找到所有从根节点到叶子节点的路径, 使这些路径的节点总和等于目标值。

【示例一】

如图 8-32 所示, 在这棵二叉树中找到和为 11 的路径。

路径为[5→4→2]和[5→3→3]。

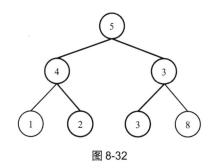

图 8-32

【思路】

如果需要搜索整棵二叉树且不用处理递归函数的返回值，则递归函数就不需要返回值。但不是所有遍历整棵树的情况都不需要返回值，还在于递归逻辑的判断，这一点会在 8.19 节结合具体问题讲解。

如图 8-33 所示，虚线为回溯部分，实线为递归部分，这次是要遍历整棵二叉树。

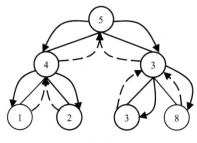

图 8-33

为了把细节尽可能地体现出来，给出如下代码（这份代码并不简洁，但是逻辑非常清晰）：

```cpp
class Solution {
private:
    vector<vector<int>> result;
    vector<int> path;
    // 递归函数不需要返回值，因为要遍历整棵树
    void traversal(TreeNode* cur, int count) {
        // 遇到叶子节点且找到了和为 sum 的路径
        if (!cur->left && !cur->right && count == 0) {
            result.push_back(path);
            return;
        }

        // 遇到叶子节点且没有找到合适的边，直接返回
```

```
            if (!cur->left && !cur->right) return ;

            if (cur->left) { // 左（空节点不遍历）
                path.push_back(cur->left->val);
                count -= cur->left->val;
                traversal(cur->left, count);       // 递归
                count += cur->left->val;           // 回溯
                path.pop_back();                    // 回溯
            }
            if (cur->right) { // 右（空节点不遍历）
                path.push_back(cur->right->val);
                count -= cur->right->val;
                traversal(cur->right, count);      // 递归
                count += cur->right->val;          // 回溯
                path.pop_back();                    // 回溯
            }
            return ;
        }

public:
    vector<vector<int>> pathSum(TreeNode* root, int sum) {
        result.clear();
        path.clear();
        if (root == NULL) return result;
        path.push_back(root->val); // 把根节点放入路径
        traversal(root, sum - root->val);
        return result;
    }
};
```

8.13 构造一棵二叉树

8.13.1 使用中序与后序遍历序列构造二叉树

力扣题号：106.使用中序与后序遍历序列构造二叉树。

给出中序遍历和后序遍历的两个数组（没有重复元素），通过这两个数组构造一棵二叉树。

【示例一】

中序遍历：[1,4,2,5,6]。

后序遍历：[1,2,4,6,5]。

构造的二叉树如图 8-34 所示。

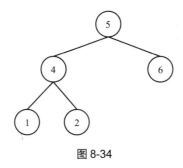

图 8-34

【思路】

根据两个遍历顺序构造一个唯一的二叉树的原理：以后序数组的最后一个元素作为切割点，先切割中序数组，然后根据中序数组，反过来再切割后序数组。一层一层切下去，每次后序数组的最后一个元素就是节点元素。

根据中序遍历数组和后序遍历数组画一棵二叉树，如图 8-35 所示（方框表示当前节点元素，下画线表示分割区间）。

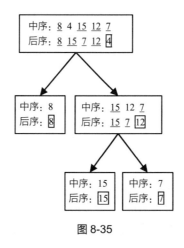

图 8-35

那么代码应该怎么写呢？

说到一层一层切割，就应该想到递归：

- 第一步：如果数组长度为零，则说明是空节点。
- 第二步：如果数组不为空，那么将后序数组的最后一个元素作为节点元素。
- 第三步：找到后序数组的最后一个元素在中序数组中的位置并将其作为切割点。

- 第四步：切割中序数组，切成中序左数组和中序右数组（一定是先切割中序数组）。
- 第五步：切割后序数组，切成后序左数组和后序右数组。
- 第六步：递归处理左区间和右区间。

代码如下：

```
TreeNode* traversal (vector<int>& inorder, vector<int>& postorder) {

    // 第一步
    if (postorder.size() == 0) return NULL;

    // 第二步：后序遍历数组的最后一个元素，即当前的中间节点
    int rootValue = postorder[postorder.size() - 1];
    TreeNode* root = new TreeNode(rootValue);

    // 叶子节点
    if (postorder.size() == 1) return root;

    // 第三步：查找切割点
    int delimiterIndex;
    for (delimiterIndex = 0; delimiterIndex < inorder.size();
delimiterIndex++) {
        if (inorder[delimiterIndex] == rootValue) break;
    }

    // 第四步：切割中序数组，得到中序左数组和中序右数组
    // 第五步：切割后序数组，得到后序左数组和后序右数组

    // 第六步
    root->left = traversal(中序左数组, 后序左数组);
    root->right = traversal(中序右数组, 后序右数组);

    return root;
}
```

难点就是如何切割数组，以及找到边界值。

此时应该确定切割的标准，是左闭右开、左开右闭，还是左闭右闭，这个标准是不变量，要在递归过程中保持不变量不变化。

在切割的过程中会产生四个区间，如果把握不好不变量，一会左闭右开，一会左闭右闭，那么代码逻辑就会陷入混乱！

为什么先切割中序数组呢？

切割点是后序数组的最后一个元素，基于这个元素来切割中序数组，所以必须先切割中序数组。中序数组相对比较好切，找到切割点（后序数组的最后一个元素），然后切割，代码如下（坚持左闭右开的标准）：

```cpp
// 找到中序数组的切割点
int delimiterIndex;
for (delimiterIndex = 0; delimiterIndex < inorder.size(); delimiterIndex++)
{
    if (inorder[delimiterIndex] == rootValue) break;
}

// 左闭右开区间：[0,delimiterIndex)
vector<int> leftInorder(inorder.begin(), inorder.begin() +
delimiterIndex);
// [delimiterIndex+1,end)
vector<int> rightInorder(inorder.begin() + delimiterIndex + 1,
inorder.end() );
```

接下来就要切割后序数组了。

首先后序数组的最后一个元素一定不考虑，因为这个元素既是切割点，又是当前二叉树中间节点的元素。

怎么查找后序数组的切割点？

后序数组不像中序数组那样有明确的切割点，此时有一个关键点，就是中序数组的长度一定和后序数组的长度相同。

既然中序数组可以切成左中序数组和右中序数组，那么后序数组也可以按照左中序数组的长度进行切割，切割成左后序数组和右后序数组。

代码如下：

```cpp
// 舍弃末尾元素，因为这个元素就是中间节点，已经用过了
postorder.resize(postorder.size() - 1);

// 左闭右开，注意这里使用了左中序数组的长度作为切割点：[0,leftInorder.size)
vector<int> leftPostorder(postorder.begin(), postorder.begin() +
leftInorder.size());
// [leftInorder.size(),end)
vector<int> rightPostorder(postorder.begin() + leftInorder.size(),
postorder.end());
```

此时，中序数组切割成左中序数组和右中序数组，后序数组切割成左后序数组和右后序数组。

递归代码如下:

```
root->left = traversal(leftInorder, leftPostorder);
root->right = traversal(rightInorder, rightPostorder);
```

完整代码如下:

```cpp
class Solution {
private:
    TreeNode* traversal (vector<int>& inorder, vector<int>& postorder) {
        if (postorder.size() == 0) return NULL;

        // 后序遍历数组的最后一个元素就是当前的中间节点
        int rootValue = postorder[postorder.size() - 1];
        TreeNode* root = new TreeNode(rootValue);

        // 叶子节点
        if (postorder.size() == 1) return root;

        // 找到中序遍历的切割点
        int delimiterIndex;
        for (delimiterIndex = 0; delimiterIndex < inorder.size();
        delimiterIndex++) {
            if (inorder[delimiterIndex] == rootValue) break;
        }

        // 切割中序数组
        // 左闭右开区间: [0,delimiterIndex)
        vector<int> leftInorder(inorder.begin(), inorder.begin() +
        delimiterIndex);
        // [delimiterIndex+1,end)
        vector<int> rightInorder(inorder.begin() + delimiterIndex + 1,
        inorder.end() );

        // postorder, 舍弃末尾元素
        postorder.resize(postorder.size() - 1);

        // 切割后序数组
        // 依然是左闭右开, 注意这里使用了左中序数组的长度作为切割点
        // [0, leftInorder.size)
        vector<int> leftPostorder(postorder.begin(), postorder.begin() +
        leftInorder.size());
        // [leftInorder.size(), end)
        vector<int> rightPostorder(postorder.begin() + leftInorder.size(),
        postorder.end());
```

```
        root->left = traversal(leftInorder, leftPostorder);
        root->right = traversal(rightInorder, rightPostorder);

        return root;
    }
public:
    TreeNode* buildTree(vector<int>& inorder, vector<int>& postorder) {
        if (inorder.size() == 0 || postorder.size() == 0) return NULL;
        return traversal(inorder, postorder);
    }
};
```

细心的读者会发现上述代码的性能并不好，因为每层递归定义了新的 vector（可以理解为 C++ 中的数组），既耗时又耗空间，但为了方便读者理解，所以用上述代码进行讲解。

下面给出使用下标分割数组的代码版本（思路是一样的，只不过不用重复定义 vector 了，每次用下标分割数组）：

```
class Solution {
private:
// 中序区间：[inorderBegin,inorderEnd)，后序区间[postorderBegin,postorderEnd)
    TreeNode* traversal (vector<int>& inorder, int inorderBegin, int
inorderEnd, vector<int>& postorder, int postorderBegin, int postorderEnd) {
        if (postorderBegin == postorderEnd) return NULL;

        int rootValue = postorder[postorderEnd - 1];
        TreeNode* root = new TreeNode(rootValue);

        if (postorderEnd - postorderBegin == 1) return root;

        int delimiterIndex;
        for (delimiterIndex = inorderBegin; delimiterIndex < inorderEnd;
delimiterIndex++) {
            if (inorder[delimiterIndex] == rootValue) break;
        }
        // 切割中序数组
        // 左中序区间，左闭右开[leftInorderBegin,leftInorderEnd)
        int leftInorderBegin = inorderBegin;
        int leftInorderEnd = delimiterIndex;
        // 右中序区间，左闭右开[rightInorderBegin,rightInorderEnd)
        int rightInorderBegin = delimiterIndex + 1;
        int rightInorderEnd = inorderEnd;
```

```
        // 切割后序数组
        // 左后序区间，左闭右开[leftPostorderBegin,leftPostorderEnd)
        int leftPostorderBegin =  postorderBegin;
        int leftPostorderEnd = postorderBegin + delimiterIndex -
        inorderBegin; // 终止位置需要加上中序区间的长度
        // 右后序区间，左闭右开[rightPostorderBegin,rightPostorderEnd)
        int rightPostorderBegin = postorderBegin + (delimiterIndex -
        inorderBegin);
        // 舍弃最后一个元素，其已经作为节点了
        int rightPostorderEnd = postorderEnd - 1;

        root->left = traversal(inorder, leftInorderBegin, leftInorderEnd,
        postorder, leftPostorderBegin, leftPostorderEnd);
        root->right = traversal(inorder, rightInorderBegin,
        rightInorderEnd, postorder, rightPostorderBegin,
        rightPostorderEnd);

        return root;
    }
public:
    TreeNode* buildTree(vector<int>& inorder, vector<int>& postorder) {
        if (inorder.size() == 0 || postorder.size() == 0) return NULL;
        // 左闭右开的原则
        return traversal(inorder, 0, inorder.size(), postorder, 0,
postorder.size());
    }
};
```

8.13.2　使用前序与中序遍历序列构造二叉树

力扣题号：105.使用前序与中序遍历序列构造二叉树。

本题和 8.13.2 节的原理是一样的，代码如下：

```
class Solution {
private:
        TreeNode* traversal (vector<int>& inorder, int inorderBegin, int
inorderEnd, vector<int>& preorder, int preorderBegin, int preorderEnd) {
        if (preorderBegin == preorderEnd) return NULL;

        // 注意用preorderBegin, 不要用0
        int rootValue = preorder[preorderBegin];
        TreeNode* root = new TreeNode(rootValue);

        if (preorderEnd - preorderBegin == 1) return root;
```

```
        int delimiterIndex;
        for (delimiterIndex = inorderBegin; delimiterIndex < inorderEnd;
delimiterIndex++) {
            if (inorder[delimiterIndex] == rootValue) break;
        }
        // 切割中序数组
        // 中序左区间, 左闭右开[leftInorderBegin,leftInorderEnd)
        int leftInorderBegin = inorderBegin;
        int leftInorderEnd = delimiterIndex;
        // 中序右区间, 左闭右开[rightInorderBegin,rightInorderEnd)
        int rightInorderBegin = delimiterIndex + 1;
        int rightInorderEnd = inorderEnd;

        // 切割前序数组
        // 前序左区间, 左闭右开[leftPreorderBegin,leftPreorderEnd)
        int leftPreorderBegin =  preorderBegin + 1;
        int leftPreorderEnd = preorderBegin + 1 + delimiterIndex -
inorderBegin; // 终止位置是起始位置加上中序左区间的长度
        // 前序右区间, 左闭右开[rightPreorderBegin,rightPreorderEnd)
        int rightPreorderBegin = preorderBegin + 1 + (delimiterIndex -
inorderBegin);
        int rightPreorderEnd = preorderEnd;

        root->left = traversal(inorder, leftInorderBegin, leftInorderEnd,
        preorder, leftPreorderBegin, leftPreorderEnd);
        root->right = traversal(inorder, rightInorderBegin,
        rightInorderEnd, preorder, rightPreorderBegin, rightPreorderEnd);

        return root;
    }

public:
    TreeNode* buildTree(vector<int>& preorder, vector<int>& inorder) {
        if (inorder.size() == 0 || preorder.size() == 0) return NULL;

        // 参数坚持左闭右开的原则
        return traversal(inorder, 0, inorder.size(), preorder, 0,
preorder.size());
    }
};
```

8.13.3 相关思考

前序数组和中序数组可以唯一确定一棵二叉树，后序数组和中序数组可以唯一确定一棵二叉树，那么前序数组和后序数组可不可以唯一确定一棵二叉树呢?

前序数组和后序数组不能唯一确定一棵二叉树! 这是因为没有中序遍历就无法确定左右区间，即无法确定分割点。

举一个例子，前序遍历 tree1 的结果是[1, 2, 3]，后序遍历 tree1 的结果是[3, 2, 1]，前序遍历 tree2 的结果是[1, 2, 3]，后序遍历 tree2 的结果是[3, 2, 1]，如图 8-36 所示。

前序遍历和后序遍历的结果完全相同，但 tree1 和 tree2 明显是两棵树。所以前序数组和后序数组不能唯一确定一棵二叉树。

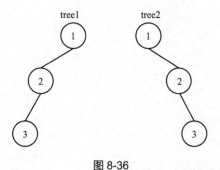

图 8-36

8.14 合并两棵二叉树

力扣题号: 617.合并二叉树。

【题目描述】

合并两棵二叉树，如图 8-37 所示。

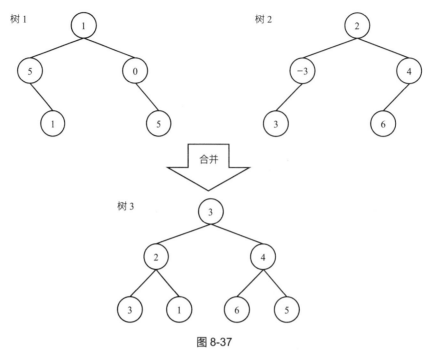

图 8-37

【思路】

相信很多读者疑惑的点是如何同时遍历两棵二叉树?

其实和遍历一棵树的逻辑是一样的,只不过递归函数需要传入两棵树的根节点来进行合并操作。

8.14.1 递归

针对二叉树使用递归法,就要考虑使用前、中、后序哪种遍历方式。本题使用哪种遍历方式都是可以的。

下面以前序遍历为例,递归"三部曲"如下:

(1)确定递归函数的参数和返回值。

因为要合并两棵二叉树,所以参数至少要传入两棵二叉树的根节点,返回值就是合并之后二叉树的根节点。代码如下:

```
TreeNode* mergeTrees(TreeNode* t1, TreeNode* t2) {
```

(2)确定终止条件。

因为传入了两棵树,所以判断两棵树遍历的节点 t1 和 t2,如果 t1 为 NULL,那么两个节点合并后就应该是 t2（如果 t2 也为 NULL，那么合并之后就是 NULL）。

如果 t2 为 NULL，那么两棵树合并后就是 t1（如果 t1 也为 NULL，那么合并之后就是 NULL）。

代码如下：

```
if (t1 == NULL) return t2; // 如果 t1 为空，那么两棵树合并之后就应该是 t2
if (t2 == NULL) return t1; // 如果 t2 为空，那么两棵树合并之后就应该是 t1
```

（3）确定单层递归的逻辑。

这里可以重复利用 t1 这棵树，t1 就是合并之后树的根节点（修改了原来树的结构）。在单层递归中，就要把两棵树的元素加到一起：

```
t1->val += t2->val;
```

所以 t1 的左子树是合并 t1 左子树和 t2 左子树之后的左子树。t1 的右子树是合并 t1 右子树和 t2 右子树之后的右子树。最终 t1 就是合并之后的根节点。代码如下：

```
t1->left = mergeTrees(t1->left, t2->left);
t1->right = mergeTrees(t1->right, t2->right);
return t1;
```

完整代码如下：

```
class Solution {
public:
    TreeNode* mergeTrees(TreeNode* t1, TreeNode* t2) {
        if (t1 == NULL) return t2; // 如果 t1 为空，那么两棵树合并之后就应该是 t2
        if (t2 == NULL) return t1; // 如果 t2 为空，那么两棵树合并之后就应该是 t1
        // 修改了 t1 的数值和结构
        t1->val += t2->val;                            // 中
        t1->left = mergeTrees(t1->left, t2->left);     // 左
        t1->right = mergeTrees(t1->right, t2->right);  // 右
        return t1;
    }
};
```

本题使用中序遍历和后序遍历也是可以的，改动代码中对应的中、左、右顺序即可。但前序遍历是最好理解的，建议使用前序遍历。

以上方法修改了 t1 的结构，当然也可以不修改 t1 和 t2 的结构，重新定义一棵树。

不修改输入树的结构，前序遍历的代码如下：

```
class Solution {
public:
    TreeNode* mergeTrees(TreeNode* t1, TreeNode* t2) {
```

```cpp
        if (t1 == NULL) return t2;
        if (t2 == NULL) return t1;
        // 重新定义新的节点，不修改原有两棵树的结构
        TreeNode* root = new TreeNode(0);
        root->val = t1->val + t2->val;
        root->left = mergeTrees(t1->left, t2->left);
        root->right = mergeTrees(t1->right, t2->right);
        return root;
    }
};
```

8.14.2 迭代法

如何使用迭代法同时处理两棵树呢？

具体思路在 8.10 节已经讲过一次了，处理二叉树对称的时候就是把两棵树的节点同时加入队列进行比较。

本题也使用队列模拟层序遍历，代码如下：

```cpp
class Solution {
public:
    TreeNode* mergeTrees(TreeNode* t1, TreeNode* t2) {
        if (t1 == NULL) return t2;
        if (t2 == NULL) return t1;
        queue<TreeNode*> que;
        que.push(t1);
        que.push(t2);
        while(!que.empty()) {
            TreeNode* node1 = que.front(); que.pop();
            TreeNode* node2 = que.front(); que.pop();
            // 此时两个节点一定不为空，val 相加
            node1->val += node2->val;

            // 如果两棵树的左节点都不为空，则加入队列
            if (node1->left != NULL && node2->left != NULL) {
                que.push(node1->left);
                que.push(node2->left);
            }
            // 如果两棵树的右节点都不为空，则加入队列
            if (node1->right != NULL && node2->right != NULL) {
                que.push(node1->right);
                que.push(node2->right);
            }
```

```
            // 当 t1 的左节点为空、t2 的左节点不为空时，t2 的左节点赋值给 t1 的左节点
            if (node1->left == NULL && node2->left != NULL) {
                node1->left = node2->left;
            }
            // 当 t1 的右节点为空、t2 的右节点不为空时，t2 的右节点赋值给 t1 的右节点
            if (node1->right == NULL && node2->right != NULL) {
                node1->right = node2->right;
            }
        }
        return t1;
    }
};
```

小结：

在迭代法中，一般同时操作两棵树时使用队列模拟层序遍历，同时处理两棵树的节点，这种方式最容易理解，如果使用模拟递归的思路则要复杂一些。

8.15 在二叉搜索树中寻找节点

力扣题号：700.二叉搜索树中的搜索。

【题目描述】

确定一个节点是否在二叉搜索树中，如果在，则返回这个节点，如果不在，则返回 NULL。

如图 8-38 所示的是一棵二叉搜索树，而且树中没有重复元素。

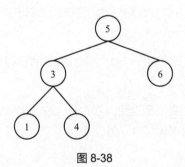

图 8-38

【思路】

之前的章节讲的都是普通二叉树，接下来分析二叉搜索树。二叉搜索树是有序树，其特性如下：

● 若它的左子树不空，则左子树上所有节点的值均小于它的根节点的值。

- 若它的右子树不空，则右子树上所有节点的值均大于它的根节点的值。
- 它的左、右子树也分别为二叉搜索树。

这就决定了二叉搜索树的递归遍历、迭代遍历和普通二叉树都不一样。

8.15.1 递归法

递归"三部曲"如下：

（1）确定递归函数的参数和返回值。

递归函数的参数就是传入的根节点和要搜索的数值，返回值就是这个要搜索的数值所在的节点。代码如下：

```
TreeNode* searchBST(TreeNode* root, int val)
```

（2）确定终止条件。

如果 root 为空，或者找到这个数值了，那么就返回 root 节点。代码如下：

```
if (root == NULL || root->val == val) return root;
```

（3）确定单层递归的逻辑。

因为二叉搜索树的节点是有序的，所以可以有方向地搜索。如果 root→val 大于 val，则搜索左子树，如果 root→val 小于 val，则搜索右子树，如果没有搜索到目标节点，则返回 NULL。代码如下：

```
if (root->val > val) return searchBST(root->left, val); // 注意这里加了 return
if (root->val < val) return searchBST(root->right, val);
return NULL;
```

细心的读者看到上面的代码可能会感到疑惑，在调用递归函数的时候，什么时候直接返回递归函数的返回值，什么时候不用加这个 return 呢？

我们在 8.12 节中讲过：如果要搜索一条边，那么递归函数就要加返回值，因为找到符合条件的边就要及时返回，本题也是一样的道理。

因为搜索到目标节点了，所以要立即返回，这样才符合找到节点就返回的逻辑（搜索某一条边），如果不加 return，那么就是遍历整棵树了。

本题整体代码如下：

```
class Solution {
public:
    TreeNode* searchBST(TreeNode* root, int val) {
        if (root == NULL || root->val == val) return root;
        if (root->val > val) return searchBST(root->left, val);
```

```
        if (root->val < val) return searchBST(root->right, val);
        return NULL;
    }
};
```

8.15.2 迭代法

一提到二叉树遍历的迭代法，读者可能立刻想到使用栈模拟深度遍历，使用队列模拟广度遍历。但对于二叉搜索树就不一样了，基于二叉搜索树的特殊性，也就是节点的有序性，不使用辅助栈或者队列就可以写出迭代法。

对于一般的二叉树，递归过程中还有回溯的过程。例如，遍历一个左方向的分支到头了，就需要调头，再遍历右分支。而对于二叉搜索树，不需要回溯的过程，基于节点的有序性就可以确定搜索的方向。

例如，搜索元素为 3 的节点，我们不需要搜索其他节点，也不需要进行回溯，查找的路径已经规划好了。如果中间节点大于 3 就向左遍历，如果中间节点小于 3 就向右遍历，如图 8-39 所示。

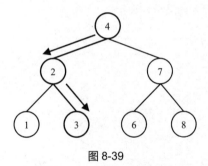

图 8-39

迭代法的代码如下：

```
class Solution {
public:
    TreeNode* searchBST(TreeNode* root, int val) {
        while (root != NULL) {
            if (root->val > val) root = root->left;
            else if (root->val < val) root = root->right;
            else return root;
        }
        return NULL;
    }
};
```

小结：

本节介绍了二叉搜索树的遍历方式，基于二叉搜索树的有序性，遍历的时候要比普通二叉树简单得多。一些读者很容易忽略二叉搜索树的特性而写出很复杂的代码。所以针对二叉搜索树的题目，一样要利用其特性。

8.16 验证二叉搜索树

力扣题号：98.验证二叉搜索树。

【题目描述】

判断二叉树是不是二叉搜索树的条件如下：

- 若它的左子树不空，则左子树上所有节点的值均小于它的根节点的值。
- 若它的右子树不空，则右子树上所有节点的值均大于它的根节点的值。
- 它的左、右子树也分别为二叉搜索树。

假设树中没有重复元素。

【示例一】

二叉搜索树如图 8-40 所示。

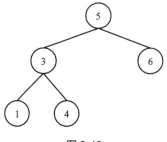

图 8-40

【示例二】

非二叉搜索树如图 8-41 所示。

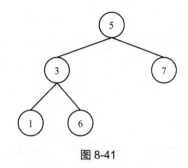

图 8-41

【思路】

采用中序遍历时，输出的二叉搜索树节点的数值是有序序列。基于这个特性，验证二叉搜索树就相当于判断一个序列是不是递增的。

8.16.1 递归法

可以采用中序遍历将二叉搜索树转变成一个数组，代码如下：

```
vector<int> vec;
void traversal(TreeNode* root) {
    if (root == NULL) return;
    traversal(root->left);
    vec.push_back(root->val); // 将二叉搜索树转换为有序数组
    traversal(root->right);
}
```

只要比较这个数组是不是有序的即可，如果数组是有序的，则是二叉搜索树。

注意，本题的二叉搜索树中不能有重复元素。

整体代码如下：

```
class Solution {
private:
    vector<int> vec;
    void traversal(TreeNode* root) {
        if (root == NULL) return;
        traversal(root->left);
        vec.push_back(root->val); // 将二叉搜索树转换为有序数组
        traversal(root->right);
    }
public:
    bool isValidBST(TreeNode* root) {
        vec.clear();
```

```
        traversal(root);
        for (int i = 1; i < vec.size(); i++) {
            // 注意要使用<=运算符，搜索树中不能有相同元素
            if (vec[i] <= vec[i - 1]) return false;
        }
        return true;
    }
};
```

上述代码中，我们把二叉树转变为线性序列（即数组）来判断其是否为二叉搜索树，但其实不用将二叉树转变为数组，我们可以在递归遍历的过程中直接判断序列是否有序。

解答这道题目时容易陷入两个陷阱：

- 陷阱 1

单纯地比较左节点与中间节点、右节点与中间节点的大小，写出类似这样的代码：

```
if (root->val > root->left->val && root->val < root->right->val) {
    return true;
} else {
    return false;
}
```

我们要比较的是左子树所有节点是否小于中间节点、右子树所有节点是否大于中间节点。所以上述代码的判断逻辑是错误的。

如图 8-42 所示，节点 10 大于左节点 5、小于右节点 15，但右子树中出现了一个 6，这就不符合二叉搜索树的定义了。

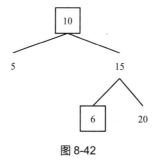

图 8-42

- 陷阱 2

示例中的最小节点可能是 int 类型整数的最小值，使用最小的 int 类型整数来实现判断的逻辑也是不行的。此时可以初始化比较元素为 long long 类型数组的最小值。问题可以进一步演进：如果示例中根节点的 val 可能是 long long 类型数组的最小值，那么该怎么办呢？

建议避免初始化最小值，通过以下方法获取最左面节点的数值来实现判断的逻辑。代码如下：

```cpp
class Solution {
public:
    TreeNode* pre = NULL; // 记录前一个节点
    bool isValidBST(TreeNode* root) {
        if (root == NULL) return true;
        bool left = isValidBST(root->left);

        if (pre != NULL && pre->val >= root->val) return false;
        pre = root; // 记录前一个节点

        bool right = isValidBST(root->right);
        return left && right;
    }
};
```

上述代码看上去整洁一些，思路也清晰。

8.16.2 迭代法

对 8.3 节给出的迭代法的中序遍历代码稍加改动，代码如下：

```cpp
class Solution {
public:
    bool isValidBST(TreeNode* root) {
        stack<TreeNode*> st;
        TreeNode* cur = root;
        TreeNode* pre = NULL; // 记录前一个节点
        while (cur != NULL || !st.empty()) {
            if (cur != NULL) {
                st.push(cur);
                cur = cur->left;                // 左
            } else {
                cur = st.top();                 // 中
                st.pop();
                if (pre != NULL && cur->val <= pre->val)
                return false;
                pre = cur; // 保存前一个访问的节点

                cur = cur->right;               // 右
            }
        }
        return true;
    }
```

```
    };
```

8.17 二叉搜索树的最小绝对差

力扣题号：530.二叉搜索树的最小绝对差。

【题目描述】

给出一棵所有节点为非负值的二叉搜索树，请计算树中任意两个节点的差的绝对值的最小值。

8.17.1 递归法

注意是二叉搜索树，二叉搜索树是有序的。遇到在二叉搜索树上求最值、求差值等问题，就把它想成在一个有序数组上求最值、求差值，这样就简单多了。

把二叉搜索树转换为有序数组，然后遍历一遍数组，就可以统计最小差值了。代码如下：

```cpp
class Solution {
private:
vector<int> vec;
void traversal(TreeNode* root) {
    if (root == NULL) return;
    traversal(root->left);
    vec.push_back(root->val); // 将二叉搜索树转换为有序数组
    traversal(root->right);
}
public:
    int getMinimumDifference(TreeNode* root) {
        vec.clear();
        traversal(root);
        if (vec.size() < 2) return 0;
        int result = INT_MAX;
        for (int i = 1; i < vec.size(); i++) { // 统计有序数组的最小差值
            result = min(result, vec[i] - vec[i-1]);
        }
        return result;
    }
};
```

其实对二叉搜索树进行中序遍历的过程中，我们可以直接找到相邻两个节点的差值——用一个 pre 节点记录 cur 节点的前一个节点。

在图 8-43 的二叉搜索树中，使用 pre 指针指向 cur 指针所指节点的前一个节点，对二叉搜索树进行中序遍历后的输出为[1, 4, 7, 8, 10, 15]。

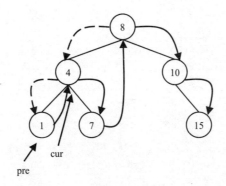

图 8-43

在递归过程中记录前一个节点的指针的代码如下：

```cpp
class Solution {
private:
int result = INT_MAX;
TreeNode* pre;
void traversal(TreeNode* cur) {
    if (cur == NULL) return;
    traversal(cur->left);    // 左
    if (pre != NULL){        // 中
        result = min(result, cur->val - pre->val);
    }
    pre = cur; // 记录前一个节点的指针
    traversal(cur->right);   // 右
}
public:
    int getMinimumDifference(TreeNode* root) {
        traversal(root);
        return result;
    }
};
```

8.17.2 迭代法

下面给出一种中序遍历的迭代法，代码如下：

```cpp
class Solution {
public:
    int getMinimumDifference(TreeNode* root) {
        stack<TreeNode*> st;
```

```
        TreeNode* cur = root;
        TreeNode* pre = NULL;
        int result = INT_MAX;
        while (cur != NULL || !st.empty()) {
            if (cur != NULL) {
                st.push(cur); // 将访问的节点放入栈
                cur = cur->left;                // 左
            } else {
                cur = st.top();
                st.pop();
                if (pre != NULL) {              // 中
                    result = min(result, cur->val - pre->val);
                }
                pre = cur;
                cur = cur->right;               // 右
            }
        }
        return result;
    }
};
```

8.18 二叉搜索树中的众数

力扣题号：501.二叉搜索树中的众数。

【示例一】

如图 8-44 所示，二叉搜索树中重复出现次数最多的元素的集合为[3, 8]，节点 3 和节点 8 都出现了 2 次，所以都要输出。当有多个要输出的元素时不用考虑输出顺序。

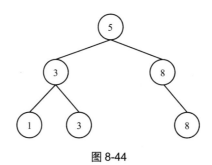

图 8-44

8.18.1 递归法

这道题目可以进一步拓展,即如果不是二叉搜索树,那么本题应该怎么求解,如果是二叉搜索树,那么又应该如何求解?两种方式做一个比较,可以加深对二叉树的理解。

1. 普通二叉树

如果不是二叉搜索树,则一定是遍历整棵树,用 map 统计元素出现的频率并排序,最后取前面高频的元素的集合。具体步骤如下:

(1)遍历二叉树,用 map 统计频率。

因为要遍历整棵树,所以哪种遍历顺序都可以。这里采用前序遍历,代码如下:

```cpp
// map<int, int>, key:元素; value:元素出现的频率
void searchBST(TreeNode* cur, unordered_map<int, int>& map) { // 前序遍历
    if (cur == NULL) return ;
    map[cur->val]++; // 统计元素频率
    searchBST(cur->left, map);
    searchBST(cur->right, map);
    return ;
}
```

(2)对统计出来的元素出现的频率(即 map 中的 value)进行排序.

一些读者可能想直接对 map 中的 value 进行排序,这是不可以的,因为在 C++ 中使用 std::map 或者 std::multimap 可以对 key 进行排序,但不能对 value 进行排序。

所以要把 map 转化为数组(即 vector)后再进行排序,当然 vector 中存放的也是 pair<int,int> 类型的数据,第一个 int 为元素数值,第二个 int 为元素出现的频率。

代码如下:

```cpp
bool static cmp (const pair<int, int>& a, const pair<int, int>& b) {
    return a.second > b.second; // 从大到小排序
}

vector<pair<int, int>> vec(map.begin(), map.end());
sort(vec.begin(), vec.end(), cmp); // 将频率排序
```

(3)取前面高频出现的元素。

此时数组 vector 中存放的是排序后的 pair,把前面高频出现的元素取出来即可。代码如下:

```cpp
result.push_back(vec[0].first);
for (int i = 1; i < vec.size(); i++) {
    // 取出现频率最高的元素放入 result 数组
```

```
        if (vec[i].second == vec[0].second) result.push_back(vec[i].first);
        else break;
    }
    return result;
```

整体代码如下：

```cpp
class Solution {
private:

    void searchBST(TreeNode* cur, unordered_map<int, int>& map) { // 前序遍历
        if (cur == NULL) return ;
        map[cur->val]++; // 统计元素出现的频率
        searchBST(cur->left, map);
        searchBST(cur->right, map);
        return ;
    }
    bool static cmp (const pair<int, int>& a, const pair<int, int>& b) {
        return a.second > b.second;
    }
public:
    vector<int> findMode(TreeNode* root) {
        unordered_map<int, int> map; // key:元素; value:元素出现的频率
        vector<int> result;
        if (root == NULL) return result;
        searchBST(root, map);
        vector<pair<int, int>> vec(map.begin(), map.end());
        sort(vec.begin(), vec.end(), cmp); // 将频率排序
        result.push_back(vec[0].first);
        for (int i = 1; i < vec.size(); i++) {
            // 取出现频率最高的元素放入 result 数组
            if (vec[i].second == vec[0].second)
result.push_back(vec[i].first);
            else break;
        }
        return result;
    }
};
```

2. 二叉搜索树

如图 8-45 所示，对二叉搜索树进行中序遍历后的输出为[1,3,3,5,8,8]。

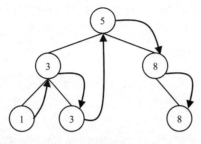

图 8-45

中序遍历的代码如下：

```
void searchBST(TreeNode* cur) {
    if (cur == NULL) return ;
    searchBST(cur->left);        // 左
    （处理节点）                    // 中
    searchBST(cur->right);       // 右
    return ;
}
```

如果从头遍历有序数组中的元素，那么一定是相邻的两个元素作比较，然后输出出现频率最高的元素。

关键是如何在二叉树上查找出现频率最高的元素呢？

这就考查对树的操作了。在 8.17 节中我们就使用了 pre 指针和 cur 指针的技巧，这次又用上了。定义一个指针指向前一个节点，这样 cur（当前节点）才能和 pre（前一个节点）作比较。当 pre 初始化为 NULL 时，我们就知道比较的是第一个元素。代码如下：

```
if (pre == NULL) { // 第一个节点
    count = 1; // 频率为1
} else if (pre->val == cur->val) { // 与前一个节点的数值相同
    count++;
} else { // 与前一个节点的数值不同
    count = 1;
}
pre = cur; // 更新上一个节点
```

此时又有问题了，如果是数组，那么如何处理呢？

首先遍历一遍数组，找出最大频率(maxCount)，然后重新遍历一遍数组,把出现频率为 maxCount 的元素放入集合（因为重复的元素可能有多个）。

这种方式遍历了两次数组，用这种方式遍历两次二叉搜索树，也可以把结果集合算出来。

其实只需要遍历一次就可以找到所有的众数。那么如何只遍历一次呢？

如果 count（频率）等于 maxCount（最大频率），则把这个元素加入结果集（以下代码为 result 数组），代码如下：

```
if (count == maxCount) { // 如果 Count 和最大值相同，则将其放入 result
    result.push_back(cur->val);
}
```

是不是感觉这里有问题，怎么能轻易地将元素放入 result 数组呢？万一此时这个 maxCount 还不是真正的最大频率呢？

所以下面要做这个操作：当 count（频率）大于 maxCount（最大频率）的时候，不仅要更新 maxCount，而且要清空结果集（以下代码为 result 数组），因为结果集之前的元素都失效了。代码如下：

```
if (count > maxCount) { // 如果计数大于最大值
    maxCount = count;   // 更新最大频率
    result.clear();     // 很关键的一步，不要忘记清空 result，之前 result 中的元
                        // 素都失效了
    result.push_back(cur->val);
}
```

完整代码如下（只需要遍历一次二叉搜索树，就求出了众数的集合）：

```
class Solution {
private:
    int maxCount; // 最大频率
    int count; // 统计频率
    TreeNode* pre;
    vector<int> result;
    void searchBST(TreeNode* cur) {
        if (cur == NULL) return ;

        searchBST(cur->left);       // 左
                                    // 中
        if (pre == NULL) { // 第一个节点
            count = 1;
        } else if (pre->val == cur->val) { // 与前一个节点的数值相同
            count++;
        } else { // 与前一个节点的数值不同
            count = 1;
        }
        pre = cur; // 更新上一个节点
```

```
        if (count == maxCount) { // 如果和最大值相同，则将其放入 result
            result.push_back(cur->val);
        }

        if (count > maxCount) { // 如果计数大于最大频率
            maxCount = count;    // 更新最大频率
            result.clear();      // 很关键的一步，不要忘记清空 result，之前
                                 // result 中的元素都失效了
            result.push_back(cur->val);
        }

        searchBST(cur->right);        // 右
        return ;
    }

public:
    vector<int> findMode(TreeNode* root) {
        count = 0;
        maxCount = 0;
        pre = NULL; // 记录前一个节点
        result.clear();

        searchBST(root);
        return result;
    }
};
```

8.18.2 迭代法

只要把中序遍历转成迭代即可，中间节点的处理逻辑是完全一样的。代码如下：

```
class Solution {
public:
    vector<int> findMode(TreeNode* root) {
        stack<TreeNode*> st;
        TreeNode* cur = root;
        TreeNode* pre = NULL;
        int maxCount = 0; // 最大频率
        int count = 0; // 统计频率
        vector<int> result;
        while (cur != NULL || !st.empty()) {
            if (cur != NULL) {
                st.push(cur); // 将访问的节点放入栈
                cur = cur->left;              // 左
```

```
        } else {
            cur = st.top();
            st.pop();                                // 中
            if (pre == NULL) { // 第一个节点
                count = 1;
            } else if (pre->val == cur->val) { // 与前一个节点的数值相同
                count++;
            } else { // 与前一个节点的数值不同
                count = 1;
            }
            if (count == maxCount) { // 如果和最大值相同，则将其放入 result 中
                result.push_back(cur->val);
            }

            if (count > maxCount) { // 如果计数大于最大频率
                maxCount = count;    // 更新最大频率
                result.clear();      // 很关键的一步，不要忘记清空 result，
                                     // 之前 result 里的元素都失效了
                result.push_back(cur->val);
            }
            pre = cur;
            cur = cur->right;              // 右
        }
    }
    return result;
}
};
```

8.19 二叉树的最近公共祖先

力扣题号：236.二叉树的最近公共祖先。

8.19.1 普通二叉树

二叉树中元素的数值是唯一的，如图 8-46 所示，节点 6 和节点 11 的公共祖先为节点 3。

给出的两个节点都是二叉树上存在的节点。

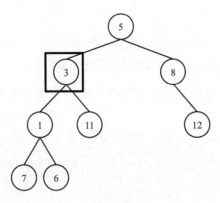

图 8-46

【思路】

首先想到的是如果能自底向上查找就好了，这样就可以找到公共祖先了。那么二叉树如何能自底向上查找呢？

当然是回溯，二叉树回溯的过程就是自底向上。后序遍历就符合回溯的过程，最先处理的一定是叶子节点。

如何判断一个节点是不是节点 q 和节点 p 的公共祖先呢？

如果找到一个节点，发现左子树出现节点 p，右子树出现节点 q，或者左子树出现节点 q，右子树出现节点 p，那么该节点就是节点 p 和 q 的最近公共祖先。

使用后序遍历，在回溯的过程中，自底向上遍历节点，一旦发现符合这个条件的节点，那么该节点就是最近公共节点了。

递归"三部曲"如下：

（1）确定递归函数返回值和参数。

通过递归函数的返回值确认是否找到节点 q 或 p，返回值为 bool 类型。

因为还要返回最近公共节点，所以返回值是 TreeNode *。如果遇到 p 或 q，则返回对应节点，说明找到了 q 或 p。代码如下：

```
TreeNode* lowestCommonAncestor(TreeNode* root, TreeNode* p, TreeNode* q)
```

（2）确定终止条件。

如果找到了节点 p 或 q，或者遇到空节点，那么就返回这个节点。代码如下：

```
if (root == q || root == p || root == NULL) return root;
```

（3）确定单层递归逻辑。

值得注意的是，本题中的函数有返回值，这是因为回溯的过程中需要通过递归函数的返回值判断某个节点是不是公共祖先节点，但在本题中依然要遍历树的所有节点。

如果递归函数有返回值，那么如何区分是搜索一条边，还是搜索整棵树呢？

搜索一条边的写法：

```
if (递归函数(root->left)) return ;

if (递归函数(root->right)) return ;
```

搜索整棵树的写法：

```
left = 递归函数(root->left);
right = 递归函数(root->right);
left 与 right 的逻辑处理;
```

在递归函数有返回值的情况下：如果搜索一条边，那么在递归函数的返回值不为空的时候，立刻返回；如果搜索整个树，则直接用变量 left、right 保存返回值，接下来的逻辑就是用变量 left、right 判断节点是否为公共祖先节点，也就是后序遍历中处理中间节点的逻辑（也是回溯）。

为什么要遍历整棵树呢？直观上看，如果想找到最近公共祖先，那么直接原地返回就可以了（相当于搜索单条路径）。如果查找节点 6 和节点 5 的公共祖先，则直接返回节点 7，如图 8-47 所示。

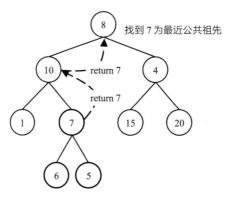

图 8-47

事实上依然要遍历根节点的右子树（即使此时已经找到了目标节点），也就是遍历图 8-47 中的节点 4、15、20。在如下代码中，如果想利用变量 left 和 right 进行逻辑处理，那么递归函数就不能立刻返回，而是要等 left 与 right 的逻辑处理完之后才能返回。

```
left = 递归函数(root->left);
right = 递归函数(root->right);
```

```
left 与 right 的逻辑处理;
```

所以此时要遍历整棵树。先用 left 和 right 保存左子树和右子树的返回值，代码如下：

```
TreeNode* left = lowestCommonAncestor(root->left, p, q);
TreeNode* right = lowestCommonAncestor(root->right, p, q);
```

如果 left 和 right 都不为空，则说明此时 root 就是最近公共节点。

如果 left 为空、right 不为空，则返回 right，说明目标节点是通过 right 返回的，反之亦然。

可能有的读者会疑惑，为什么 left 为空、right 不为空，目标节点通过 right 返回呢？

如图 8-48 所示，节点 10 的左子树返回 NULL，右子树返回目标值 7，那么此时节点 10 的处理逻辑就是返回右子树的返回值（最近公共祖先为 7）。

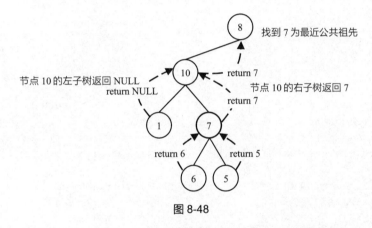

图 8-48

如果 left 和 right 都为空，那么返回 left 或 right 都是可以的，也就是返回空。

代码如下：

```
if (left == NULL && right != NULL) return right;
else if (left != NULL && right == NULL) return left;
else { // (left == NULL && right == NULL)
    return NULL;
}
```

查找节点 6 和节点 5 的最小公共祖先的完整流程如图 8-49 所示。通过图 8-49 可以看到是如何回溯遍历整棵二叉树并将结果返回给头节点的。

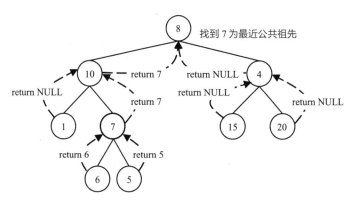

图 8-49

整体代码如下：

```cpp
class Solution {
public:
    TreeNode* lowestCommonAncestor(TreeNode* root, TreeNode* p, TreeNode* q) {
        if (root == q || root == p || root == NULL) return root;
        TreeNode* left = lowestCommonAncestor(root->left, p, q);
        TreeNode* right = lowestCommonAncestor(root->right, p, q);
        if (left != NULL && right != NULL) return root;

        if (left == NULL && right != NULL) return right;
        else if (left != NULL && right == NULL) return left;
        else { // (left == NULL && right == NULL)
            return NULL;
        }

    }
};
```

精简后的代码如下：

```cpp
class Solution {
public:
    TreeNode* lowestCommonAncestor(TreeNode* root, TreeNode* p, TreeNode* q) {
        if (root == q || root == p || root == NULL) return root;
        TreeNode* left = lowestCommonAncestor(root->left, p, q);
        TreeNode* right = lowestCommonAncestor(root->right, p, q);
        if (left != NULL && right != NULL) return root;
        if (left == NULL) return right;
```

```
        return left;
    }
};
```

小结：

有的读者未必真正了解本题解法中的回溯的过程，以及结果是如何一层一层传上去的。归纳如下三点：

（1）求最小公共祖先，需要自底向上遍历，如果是二叉树，那么只能通过后序遍历（即回溯）实现自底向上的遍历方式。

（2）在回溯的过程中，必然要遍历整棵二叉树，即使已经找到结果了，依然要把其他节点遍历完，这是因为要使用递归函数的返回值（也就是代码中的 left 和 right）做逻辑判断。

（3）如果返回值 left 为空、right 不为空，则返回 right。

可以说这里的每一步都是有难度的，都需要对二叉树、递归和回溯有一定的理解，本题没有给出迭代法，是因为迭代法不适合模拟回溯的过程。理解递归的解法就够了。

8.19.2 二叉搜索树

力扣题号：235.二叉搜索树的最近公共祖先。

在二叉搜索树中找到节点 q 和节点 p 的公共祖先。输入的节点 q 和节点 p 是存在于树中的节点。

【思路】

在 8.19.1 节中，利用递归遍历中的回溯达到自底向上搜索的目的，如果一个节点的左子树中有 p、右子树中有 q，那么当前节点就是最近公共祖先。

本题中的二叉树是二叉搜索树，二叉搜索树是有序的，在有序树中，如何判断一个节点的左子树中有 p、右子树中有 q 呢？

在从上到下遍历二叉搜索树的过程中，如果 cur 节点的数值在[p, q]区间，则说明该节点 cur 就是最近公共祖先。理解了这一点，本题就很好解答了。

与 8.19.1 节不同，普通二叉树求最近公共祖先需要利用回溯自底向上查找公共节点，而二叉搜索树就不用了，因为二叉搜索树是有序的（相当于自带方向），只要自上而下遍历二叉搜索树即可。

可以采用前序遍历（其实这里没有中间节点的处理逻辑，哪种遍历方式都可以），如图 8-50 所示，p 为节点 3，q 为节点 5。

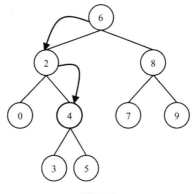

图 8-50

按照指定的方向遍历就可以找到作为最近公共祖先的节点 4，而且不需要遍历整棵树，找到结果后直接返回。

递归"三部曲"如下：

（1）确定递归函数的参数和返回值。

参数就是当前节点，以及两个节点 p 和 q。返回值是要返回的最近公共祖先，即 TreeNode * 。

代码如下：

```
TreeNode* traversal(TreeNode* cur, TreeNode* p, TreeNode* q)
```

（2）确定终止条件。

遇到空节点返回就可以了，代码如下：

```
if (cur == NULL) return cur;
```

其实都不需要这个终止条件，因为题目中说了 p、q 为不同节点且均存在于给定的二叉搜索树中。也就是说，一定会找到公共祖先，所以并不存在遇到空节点的情况。

（3）确定单层递归的逻辑。

遍历二叉搜索树的过程就是寻找区间[p->val, q->val]（注意这里是左闭右闭），如果 cur->val 大于 p->val，同时 cur->val 大于 q->val，那么就应该向左遍历（说明目标区间在左子树上）。需要注意的是，此时不知道 p 和 q 谁大，所以既要判断 cur->val 是否大于 p->val，又要判断 cur->val 是否大于 q->val。

代码如下：

```
if (cur->val > p->val && cur->val > q->val) {
    TreeNode* left = traversal(cur->left, p, q);
```

```
        if (left != NULL) {
            return left;
        }
    }
```

细心的读者会发现，在调用递归函数的地方，如果递归函数的返回值 left 不为空，则直接结束本层递归，并返回 left。

如果 cur 节点在[p->val, q->val] 或者 [q->val, p->val]区间，那么 cur 就是最近公共祖先，直接返回 cur。

整体递归代码如下：

```
class Solution {
private:
    TreeNode* traversal(TreeNode* cur, TreeNode* p, TreeNode* q) {
        if (cur == NULL) return cur;
                                                                    // 中
        if (cur->val > p->val && cur->val > q->val) {   // 左
            TreeNode* left = traversal(cur->left, p, q);
            if (left != NULL) {
                return left;
            }
        }

        if (cur->val < p->val && cur->val < q->val) {    // 右
            TreeNode* right = traversal(cur->right, p, q);
            if (right != NULL) {
                return right;
            }
        }
        return cur;
    }
public:
    TreeNode* lowestCommonAncestor(TreeNode* root, TreeNode* p, TreeNode*
q) {
        return traversal(root, p, q);
    }
};
```

精简后的代码如下：

```
class Solution {
public:
```

```
    TreeNode* lowestCommonAncestor(TreeNode* root, TreeNode* p, TreeNode*
q) {
        if (root->val > p->val && root->val > q->val) {
            return lowestCommonAncestor(root->left, p, q);
        } else if (root->val < p->val && root->val < q->val) {
            return lowestCommonAncestor(root->right, p, q);
        } else return root;
    }
};
```

【迭代法】

利用二叉搜索树的有序性，迭代的方式还是比较简单的，解题思路在递归法中已经分析了。迭代代码如下：

```
class Solution {
public:
    TreeNode* lowestCommonAncestor(TreeNode* root, TreeNode* p, TreeNode*
q) {
        while(root) {
            if (root->val > p->val && root->val > q->val) {
                root = root->left;
            } else if (root->val < p->val && root->val < q->val) {
                root = root->right;
            } else return root;
        }
        return NULL;
    }
};
```

8.20 在二叉搜索树中插入一个节点

力扣题号：701.二叉搜索树中的插入操作。

【题目描述】

二叉搜索树中节点的数值是唯一的，新插入的节点的数值和树中节点的数值也不同。

【思路】

如图 8-51 所示，在二叉搜索树中先后插入节点 10 和节点 6。可以发现插入的过程中并不需要修改原有二叉搜索树的结构。只要遍历二叉搜索树，找到空节点插入元素即可。

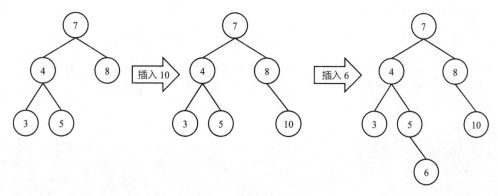

图 8-51

接下来就是遍历二叉搜索树的过程了。

8.20.1 递归法

递归"三部曲"如下：

（1）确定递归函数的参数和返回值。

参数就是根节点指针，以及要插入元素。这里的递归函数有没有返回值呢?

既可以有，也可以没有，如果递归函数没有返回值，那么实现起来是比较麻烦的，下面也会给出其具体的实现代码。

如果递归函数有返回值，则可以利用返回值完成新加入的节点与其父节点的赋值操作。

递归函数的返回类型为节点类型 TreeNode *。代码如下：

```
TreeNode* insertIntoBST(TreeNode* root, int val)
```

（2）确定终止条件。

如果当前遍历的节点为 NULL，则该节点就是要插入节点的位置，并把插入的节点返回。代码如下：

```
if (root == nullptr) {
    TreeNode* node = new TreeNode(val);
    return node;
}
```

这里把添加的节点返回给上一层，就完成了父子节点的赋值操作。

（3）确定单层递归的逻辑。

搜索树是有方向的，可以根据插入元素的数值决定递归方向，代码如下：

```
if (root->val > val) root->left = insertIntoBST(root->left, val);
if (root->val < val) root->right = insertIntoBST(root->right, val);
return root;
```

整体代码如下：

```
class Solution {
public:
    TreeNode* insertIntoBST(TreeNode* root, int val) {
        if (root == NULL) {
            TreeNode* node = new TreeNode(val);
            return node;
        }
        if (root->val > val) root->left = insertIntoBST(root->left, val);
        if (root->val < val) root->right = insertIntoBST(root->right, val);
        return root;
    }
};
```

前面说了递归函数也可以没有返回值，找到插入的节点位置，直接让其父节点指向插入节点，结束递归。递归函数的定义如下：

```
TreeNode* parent; // 记录遍历节点的父节点
void traversal(TreeNode* cur, int val)
```

如果没有返回值，则需要记录上一个节点（parent）。当前遍历的指针遇到空节点时，就让 parent 的左孩子或右孩子指向新插入的节点，然后结束递归。代码如下：

```
class Solution {
private:
    TreeNode* parent;
    void traversal(TreeNode* cur, int val) {
        if (cur == NULL) {
            TreeNode* node = new TreeNode(val);
            if (val > parent->val) parent->right = node;
            else parent->left = node;
            return;
        }
        parent = cur;
        if (cur->val > val) traversal(cur->left, val);
        if (cur->val < val) traversal(cur->right, val);
        return;
```

```
    }

public:
    TreeNode* insertIntoBST(TreeNode* root, int val) {
        parent = new TreeNode(0);
        if (root == NULL) {
            root = new TreeNode(val);
        }
        traversal(root, val);
        return root;
    }
};
```

之所以举这个例子，是想说明通过递归函数的返回值完成父子节点的赋值是非常方便的。

8.20.2 迭代法

在使用迭代法遍历二叉树的过程中，需要记录当前遍历的节点的父节点，这样才能做插入节点的操作。

在 8.17 节和 8.18 节中，都使用了记录 pre 和 cur 两个指针的技巧，本题也是一样的。代码如下：

```
class Solution {
public:
    TreeNode* insertIntoBST(TreeNode* root, int val) {
        if (root == NULL) {
            TreeNode* node = new TreeNode(val);
            return node;
        }
        TreeNode* cur = root;
        // 这里很重要，需要记录上一个节点，否则无法赋值新节点
        TreeNode* parent = root;
        while (cur != NULL) {
            parent = cur;
            if (cur->val > val) cur = cur->left;
            else cur = cur->right;
        }
        TreeNode* node = new TreeNode(val);
        // 此时使用 parent 节点进行赋值
        if (val < parent->val) parent->left = node;
        else parent->right = node;
        return root;
    }
};
```

8.21 在二叉搜索树中删除一个节点

力扣题号：450.删除二叉搜索树中的节点。

【思路】

删除二叉搜索树的节点要比增加节点复杂得多，有很多情况需要考虑。

8.21.1 递归法

递归"三部曲"如下：

（1）确定递归函数的参数和返回值。

在 8.20 节中通过递归函数的返回值来加入新节点，这里也可以通过递归函数的返回值删除节点。代码如下：

```
TreeNode* deleteNode(TreeNode* root, int key)
```

（2）确定终止条件。

遇到空节点就返回，也说明没找到删除的节点，遍历到空节点后直接返回了。

```
if (root == nullptr) return root;
```

（3）确定单层递归的逻辑。

在二叉搜索树中删除节点可能遇到的情况有以下五种：

- 第一种情况：没找到删除的节点，遍历到空节点后直接返回。
- 找到了删除的节点。
  - 第二种情况：左右孩子都为空（叶子节点），直接删除节点，返回 NULL。
  - 第三种情况：被删除的节点的左孩子为空，右孩子不为空，删除节点，右孩子补位，返回右孩子为根节点。
  - 第四种情况：删除节点的右孩子为空，左孩子不为空，删除节点，左孩子补位，返回左孩子为根节点。
  - 第五种情况：左右孩子节点都不为空，将删除节点的左子树的头节点（左孩子）放到删除节点的右子树的最左面节点的左孩子上，返回删除节点的右孩子为新的根节点。

第五种情况有点难以理解，删除节点 7 的过程如图 8-52 所示。删除节点的左子树的头节点（左孩子）为节点 5，删除节点的右子树的最左面节点为节点 8。

将删除节点的左子树的头节点（节点 5）放到删除节点的右子树的最左面节点的左孩子（节点 8）

上的过程如图 8-53 所示。

最后删除节点 7，如图 8-54 所示。

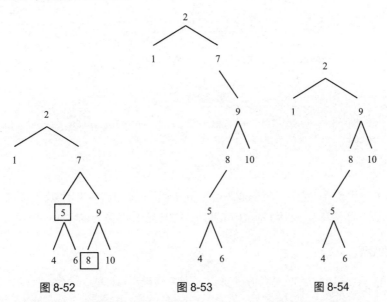

图 8-52   图 8-53   图 8-54

这样就实现了删除元素 7 的逻辑，最好动手画一个图，尝试删除一个节点。

整体代码如下（注释中的情况一、二、三、四、五和上面分析的过程严格对应）：

```
class Solution {
public:
    TreeNode* deleteNode(TreeNode* root, int key) {
        // 情况一：没找到删除的节点，遍历到空节点就直接返回了
        if (root == nullptr) return root;
        if (root->val == key) {
        // 情况二：左右孩子都为空（叶子节点），直接删除节点，返回 NULL 为根节点
            if (root->left == nullptr && root->right == nullptr) {delete
root;return nullptr;}
        // 情况三：其左孩子为空，右孩子不为空，删除节点，右孩子补位，返回右孩子为根节点
            if (root->left == nullptr) return root->right;
        // 情况四：其右孩子为空，左孩子不为空，删除节点，左孩子补位，返回左孩子为根节点
            else if (root->right == nullptr) return root->left;
        // 情况五：左右孩子节点都不为空，则将删除节点的左子树放到删除节点的右子
        // 树的最左面节点的左孩子的位置
        // 返回删除节点右孩子为新的根节点
            else {
                TreeNode* cur = root->right; // 查找右子树最左面的节点
                while(cur->left != nullptr) {
                    cur = cur->left;
```

229

```
            }
            // 把要删除的节点（root）的左子树放在 cur 的左孩子的位置
            cur->left = root->left;
            TreeNode* tmp = root;       // 保存 root 节点，下面释放内存
            root = root->right;         // 返回旧 root 的右孩子作为新 root
            delete tmp;                 // 释放节点内存（C++手动释放内存）
            return root;
        }
    }
    if (root->val > key) root->left = deleteNode(root->left, key);
    if (root->val < key) root->right = deleteNode(root->right, key);
    return root;
    }
};
```

为了避免 C++手动释放内存的代码逻辑给使用其他语言的读者带来困惑，后面的讲解中将不再有手动释放内存的代码逻辑，使用 C++语言的读者需要自己注意内存的释放。

8.21.2 迭代法

删除节点的迭代法还是复杂一些的，但删除节点的逻辑是一样的，迭代法代码如下：

```
class Solution {
private:
    // 将目标节点（被删除的节点）的左子树放到目标节点的右子树的最左面节点的左孩子位置
    // 并返回目标节点右孩子为新的根节点
    TreeNode* deleteNodeOperation(TreeNode* target) {
        if (target == nullptr) return target;
        if (target->right == nullptr) return target->left;
        TreeNode* cur = target->right;
        while (cur->left) {
            cur = cur->left;
        }
        cur->left = target->left;
        return target->right;
    }
public:
    TreeNode* deleteNode(TreeNode* root, int key) {
        if (root == nullptr) return root;
        TreeNode* cur = root;
        TreeNode* pre = nullptr; // 记录 cur 的父节点，用来删除 cur
        while (cur) {
            if (cur->val == key) break;
            pre = cur;
            if (cur->val > key) cur = cur->left;
```

```
            else cur = cur->right;
        }
        if (pre == nullptr) { // 如果搜索树只有头节点
            return deleteNodeOperation(cur);
        }
        // pre 用于判断删除左孩子还是右孩子
        if (pre->left && pre->left->val == key) {
            pre->left = deleteNodeOperation(cur);
        }
        if (pre->right && pre->right->val == key) {
            pre->right = deleteNodeOperation(cur);
        }
        return root;
    }
};
```

8.22 修剪二叉搜索树

力扣题号：669.修剪二叉搜索树。

【题目描述】

将二叉搜索树修剪为其节点数值只在[low,high]范围内（左闭右闭区间）。

【示例一】

如图 8-55 所示，在二叉搜索树中进行剪枝操作。

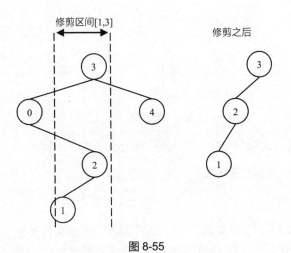

图 8-55

8.22.1 递归法

比较直接的方法就是递归处理，遇到 root->val<low || root->val>high 的时候直接返回 NULL。代码如下：

```cpp
class Solution {
public:
    TreeNode* trimBST(TreeNode* root, int low, int high) {
        if (root == nullptr || root->val < low || root->val > high) return
nullptr;
        root->left = trimBST(root->left, low, high);
        root->right = trimBST(root->right, low, high);
        return root;
    }
};
```

然而在图 8-55 中，[1,3]区间在二叉搜索树中可不是只由节点 3 和左孩子节点 0 决定的，还要考虑节点 0 的右子树。

我们来看图 8-55，可以发现以上代码是不可行的。

节点 0 并不符合区间要求，应该将节点 0 的右孩子（节点 2）直接赋值给节点 3 的左孩子（相当于把节点 0 从二叉树中删除），如图 8-56 所示。

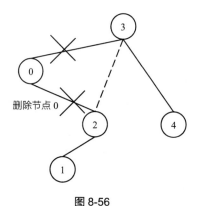

图 8-56

理解了最关键的部分后再通过递归"三部曲"进行分析：

（1）确定递归函数的参数和返回值。

·为什么需要返回值呢？

因为要遍历整棵树，所以不需要返回值也可以完成修剪（其实就是从二叉树中删除节点）的操作。但是有返回值更方便，可以通过递归函数的返回值来删除节点。代码如下：

```
TreeNode* trimBST(TreeNode* root, int low, int high)
```

（2）确定终止条件。

修剪的操作并不是在终止条件下进行的，所以遇到空节点返回即可。

```
if (root == nullptr ) return nullptr;
```

（3）确定单层递归的逻辑。

如果 root（当前节点）的元素小于左边界 low 的数值，那么应该递归右子树，并返回右子树符合条件的头节点。代码如下：

```
if (root->val < low) {
    // 寻找符合[low,high]区间的节点
    TreeNode* right = trimBST(root->right, low, high);
    return right;
}
```

如果 root（当前节点）的元素大于右边界 high 的数值，那么应该递归左子树，并返回左子树符合条件的头节点。代码如下：

```
if (root->val > high) {
    // 寻找符合[low,high]区间的节点
    TreeNode* left = trimBST(root->left, low, high);
    return left;
}
```

接下来将下一层递归处理左子树的结果赋值给 root->left、处理右子树的结果赋值给 root->right，最后返回 root 节点，代码如下：

```
root->left = trimBST(root->left, low, high);
root->right = trimBST(root->right, low, high);
return root;
```

此时是不是还没发现多余的节点究竟是如何从二叉树中删除的呢？

回顾一下上面的代码，针对图 8-56 中二叉树的情况，以下代码相当于把节点 0 的右孩子（节点 2）返回给上一层：

```
if (root->val < low) {
    // 寻找符合[low,high]区间的节点
    TreeNode* right = trimBST(root->right, low, high);
    return right;
}
```

以下代码相当于图 8-56 中把下一层返回的节点 0 的右孩子（节点 2）赋值给节点 3 的左孩子：

```
    root->left = trimBST(root->left, low, high);
```

此时节点 3 的左孩子就变成了节点 2，将节点 0 从二叉树中删除了。

整体代码如下：

```
class Solution {
public:
    TreeNode* trimBST(TreeNode* root, int low, int high) {
        if (root == nullptr ) return nullptr;
        if (root->val < low) {
            // 寻找符合[low,high]区间的节点
            TreeNode* right = trimBST(root->right, low, high);
            return right;
        }
        if (root->val > high) {
            // 寻找符合[low,high]区间的节点
            TreeNode* left = trimBST(root->left, low, high);
            return left;
        }
        root->left = trimBST(root->left, low, high);
        root->right = trimBST(root->right, low, high);
        return root;
    }
};
```

精简之后的代码如下：

```
class Solution {
public:
    TreeNode* trimBST(TreeNode* root, int low, int high) {
        if (root == nullptr) return nullptr;
        if (root->val < low) return trimBST(root->right, low, high);
        if (root->val > high) return trimBST(root->left, low, high);
        root->left = trimBST(root->left, low, high);
        root->right = trimBST(root->right, low, high);
        return root;
    }
};
```

只看代码，其实不太容易理解节点是如何删除的，建议读者模拟上述删除节点的过程以加深理解。

8.22.2 迭代法

因为二叉搜索树是有序的，所以不需要使用栈模拟递归的过程。在剪枝的时候，可以分三步处理：

- 将 root 移动到[low, high] 范围内，注意是左闭右闭区间。
- 剪枝左子树。
- 剪枝右子树。

代码如下：

```
class Solution {
public:
    TreeNode* trimBST(TreeNode* root, int low, int high) {
        if (!root) return nullptr;

        // 处理头节点，让 root 移动到[low,high]范围内，注意是左闭右闭区间
        while (root != nullptr && (root->val < low || root->val > high)) {
            if (root->val < low) root = root->right; // 小于 low 则往右遍历
            else root = root->left; // 大于 high 则往左遍历
        }
        TreeNode *cur = root;
        // 此时 root 已经在[low,high]范围内，处理左孩子元素小于 low 的情况
        while (cur != nullptr) {
            while (cur->left && cur->left->val < low) {
                cur->left = cur->left->right;
            }
            cur = cur->left;
        }
        cur = root;

        // 此时 root 已经在[low,high]范围内，处理右孩子大于 high 的情况
        while (cur != nullptr) {
            while (cur->right && cur->right->val > high) {
                cur->right = cur->right->left;
            }
            cur = cur->right;
        }
        return root;
    }
};
```

8.23 构造一棵平衡二叉搜索树

力扣题号：108.将有序数组转换为二叉搜索树。

【题目描述】

给定一个有序数组（从小到大），构造一棵二叉搜索树。

关于平衡二叉搜索树的定义我们在 8.1 节中已经介绍过了，即左右子树的高度差的绝对值不超过 1。

【思路】

在 8.13 节中讲解了如何根据数组构造一棵二叉树。本质上就是寻找分割点，将分割点作为当前节点，然后递归处理左区间和右区间。

基于有序数组构造二叉搜索树，寻找分割点就比较容易了。分割点就是数组中间位置的节点。如果数组的长度为偶数，中间节点有两个，那么取哪一个节点作为分割点呢？

取哪一个都可以，只不过会构成不同的平衡二叉搜索树。例如，输入数组 arr：[-10,-3,0,5,9]，图 8-57 中的两棵树都是数组 arr 所构成的平衡二叉搜索树。

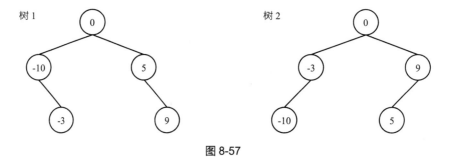

图 8-57

如果中间元素为两个，那么取左边元素为分割点的结果就是树 1，取右边元素为分割点的结果就是树 2。

这道题目的答案不是唯一的。

8.23.1 递归法

递归"三部曲"如下：

（1）确定递归函数的参数和返回值。

本题依然使用递归函数的返回值来构造中间节点的左孩子和右孩子，从而构造二叉树。

参数是传入的数组，以及左下标 left 和右下标 right。我们在 8.13 节中提过，在构造二叉树的时候尽量不要重新定义左右区间数组，而是用下标来操作原数组。

代码如下：

```
// 左闭右闭区间[left,right]
TreeNode* traversal(vector<int>& nums, int left, int right)
```

注意，定义的是左闭右闭区间，在不断分割的过程中，也会坚持左闭右闭的原则，这里又涉及之前讲过的循环不变量。

（2）确定递归终止条件

这里定义的是左闭右闭的区间，所以当区间左边界 left 大于区间右边界 right 的时候，该区间所对应的节点是空节点。代码如下：

```
if (left > right) return nullptr;
```

（3）确定单层递归的逻辑。

首先取数组中间元素的位置，不难写出如下代码：

```
int mid = (left + right) / 2;
```

这么写其实有一个问题，就是数值越界，例如 left 和 right 都是最大的 int 型数值，这么操作就越界了，在 3.2 节中，使用二分法时也需要注意这一点。

所以可以这么写：int mid = left + ((right - left) / 2)。

以中间位置的元素构造节点，代码如下：

```
TreeNode* root = new TreeNode(nums[mid]);
```

接着划分区间，下一层左区间的构造节点赋值给 root 的左孩子，下一层右区间构造的节点赋值给 root 的右孩子，最后返回 root 节点。

单层递归的整体代码如下：

```
class Solution {
private:
    TreeNode* traversal(vector<int>& nums, int left, int right) {
        if (left > right) return nullptr;
        // 如果数组的长度为偶数，中间位置有两个元素，则取靠左边的元素
        int mid = left + ((right - left) / 2);
        TreeNode* root = new TreeNode(nums[mid]);
        root->left = traversal(nums, left, mid - 1);
        root->right = traversal(nums, mid + 1, right);
        return root;
    }
public:
    TreeNode* sortedArrayToBST(vector<int>& nums) {
```

```
        TreeNode* root = traversal(nums, 0, nums.size() - 1);
        return root;
    }
};
```

注意：因为定义的区间为左闭右闭，所以在调用 traversal 函数时传入的 left 和 right 是 0 和 nums.size()-1，。

8.23.2 迭代法

可以通过三个队列来模拟迭代法，第一个队列保存遍历的节点，第二个队列保存左区间下标，第三个队列保存右区间下标。模拟的就是不断分割的过程，代码如下：

```
class Solution {
public:
    TreeNode* sortedArrayToBST(vector<int>& nums) {
        if (nums.size() == 0) return nullptr;

        TreeNode* root = new TreeNode(0);        // 初始化根节点
        queue<TreeNode*> nodeQue;                // 保存遍历的节点
        queue<int> leftQue;                      // 保存左区间下标
        queue<int> rightQue;                     // 保存右区间下标
        nodeQue.push(root);                      // 根节点入队列
        leftQue.push(0);                         // 0 为左区间下标的初始位置
        rightQue.push(nums.size() - 1);          // nums.size()-1 为右区间下标的
                                                 // 初始位置

        while (!nodeQue.empty()) {
            TreeNode* curNode = nodeQue.front();
            nodeQue.pop();
            int left = leftQue.front(); leftQue.pop();
            int right = rightQue.front(); rightQue.pop();
            int mid = left + ((right - left) / 2);

            curNode->val = nums[mid];

            if (left <= mid - 1) {               // 处理左区间
                curNode->left = new TreeNode(0);
                nodeQue.push(curNode->left);
                leftQue.push(left);
                rightQue.push(mid - 1);
            }

            if (right >= mid + 1) {              // 处理右区间
```

```
                    curNode->right = new TreeNode(0);
                    nodeQue.push(curNode->right);
                    leftQue.push(mid + 1);
                    rightQue.push(right);
                }
            }
        return root;
    }
};
```

8.24 本章小结

二叉树是一种基础的数据结构，既是算法面试中的常客，也是众多算法中的基石。在二叉树题目中选择哪种遍历顺序是不少读者头疼的事情，下面对遍历顺序进行分类：

- 涉及二叉树的构造，例如 8.13 节、8.14 节、8.20 节、8.21 节、8.22 节、8.23 节，无论构造普通二叉树还是二叉搜索树，一定选择前序遍历，先构造中间节点，或者通过递归函数的返回值来添加/删除节点。

- 求普通二叉树的属性，例如 8.7 节、8.8 节、8.9 节、8.10 节，选择的是后序遍历，一般通过递归函数的返回值做计算。

- 求二叉搜索树的属性，例如 8.15 节、8.16 节、8.17 节、8.18 节，一定选择中序遍历，充分利用二叉搜索树的特性。

注意，对于求普通二叉树的属性，也有个别情况需要使用前序遍历，例如单纯求深度就使用前序遍历，8.11 节也使用了前序遍历，这是为了方便让父节点指向子节点。

第 9 章

回溯算法

9.1.1 什么是回溯算法

回溯算法也可以叫作回溯搜索算法，简称回溯法，它是一种搜索的方式。

回溯是递归的"副产品"，只要有递归的过程就会有对应的回溯的过程。在后续内容中，回溯函数就是递归函数，指的都是一个函数。

9.1.2 回溯法的性能

回溯法的性能如何呢？

因为回溯的本质是穷举，然后选出我们想要的答案，所以回溯法并不是高效的算法。如果想让回溯法更高效，则可以增加一些剪枝的操作，但这也改变不了回溯法就是穷举的本质。

既然回溯法并不高效，那么为什么还要用它呢？

因为一些问题只能使用暴力搜索，最多剪枝一下，就没有更高效的解法了。什么问题一定要使用回溯法解决呢？

9.1.3 回溯法可以解决的问题

回溯法可以解决如下几种问题：

- 组合问题：如何按照一定规则在 N 个数中找出 k 个数的集合？
- 切割问题：一个字符串按照一定规则切割，有几种切割方式？
- 子集问题：一个 N 个数的集合中有多少符合条件的子集？
- 排列问题：N 个数按一定规则全排列，有几种排列方式？
- 棋盘问题：N 皇后、数独等问题。

这些问题都不简单。

另外，一些读者可能分不清什么是组合，什么是排列？

组合是不强调元素顺序的，而排列强调元素顺序。

例如，$\{1, 2\}$ 和 $\{2, 1\}$ 在组合上就是一个集合（不强调顺序），如果是排列，那么 $\{1, 2\}$ 和 $\{2, 1\}$ 就是两个集合了。只要记住组合无序、排列有序就可以了。

9.1.4 如何理解回溯法

回溯法解决的问题都可以抽象为树形结构，因为回溯法解决的问题都是在集合中递归查找子集，集合的大小就构成了树的宽度，递归的深度构成了树的深度。

递归就要有终止条件，所以必然是一棵高度有限的树（这是一棵 N 叉树）。

9.1.5 回溯法模板

在第 8 章讲解递归的时候，我们讲解了递归"三部曲"，下面列出回溯"三部曲"。

（1）确定回溯函数的返回值和参数。

回溯算法中函数的返回值一般为 void。

因为回溯算法需要的参数并不像二叉树的递归过程那么容易一次性确定下来，所以一般是先写逻辑，然后需要什么参数，就填什么参数。

在后面回溯题目的讲解过程中，为了方便理解，一开始就把参数确定下来了。

回溯函数的伪代码如下：

```
void backtracking(参数)
```

（2）确定回溯函数的终止条件。

既然是树形结构，那么遍历树形结构就一定要有终止条件，所以回溯也要有终止条件。

什么时候达到了终止条件？从树中就可以看出，一般来说搜索到叶子节点了，也就找到了满足条件的一个答案，把这个答案存放起来，并结束本层递归。

所以回溯函数的终止条件的伪代码如下：

```
if (终止条件) {
    存放结果;
    return;
}
```

（3）确定回溯搜索的遍历过程。

在 9.1.4 节中我们提到了回溯法一般是在集合中递归搜索，集合的大小构成了树的宽度，递归的深度构成了树的深度，如图 9-1 所示。

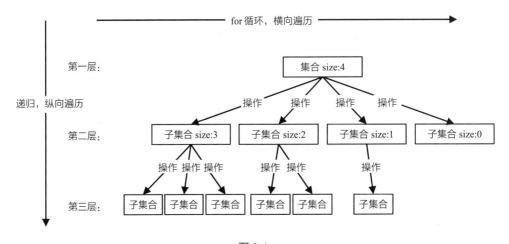

图 9-1

注意图 9-1 中集合的大小和节点孩子的数量是相等的。

回溯函数遍历过程的伪代码如下：

```
for (选择: 本层集合中的元素 (树中节点孩子的数量就是集合的大小)) {
    处理节点;
    backtracking(路径, 选择列表); // 递归
    回溯, 撤销处理结果
}
```

for 循环的作用就是遍历集合区间，可以理解为一个节点有多少个孩子，这个 for 循环就执行多少次。backtracking 函数则是自己调用自己，实现递归。

for 循环可以理解为横向遍历，递归过程则是纵向遍历，这样就把这棵树全遍历了。一般来说，搜索到叶子节点就是找到其中一个结果了。

回溯算法的模板如下：

```
void backtracking(参数) {
    if (终止条件) {
        存放结果;
        return;
    }

    for (选择: 本层集合中的元素（树中节点孩子的数量就是集合的大小）) {
        处理节点;
        backtracking(路径，选择列表); // 递归
        回溯，撤销处理结果
    }
}
```

这份模板很重要，后面求解回溯法相关题目都靠它了。

9.2 组合问题

力扣题号：77.组合。

【题目描述】

给出数值为 1 到 n 的 n 个数，返回 k 个数的组合。

【示例一】

输入：n=4，k=2。

输出：[[2,4], [3,4], [2,3], [1,2], [1,3], [1,4]]。

【思路】

本题是回溯法的经典题目。直接的解法是使用 for 循环，示例中 k 为 2，很容易想到使用两个 for 循环，这样就可以输出和示例中一样的结果。

代码如下：

```
int n = 4;
for (int i = 1; i <= n; i++) {
    for (int j = i + 1; j <= n; j++) {
        cout << i << " " << j << endl;
    }
}
```

如果输入为 n=100、k=3，那么就使用三层 for 循环，代码如下：

```
int n = 100;
for (int i = 1; i <= n; i++) {
    for (int j = i + 1; j <= n; j++) {
        for (int u = j + 1; u <= n; u++) {
            cout << i << " " << j << " " << u << endl;
        }
    }
}
```

如果 n 为 100、k 为 50 呢？使用 for 循环是很难写出相应代码的。

此时，回溯法登场。虽然回溯法也属于暴力搜索，但至少能写出代码，不像 for 循环嵌套 k 层让人绝望。

9.2.1 回溯算法

如果 n 为 100、k 为 50，那么暴力写法需要嵌套 50 层 for 循环，而回溯法使用递归来解决嵌套层数过多的问题。

通过递归来实现层叠嵌套（可以理解为嵌套 k 层 for 循环），每一次递归过程中嵌套一个 for 循环，这样递归就可以解决多层嵌套循环的问题了。

例如，在 n 为 100、k 为 50 的情况下，就是递归 50 层。

在大脑中模拟回溯搜索的过程是很困难的，所以需要通过抽象后的图形结构来进一步理解回溯。

我们在 9.1 节中说到回溯法解决的问题都可以抽象为树形结构（N 叉树），用树形结构来理解回溯就容易多了。这里把组合问题抽象为如下树形结构，如图 9-2 所示。

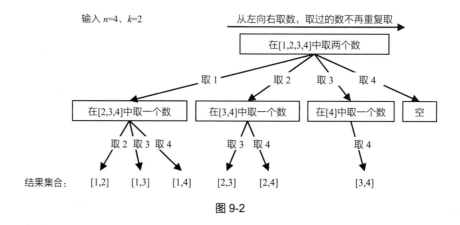

图 9-2

这棵树的初始集合是 [1,2,3,4]，从左向右取数，取过的数不再重复取。第一次取 1，集合变为 [2,3,4]，因为 k 为 2，所以只需要再取一个数就可以了，分别取 2、3、4，得到集合[1,2]、[1,3]、[1,4]，以此类推。

每次从集合中选取元素，可选择的范围逐渐收缩。

从图 9-2 中可以发现，n 相当于树的宽度，k 相当于树的深度（题目描述中的 n 和 k）。

如何在这棵树上遍历并收集我们要的结果集呢？

图 9-2 中每次搜索到叶子节点，我们就找到了一个结果。只需要把结果收集起来，就可以求得 n 个数中 k 个数的组合。

回溯法"三部曲"如下：

（1）确定递归函数的返回值和参数。

这里要定义两个全局变量，一个用来存放符合条件的单一结果，另一个用来存放符合条件的结果的集合。

代码如下：

```
vector<vector<int>> result; // 存放符合条件的结果的集合
vector<int> path; // 存放符合条件的单一结果
```

其实不定义这两个全局变量也是可以的，可以把这两个变量放进递归函数的参数中，但函数中的参数太多会影响代码可读性，所以这里定义了全局变量。

既然是从集合 n 中取 k 个数，那么 n 和 k 就是两个 int 类型的参数。还需要一个参数，即 int 类型的变量 startIndex，这个参数用来记录本层递归的过程中，集合从哪里开始遍历（集合就是[1,…,n]）。

为什么要有这个 startIndex 呢？

每次从集合中选取元素，可选择的范围逐渐收缩，而调整可选择的范围就需要使用 startIndex。

从图 9-3 中的加粗部分可以看出，在集合[1,2,3,4]中取出 1 之后，下一层递归时就要在[2,3,4]中取数了。如何知道从[2,3,4]中取数呢？依据的就是 startIndex。

整体代码如下：

```
vector<vector<int>> result; // 存放符合条件的结果的集合
vector<int> path; // 用来存放符合条件的单一结果
void backtracking(int n, int k, int startIndex)
```

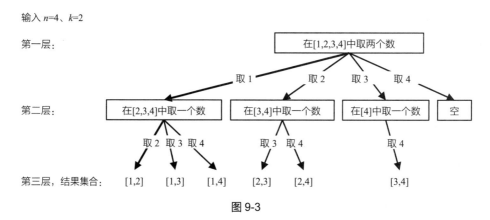

图 9-3

（2）确定回溯函数的终止条件。

什么时候到达所谓的叶子节点呢?

如果 path 数组的大小达到 k，则说明我们找到了一个子集大小为 k 的组合了，在图 9-4 中 path 数组存放的就是根节点到叶子节点的路径（加粗部分）。

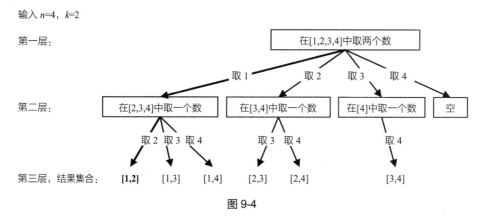

图 9-4

此时使用 result 二维数组保存 path 数组，并终止本层递归。

终止条件的代码如下:

```cpp
if (path.size() == k) {
    result.push_back(path);
    return;
}
```

（3）确定单层搜索的过程。

回溯法的搜索过程就是一个树型结构的遍历过程，在图 9-5 中，可以看出 for 循环用来横向遍历，递归的过程是纵向遍历。

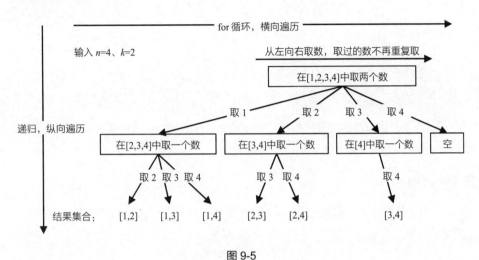

图 9-5

for 循环每次从 startIndex 开始遍历，然后用 path 数组保存获取的节点 i。代码如下：

```
for (int i = startIndex; i <= n; i++) { // 控制树的横向遍历
    path.push_back(i); // 处理节点
    backtracking(n, k, i + 1); // 递归：控制树的纵向遍历，下一层搜索要从 i+1 开始
    path.pop_back(); // 回溯，撤销处理的节点
}
```

可以看出 backtracking（递归函数）通过不断调用自己一直往深处遍历，总会遇到叶子节点，遇到叶子节点就返回。backtracking 后续的操作就是回溯，即撤销本次处理的结果。完整代码如下：

```
class Solution {
private:
    vector<vector<int>> result; // 存放符合条件的结果的集合
    vector<int> path; // 用来存放符合条件的结果
    void backtracking(int n, int k, int startIndex) {
        if (path.size() == k) {
            result.push_back(path);
            return;
        }
        for (int i = startIndex; i <= n; i++) {
            path.push_back(i); // 处理节点
            backtracking(n, k, i + 1); // 递归
```

```
                    path.pop_back(); // 回溯，撤销处理的节点
            }
        }
public:
    vector<vector<int>> combine(int n, int k) {
        result.clear();
        path.clear();
        backtracking(n, k, 1);
        return result;
    }
};
```

对照一下 9.1.5 节讲解的回溯算法模板，可以发现本题的代码和模板非常像。有了这个模板，在写回溯算法的时候就不至于毫无头绪了。

9.2.2 剪枝优化

回溯法虽然是暴力搜索，但有时候也可以通过剪枝来优化。在遍历的过程中有如下代码：

```
for (int i = startIndex; i <= n; i++) {
    path.push_back(i);
    backtracking(n, k, i + 1);
    path.pop_back();
}
```

这个遍历的范围是可以剪枝优化的，怎么优化呢？

举个例子，如果 *n*=4、*k*=4，那么在第一层 for 循环中，从元素 2 开始的遍历都没有意义。在第二层 for 循环中，从元素 3 开始的遍历都没有意义。画叉的部分为优化掉的分枝，如图 9-6 所示。

图 9-6 中的每个节点（图 9-6 中为矩形）代表本层的一个 for 循环，每一层的 for 循环从第二个数开始遍历的都是无效遍历。

所以，可以剪枝的地方就在递归过程中每一层的 for 循环所选择的起始位置。如果 for 循环选择的起始位置之后的元素个数已经少于我们需要的元素个数，那么就没有必要搜索了。

注意，变量 *i* 就是 for 循环中选择的起始位置：

```
for (int i = startIndex; i <= n; i++) {
```

优化过程如下：

（1）已经选择的元素个数：path.size()。

（2）还需要的元素个数：*k*-path.size()。

（3）在集合 n 中至多要从该起始位置（n-(k-path.size())+1）开始遍历。

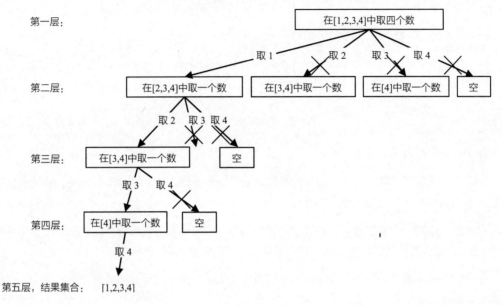

图 9-6

为什么要+1 呢？因为要包括起始位置，这是一个左闭的集合。举个例子，如果 n=4、k=3，目前已经选取的元素为 0（path.size()为 0），那么 n-(k-0)+1 即 4-(3-0)+1=2。所以从 2 开始搜索是合理的，可以是组合[2, 3, 4]。

综上，优化之后的 for 循环的代码如下：

```
// i 为本次搜索的起始位置
for (int i = startIndex; i <= n - (k - path.size()) + 1; i++)
```

优化后的整体代码如下：

```
class Solution {
private:
    vector<vector<int>> result;
    vector<int> path;
    void backtracking(int n, int k, int startIndex) {
        if (path.size() == k) {
            result.push_back(path);
            return;
        }
        // 优化的地方
        for (int i = startIndex; i <= n - (k - path.size()) + 1; i++) {
            path.push_back(i); // 处理节点
```

```
            backtracking(n, k, i + 1);
            path.pop_back(); // 回溯，撤销处理的节点
        }
    }
public:
    vector<vector<int>> combine(int n, int k) {
        backtracking(n, k, 1);
        return result;
    }
};
```

小结：

组合问题是回溯法解决的经典问题，本节列举了一个 n 为 100、k 为 50 的例子，从而引出了回溯法来解决这种 k 层 for 循环嵌套的问题。

然后进一步把回溯法的搜索过程抽象为树形结构，可以直观地看出搜索的过程，接着用回溯法"三部曲"，逐步分析了函数的参数、终止条件和单层搜索的过程。

最后我们对求组合问题的回溯法代码做了剪枝优化，把整个回溯过程抽象为树形结构，这样就可以直观地看出剪枝究竟"剪"的是哪里。

9.3 组合总和（一）

力扣题号：216.组合总和 III。

在[1,2,3,4,5,6,7,8,9]这个集合中找到和为 n 的 k 个数的组合，并且每种组合中不存在重复的数字。

【示例一】

输入：$k=3$，$n=7$。

输出：[1,2,4]。

【示例二】

输入：$k=3$，$n=9$。

输出：[[1,2,6], [1,3,5], [2,3,4]]。

说明：

● 所有数字都是正整数。

● 解集中不能包含重复的组合。

9.3.1 回溯算法

本题相对于 9.2 节中的题目无非就是多了一个限制，本题是要找到和为 n 的 k 个数的组合，而整个集合已经是固定的。

本题中的 k 相当于树的深度，9（因为整个集合就是 9 个数）就是树的宽度。

例如，在集合[1,2,3,4,5,6,7,8,9]中求 k（个数）=2、n（和）=4 的组合，选取过程如图 9-7 所示。

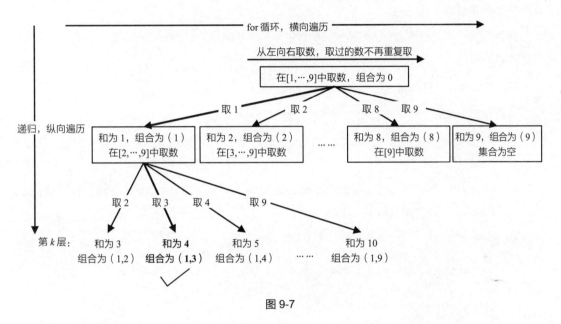

图 9-7

回溯"三部曲"如下：

（1）确定递归函数的返回值和参数。

和 9.2 节一样，依然需要一维数组 path 存放符合条件的结果、二维数组 result 存放结果集，这里定义 path 和 result 为全局变量。

为什么取名为 path？从上面的树形结构中可以看出，结果其实就是一条根节点到叶子节点的路径。

接下来还需要如下参数：

- targetSum（int）为目标和，也就是题目中的 n。
- k（int）为题目中要求的 k 个数的集合。
- sum（int）为已经收集的元素的总和，也就是 path 中元素的总和。
- startIndex（int）为下一层 for 循环搜索的起始位置。

代码如下：

```
vector<vector<int>> result;
vector<int> path;
void backtracking(int targetSum, int k, int sum, int startIndex)
```

其实 sum 这个参数也可以省略，每次运算的时候 targetSum 减去选取的元素的数值，然后判断 targetSum 是否为 0，如果为 0 则说明收集到符合条件的结果了。这里为了直观且便于理解，还是加了一个 sum 参数。

还要强调一下，回溯法中递归函数的参数很难一次性确定下来，一般先写逻辑，需要什么参数就填什么参数。

（2）确定终止条件。

什么时候终止遍历呢？

k 其实已经限制了树形结构的深度，因为就取 k 个元素，所以如果 path.size() 与 k 相等，就终止遍历。

如果此时 path 中收集到的元素总和（变量 sum）与 targetSum（题目中描述的 n）相同，就用 result 收集当前的结果。终止代码如下：

```
if (path.size() == k) {
    if (sum == targetSum) result.push_back(path);
    return; // 如果 path.size()==k 但 sum!=targetSum，则直接返回
}
```

（3）确定单层搜索过程。

本题和组合问题的区别之一就是集合固定为 9 个数[1,…,9]，所以 for 循环的终止条件就是 $i \leqslant 9$，如图 9-8 所示。

处理过程就是 path 收集每次选取的元素，相当于树型结构中的边，sum 用于统计 path 中元素的总和。

代码如下：

```
for (int i = startIndex; i <= 9; i++) {
    sum += i;
    path.push_back(i);
    // 注意参数为 i+1，调整下一层递归的 startIndex
    backtracking(targetSum, k, sum, i + 1);
    sum -= i; // 回溯
    path.pop_back(); // 回溯
}
```

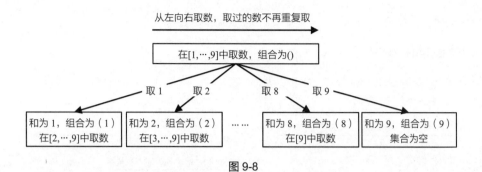

图 9-8

别忘了处理过程和回溯过程是一一对应的，处理过程中有加法操作，回溯过程中就要有对应的减法操作。参照 9.1.5 节给出模板，不难写出如下 C++代码：

```cpp
class Solution {
private:
    vector<vector<int>> result; // 存放结果集
    vector<int> path; // 符合条件的结果
    // targetSum: 目标和，也就是题目中的 n
    // k: 题目中要求 k 个数的集合
    // sum: 已经收集的元素的总和，也就是 path 中元素的总和
    // startIndex: 下一层 for 循环搜索的起始位置
    void backtracking(int targetSum, int k, int sum, int startIndex) {
        if (path.size() == k) {
            if (sum == targetSum) result.push_back(path);
            return; // 如果 path.size()==k 但 sum!=targetSum, 则直接返回
        }
        for (int i = startIndex; i <= 9; i++) {
            sum += i; // 处理
            path.push_back(i); // 处理
            // 注意参数为 i+1, 调整下一层递归的 startIndex
            backtracking(targetSum, k, sum, i + 1);
            sum -= i; // 回溯
            path.pop_back(); // 回溯
        }
    }

public:
    vector<vector<int>> combinationSum3(int k, int n) {
        result.clear(); // 可以不加这行代码
        path.clear();    // 可以不加这行代码
        backtracking(n, k, 0, 1);
        return result;
```

```
        }
    };
```

9.3.2 剪枝优化

举个例子，在集合[1,2,3,4,5,6,7,8,9]中求 k（个数）= 2、n（和）= 4 的组合，其剪枝过程如图 9-9 所示。

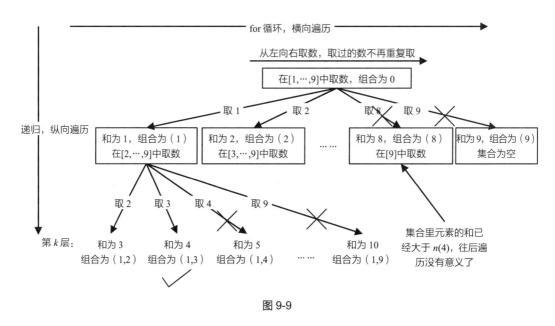

图 9-9

如果已选元素总和大于 n（图 9-9 中数值为 4），那么再向后遍历就没有意义了，可以做剪枝，直接终止遍历。剪枝的地方一定是在递归终止的地方，剪枝操作的代码如下：

```
if (sum > targetSum) { // 剪枝操作
    return;
}
```

和 9.2.2 节一样，for 循环的范围也可以剪枝：i<=9-(k-path.size())+1。C++代码如下：

```
class Solution {
private:
    vector<vector<int>> result; // 存放结果集
    vector<int> path; // 符合条件的结果
    void backtracking(int targetSum, int k, int sum, int startIndex) {
        if (sum > targetSum) { // 剪枝操作
            return;
        }
        if (path.size() == k) {
```

```
            if (sum == targetSum) result.push_back(path);
            return; // 如果path.size()==k但sum!=targetSum, 则直接返回
        }
        // 剪枝
        for (int i = startIndex; i <= 9 - (k - path.size()) + 1; i++) {
            sum += i; // 处理
            path.push_back(i); // 处理
            backtracking(targetSum, k, sum, i + 1); // 注意i+1,调整startIndex
            sum -= i; // 回溯
            path.pop_back(); // 回溯
        }
    }

public:
    vector<vector<int>> combinationSum3(int k, int n) {
        result.clear(); // 可以不加这行代码
        path.clear();   // 可以不加这行代码
        backtracking(n, k, 0, 1);
        return result;
    }
};
```

9.4 电话号码的字母组合

力扣题号: 17.电话号码的字母组合。

给出一个仅包含数字 2~9 的字符串, 返回所有它能表示的字母组合。

数字到字母的映射如图 9-10 所示 (与电话按键相同)。注意 1 不对应任何字母。

图 9-10

【示例一】

输入: "23"。

输出：["ad", "ae", "af", "bd", "be", "bf", "cd", "ce", "cf"]。

【思路】

从示例上来说，最直接的想法就是使用两层 for 循环，正好把各种组合的情况都输出了。

如果输入为"233"，就使用三层 for 循环。如果输入为"2333"，就使用四层 for 循环……

感觉和 9.2 节中遇到的是一样的问题，也就是如何写出 for 循环的层数，此时又是回溯法登场的时候。

理解本题后，要解决如下三个问题：

- 数字和字母如何映射？
- 两个字母就使用两层 for 循环，三个字母就使用三层 for 循环，以此类推，会发现这样的代码根本写不出来。
- 输入 1、*、#按键等异常情况。

（1）数字和字母如何映射？

可以使用 map 或者定义一个二维数组来实现映射，如 string letterMap[10]。这里定义一个二维数组，代码如下：

```cpp
const string letterMap[10] = {
    "", // 0
    "", // 1
    "abc", // 2
    "def", // 3
    "ghi", // 4
    "jkl", // 5
    "mno", // 6
    "pqrs",// 7
    "tuv", // 8
    "wxyz",// 9
};
```

（2）如何使用回溯法解决 n 个 for 循环的问题。

例如，输入为"23"，回溯法的遍历过程抽象为树形结构，如图 9-11 所示。

从图 9-11 中可以看出遍历的深度，也就是输入"23"的长度，而叶子节点就是我们要收集的结果，输出为["ad", "ae", "af", "bd", "be", "bf", "cd", "ce", "cf"]。

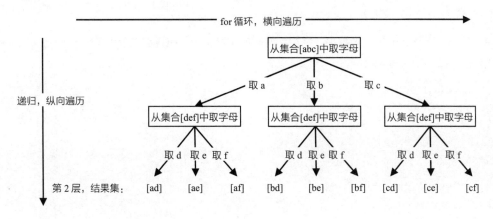

图 9-11

回溯"三部曲"分析如下：

（1）确定递归函数的参数。

首先需要一个字符串 s 来收集叶子节点的结果，然后保存在一个字符串数组 result 中，这两个变量依然定义为全局变量。

再来看参数，一个是需要处理的字符串，另一个就是 int 类型的 index。

注意这个 index 可不是 9.2 节和 9.3 节中的 startIndex 了。这个 index 用于记录遍历第几个数字，即用来遍历题目输入的字符串，同时 index 也表示树的深度。

代码如下：

```
vector<string> result;
string s;
void backtracking(const string& digits, int index)
```

（2）确定终止条件。

例如，输入为"23"，根节点向下递归两层就可以了，叶子节点就是要收集的结果集。

终止条件就是如果 index 等于输入的数字个数即 digits.size()，那么收集结果，结束本层递归。代码如下：

```
if (index == digits.size()) {
    result.push_back(s);
    return;
}
```

257

（3）确定单层遍历逻辑。

首先获取下标 index 指向的数字，并找到对应的字符集（手机键盘的字符集）。然后使用 for 循环处理这个字符集，代码如下：

```
int digit = digits[index] - '0';        // 将 index 指向的数字转为 int 类型
string letters = letterMap[digit];       // 获取数字对应的字符集
for (int i = 0; i < letters.size(); i++) {
    s.push_back(letters[i]);             // 处理
    backtracking(digits, index + 1);     // 递归，注意 index+1，下层要处理下一
                                         // 个数字了
    s.pop_back();                        // 回溯
}
```

注意这里的 for 循环不像在 9.2 节和 9.3 节中是从 startIndex 开始遍历的，因为本题中的每个数字代表的是不同的集合，也就是求不同集合之间的组合，而 9.2 节和 9.3 节都是求同一个集合中的组合。

还要注意：输入为 1、*、#按键等异常情况，这里就不展开讨论了。

整体代码如下：

```
// 版本一
class Solution {
private:
    const string letterMap[10] = {
        "", // 0
        "", // 1
        "abc", // 2
        "def", // 3
        "ghi", // 4
        "jkl", // 5
        "mno", // 6
        "pqrs",// 7
        "tuv", // 8
        "wxyz",// 9
    };
public:
    vector<string> result;
    string s;
    void backtracking(const string& digits, int index) {
        if (index == digits.size()) {
            result.push_back(s);
            return;
        }
        int digit = digits[index] - '0';    // 将 index 指向的数字转为 int 类型
```

```
            string letters = letterMap[digit];          // 获取数字对应的字符集
            for (int i = 0; i < letters.size(); i++) {
                s.push_back(letters[i]);                 // 处理
                backtracking(digits, index + 1);         // 递归, 注意 index+1, 下
                                                         // 层要处理下一个数字了
                s.pop_back();                            // 回溯
            }
        }
    vector<string> letterCombinations(string digits) {
        s.clear();
        result.clear();
        if (digits.size() == 0) {
            return result;
        }
        backtracking(digits, 0);
        return result;
    }
};
```

还有另一种写法, 就是把回溯的过程放在递归函数中, 代码如下(注意注释中不一样的地方):

```
// 版本二
class Solution {
private:
        const string letterMap[10] = {
            "", // 0
            "", // 1
            "abc", // 2
            "def", // 3
            "ghi", // 4
            "jkl", // 5
            "mno", // 6
            "pqrs",// 7
            "tuv", // 8
            "wxyz",// 9
        };
public:
    vector<string> result;
    void getCombinations(const string& digits, int index, const string& s)
{ // 注意参数的不同
        if (index == digits.size()) {
            result.push_back(s);
            return;
        }
```

```
            int digit = digits[index] - '0';
            string letters = letterMap[digit];
            for (int i = 0; i < letters.size(); i++) {
                // 注意这里的不同
                getCombinations(digits, index + 1, s + letters[i]);
            }
        }
    vector<string> letterCombinations(string digits) {
        result.clear();
        if (digits.size() == 0) {
            return result;
        }
        getCombinations(digits, 0, "");
        return result;

    }
};
```

不建议使用把回溯藏在递归的参数中这种写法，很不直观，8.11 节详细分析了回溯隐藏在了哪里。建议读者按照版本一编写相应的代码。

9.5 组合总和（二）

力扣题号：39. 组合总和。

给定一个无重复元素的数组 candidates 和一个目标数 target，找出 candidates 中所有可以使数字和为 target 的组合。

candidates 中的数字可以无限制地被重复选取。

说明：

- 所有数字（包括 target）都是正整数。
- 解集中不能包含重复的组合。

【示例一】

输入：candidates=[2,3,6,7]，target=7。

所求解集：[[7], [2,2,3]]。

【示例二】

输入：candidates=[2,3,5]，target=8。

所求解集：[[2,2,2,2],[2,3,3],[3,5]]。

【思路】

因为数字可以无限制地被重复选取，所以要想一想如果 candidates 数组中出现 0 该怎么办呢？然后看到下面提示：所有数字（包括 target）都是正整数，所以 candidates 数组中不会出现 0。

本题和 9.2 节、9.3 节的区别是没有数量要求，数字可以无限重复，但有总和的限制，所以也是有个数限制的。

将输入 candidates=[2,5,3]、target=4 的搜索过程抽象成树形结构，如图 9-12 所示。

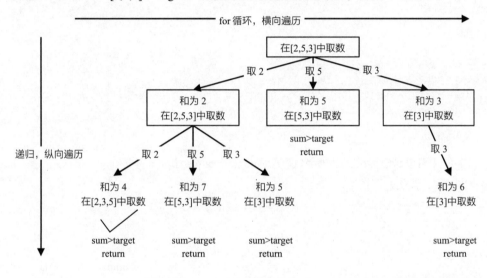

图 9-12

注意图 9-12 中叶子节点的返回条件，因为本题没有组合数量的要求，仅仅是总和的限制，所以递归没有层数的限制，只要选取的元素总和超过 target 就返回。

而在 9.2 节和 9.3 节中都要取 k 个元素的组合，所以搜索的过程明确要递归 k 层。

9.5.1 回溯算法

回溯"三部曲"如下：

（1）确定递归函数的参数。

这里依然定义两个全局变量，二维数组 result 用于存放结果集，数组 path 用于存放符合条件的结果（这两个变量可以作为函数的参数）。

首先定义题目中给出的参数：集合 candidates 和目标值 target。

261

此外还定义了 int 类型的 sum 变量来统计单一结果 path 的总和,其实也可以不使用 sum,使用 target 做相应的减法就可以了,如果 target==0 就说明找到了符合的结果,但为了代码逻辑清晰,这里依然使用 sum。

本题还需要 startIndex 来控制 for 循环的起始位置。对于组合问题,什么时候需要 startIndex 呢?

如果是在一个集合中求元素组合,那么就需要 startIndex。如果是在多个集合中求元素组合,各个集合之间相互不影响,那么就不需要 startIndex。

注意以上只是说求组合的情况,如果是排列问题,则又是另一种分析的套路,后面在讲解排列的时候会重点介绍。

代码如下:

```
vector<vector<int>> result;
vector<int> path;
void backtracking(vector<int>& candidates, int target, int sum, int
startIndex)
```

(2)确定终止条件。

从图 9-12 中可以看出,终止只有两种情况,sum 大于 target 和 sum 等于 target。当 sum 等于 target 时需要收集结果,代码如下:

```
if (sum > target) {
    return;
}
if (sum == target) {
    result.push_back(path);
    return;
}
```

(3)确定单层搜索的逻辑。

单层 for 循环依然从 startIndex 开始搜索 candidates 集合。

注意本题和 9.2 节、9.3 节的一个区别:本题中的元素是可重复选取的。重复选取元素的逻辑代码如下:

```
for (int i = startIndex; i < candidates.size(); i++) {
    sum += candidates[i];
    path.push_back(candidates[i]);
    // 关键点:不需要 i+1,表示可以重复读取当前的数
    backtracking(candidates, target, sum, i);
    sum -= candidates[i];    // 回溯
    path.pop_back();          // 回溯
```

```
        }
```

按照 9.1.5 节给出的模板，不难写出如下完整代码：

```cpp
// 版本一
class Solution {
private:
    vector<vector<int>> result;
    vector<int> path;
    void backtracking(vector<int>& candidates, int target, int sum, int startIndex) {
        if (sum > target) {
            return;
        }
        if (sum == target) {
            result.push_back(path);
            return;
        }

        for (int i = startIndex; i < candidates.size(); i++) {
            sum += candidates[i];
            path.push_back(candidates[i]);
            // 不需要 i+1，表示可以重复读取当前的数
            backtracking(candidates, target, sum, i);
            sum -= candidates[i];
            path.pop_back();
        }
    }
public:
    vector<vector<int>> combinationSum(vector<int>& candidates, int target)
{
        result.clear();
        path.clear();
        backtracking(candidates, target, 0, 0);
        return result;
    }
};
```

9.5.2 剪枝优化

对于 sum 大于 target 的情况，代码逻辑依然进入了下一层递归，只是下一层递归结束前会做判断，如果 sum 大于 target 就返回。

如果知道下一层的 sum 会大于 target，那么就没有必要进入下一层递归了。这时可以在 for 循环

的搜索范围上做文章了。

对总集合排序之后，如果下一层的 sum（就是本层的 sum+candidates[*i*]）大于 target，则可以结束本轮 for 循环的遍历，如图 9-13 所示（注意，图 9-13 中已经对 candidates 数组进行了排序）。

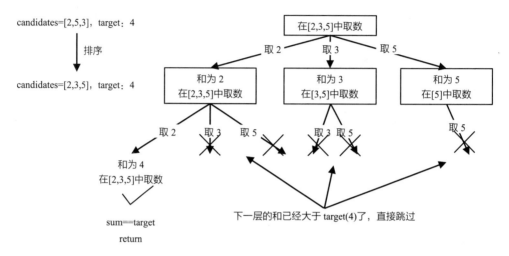

图 9-13

for 循环的剪枝代码如下：

```
for (int i = startIndex; i < candidates.size() && sum + candidates[i] <= target;
i++)
```

整体代码如下（注意注释中的解释）：

```
class Solution {
private:
    vector<vector<int>> result;
    vector<int> path;
    void backtracking(vector<int>& candidates, int target, int sum, int
startIndex) {
        if (sum == target) {
            result.push_back(path);
            return;
        }

        // 如果 sum+candidates[i]>target 就终止遍历
        for (int i = startIndex; i < candidates.size() && sum + candidates[i]
<= target; i++) {
            sum += candidates[i];
            path.push_back(candidates[i]);
```

```
            backtracking(candidates, target, sum, i);
            sum -= candidates[i];
            path.pop_back();

        }
    }
public:
    vector<vector<int>> combinationSum(vector<int>& candidates, int target)
{
        result.clear();
        path.clear();
        sort(candidates.begin(), candidates.end()); // 需要排序
        backtracking(candidates, target, 0, 0);
        return result;
    }
};
```

本题和 9.2 节、9.3 节中的题目有两点不同：

- 组合没有数量要求。
- 元素可无限地重复选取。

本节针对这两个问题都做了详细的分析，并且分析了对于组合问题，使用 startIndex 的不同场景。

最后介绍了本题的剪枝优化方法，在求和问题中，排序之后剪枝是常见的做法。

9.6 组合总和（三）

力扣题号：40.组合总和 II。

给定一个数组 candidates 和一个目标数 target，找出 candidates 中所有可以使数字和为 target 的组合。

candidates 中的数字在每个组合中只能使用一次。

说明：

- 所有数字（包括目标数）都是正整数。
- 解集中不能包含重复的组合。

【示例一】

输入：candidates=[10,1,2,7,6,1,5]，target=8。

所求解集：[[1,7],[1,2,5],[2,6],[1,1,6]]。

【示例二】

输入：candidates=[2,5,2,1,2]，target=5。

所求解集：[[1,2,2], [5]]。

【思路】

本题和 9.5 节中的题目有如下区别：

- 本题的 candidates 中的数字在每个组合中只能使用一次。
- 本题的 candidates 中有重复的元素，而 9.5 节中的是无重复元素的数组 candidates。

本题和 9.5 节的题目的要求一样，即解集中不能包含重复的组合。

本题的难点在于：集合（数组 candidates）中有重复元素，但不能有重复的组合。

一些读者可能会想：把所有组合求出来，再用 set 或者 map 去重。这么做效率很低，所以在搜索的过程中就要去掉重复组合。

所谓去重，其实就是使用过的元素不能重复选取。

"使用过"在树形结构上是有两个维度的，一个维度是同一树枝上使用过，另一个维度是同一树层上使用过。没有理解这两个层面上的"使用过"是造成读者没有彻底理解去重的根本原因。

那么问题来了，我们去重的是同一树层上使用过的元素，还是同一树枝上使用过的元素呢？

回看一下题目，元素在同一个组合内是可以重复的，但两个组合不能相同。所以我们要去重的是同一树层上"使用过"的元素，同一树枝上的元素都是一个组合里的，不用去重。

为了理解去重，我们举一个例子，candidates=[1,1,2]，target=3（为了方便，candidates 已经排序了）。强调一下，树层去重需要对数组排序。

选择过程的树形结构如图 9-14 所示。

图 9-14 中的每个节点相对于 9.5 节都增加了 used 数组，后续会重点介绍这个 used 数组。

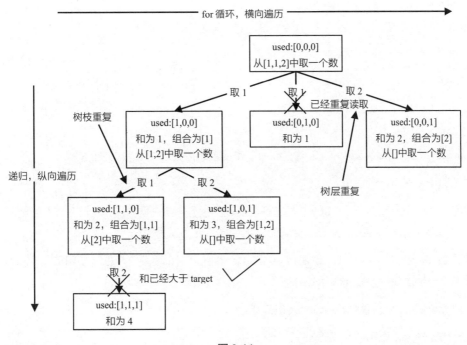

图 9-14

回溯"三部曲"如下：

（1）确定递归函数的参数。

本题需要增加一个 bool 类型的数组 used，用来记录同一树枝上的元素是否使用过。这个集合去重的重任就是由 used 完成的。

当然本题也可以使用 startIndex 去重，但使用 used 去重具有普适性，在本章后续讲解中也都用使用 used 数组，本节也会给出 startIndex 去重的解法。

代码如下：

```
vector<vector<int>> result; // 存放组合集合
vector<int> path;           // 符合条件的组合
void backtracking(vector<int>& candidates, int target, int sum, int
startIndex, vector<bool>& used) {
```

（2）确定终止条件。

与 9.5 节相同，终止条件为 sum>target 和 sum==target。

代码如下：

```
if (sum > target) { // 这个条件其实可以省略
    return;
}
if (sum == target) {
    result.push_back(path);
    return;
}
```

sum>target 这个条件其实可以省略，因为在单层搜索的逻辑中会有剪枝的操作。

（3）确定单层搜索的逻辑。

这里与 9.5 节最大的不同就是要去重了。前面我们提到：要去重的是"同一树层上的使用过的元素"，如何判断同一树层上的元素（相同的元素）是否使用过了呢？

如果 candidates[*i*]==candidates[*i*-1]且 used[*i*-1]==false，就说明前一个树枝使用了 candidates[*i*-1]，也就是说同一树层使用过 candidates[*i*-1]。

此时 for 循环中就应该执行 continue 的操作。

这里比较抽象，以图 9-14 为例进行说明：

- 图 9-14 中的树层重复：*i* 目前为 1，candidates[*i*]与 candidates[*i*-1]相同，而 used[*i*-1]为 0，说明同一树层上有两个重复的元素 candidates[1]和 candidates[0]，不可以重复选取。
- 图 9-14 中的树枝重复：*i* 目前为 1，candidates[*i*]与 candidates[*i*-1]相同，而 used[*i*-1]为 1，说明同一树枝上有两个重复的元素 candidates[1]和 candidates[0]，可以重复选取。

在 candidates[*i*]与 candidates[*i*-1]相同的情况下：

- 如果 used[*i*-1]==true，则说明同一树枝使用过 candidates[*i*-1]。
- 如果 used[*i*-1]==false，则说明同一树层使用过 candidates[*i*-1]。

整体代码如下：

```
class Solution {
private:
    vector<vector<int>> result;
    vector<int> path;
    void backtracking(vector<int>& candidates, int target, int sum, int
startIndex, vector<bool>& used) {
        if (sum == target) {
            result.push_back(path);
            return;
        }
```

```
            for (int i = startIndex; i < candidates.size() && sum + candidates[i]
<= target; i++) {
                // 如果 used[i-1]==true, 则说明同一树枝使用过 candidates[i-1]
                // 如果 used[i-1]==false, 则说明同一树层使用过 candidates[i-1]
                // 跳过同一树层使用过的元素
                if (i > 0 && candidates[i] == candidates[i - 1] && used[i - 1]
== false) {

                    continue;
                }
                sum += candidates[i];
                path.push_back(candidates[i]);
                used[i] = true;
                // 和 9.5 节的区别: 这里是 i+1, 所有数字在每个组合中只能使用一次
                backtracking(candidates, target, sum, i + 1, used);
                used[i] = false;
                sum -= candidates[i];
                path.pop_back();
            }
        }

    public:
        vector<vector<int>> combinationSum2(vector<int>& candidates, int
target) {
            vector<bool> used(candidates.size(), false);
            path.clear();
            result.clear();
            // 给 candidates 排序, 让其相同的元素都挨在一起
            sort(candidates.begin(), candidates.end());
            backtracking(candidates, target, 0, 0, used);
            return result;
        }
    };
```

注意 sum+candidates[i]<=target 为剪枝操作。

这里直接使用 startIndex 去重也是可以的, 代码如下:

```
class Solution {
private:
    vector<vector<int>> result;
    vector<int> path;
    void backtracking(vector<int>& candidates, int target, int sum, int
startIndex) {
        if (sum == target) {
            result.push_back(path);
```

```
            return;
        }
        for (int i = startIndex; i < candidates.size() && sum + candidates[i]
<= target; i++) {
            // 跳过同一树层使用过的元素
            if (i > startIndex && candidates[i] == candidates[i - 1]) {
                continue;
            }
            sum += candidates[i];
            path.push_back(candidates[i]);
            // 和 9.5 节的区别：这里是 i+1，所有数字在每个组合中只能使用一次
            backtracking(candidates, target, sum, i + 1);
            sum -= candidates[i];
            path.pop_back();
        }
    }

public:
    vector<vector<int>> combinationSum2(vector<int>& candidates, int
target) {
        path.clear();
        result.clear();
        // 给 candidates 排序，让其相同的元素都挨在一起
        sort(candidates.begin(), candidates.end());
        backtracking(candidates, target, 0, 0);
        return result;
    }
};
```

小结：

本题同样是求组合总和，但因为其数组 candidates 中有重复元素，所以相对于 9.5 节难度提升了不少。

本题的关键是去重的逻辑，只要理解"树层去重"和"树枝去重"这两个维度，就不会对回溯算法中的去重问题感到困惑了。

9.7 分割回文串

力扣题号：131.分割回文串。

给定一个字符串 s，将 s 分割成一些子串，使每个子串都是回文字符串。

返回 s 所有可能的分割方案。

【示例一】

输入："aab"。

输出：[["aa","b"],["a","a","b"]]。

【思路】

本题涉及两个关键问题：

- 切割问题，即 s 有不同的切割方式。
- 判断回文。

我们分析一下切割问题，其实切割问题类似于组合问题。

例如，对于字符串"abcdef"：

- 组合问题：选取一个 a 之后，在"bcdef"中再选取第二个字符，选取 b 之后在"cdef"中选取第三个字符……
- 切割问题：切割一个 a 之后，在"bcdef"中切割第二段字符，切割 b 之后在"cdef"中切割第三段字符……

是不是发现切割问题和组合问题很像呢？

所以切割问题也可以抽象为树形结构，如图 9-15 所示。

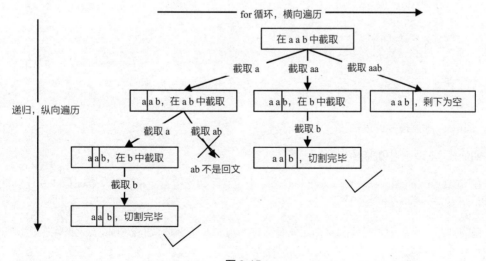

图 9-15

递归用来纵向遍历，for 循环用来横向遍历，当切割线切割到字符串的结尾位置时，说明找到了一种切割方案。

回溯"三部曲"如下：

（1）确定递归函数的参数。

全局变量数组 path 用于存放切割后回文的子串，二维数组 result 用于存放结果集（这两个参数也可以放到函数参数中）。

本题递归函数的参数还需要 startIndex，因为切割过的地方不能重复切割。

代码如下：

```
vector<vector<string>> result;
vector<string> path; // 存放已经回文的子串
void backtracking (const string& s, int startIndex) {
```

（2）确定递归函数的终止条件。

从图 9-15 中的树形结构可以看出：切割线切割到了字符串最后面，说明找到了一种切割方案，此时本层递归终止。

那么在代码中什么是切割线呢？

在处理组合问题的时候，递归参数需要传入 startIndex，表示下一轮递归遍历的起始位置，这个 startIndex 就是切割线。所以终止条件的代码如下：

```
void backtracking (const string& s, int startIndex) {
    // 如果起始位置大于 s，则说明找到了一组分割方案了
    if (startIndex >= s.size()) {
        result.push_back(path);
        return;
    }
}
```

（3）确定单层搜索的逻辑。

如何在递归循环中截取子串呢？

在 for (int i = startIndex; i < s.size(); i++)循环中定义了起始位置 startIndex，[startIndex, i] 就是要截取的子串。

首先判断这个子串是不是回文，如果是回文，则加入 vector<string> path，path 用来记录切割过的回文子串。代码如下：

```
for (int i = startIndex; i < s.size(); i++) {
```

```
    if (isPalindrome(s, startIndex, i)) { // 是回文子串
        // 获取[startIndex,i]在 s 中的子串
        string str = s.substr(startIndex, i - startIndex + 1);
        path.push_back(str);
    } else {                    // 如果不是则直接跳过
        continue;
    }
    backtracking(s, i + 1); // 寻找 i+1 为起始位置的子串
    path.pop_back();            // 回溯过程，弹出本次已经处理的子串
}
```

注意切割过的位置不能重复切割，所以 backtracking(s, i+1)传入下一层的起始位置为 i+1。

如何判断一个字符串是不是回文字符呢？可以使用双指针法，一个指针从前向后遍历，另一个指针从后先前遍历，如果前后指针所指向的元素是相等的，那么该字符串就是回文字符串。

判断回文字符的 C++代码如下：

```
bool isPalindrome(const string& s, int start, int end) {
    for (int i = start, j = end; i < j; i++, j--) {
        if (s[i] != s[j]) {
            return false;
        }
    }
    return true;
```

根据 9.1.5 节给出的回溯算法模板，不难写出本题代码：

```
class Solution {
private:
    vector<vector<string>> result;
    vector<string> path; // 存放已经回文的子串
    void backtracking (const string& s, int startIndex) {
        // 如果起始位置大于 s，则说明已经找到了一组分割方案了
        if (startIndex >= s.size()) {
            result.push_back(path);
            return;
        }
        for (int i = startIndex; i < s.size(); i++) {
            if (isPalindrome(s, startIndex, i)) {    // 是回文子串
                // 获取[startIndex,i]在 s 中的子串
                string str = s.substr(startIndex, i - startIndex + 1);
                path.push_back(str);
            } else {                                 // 不是回文子串，跳过
                continue;
            }
```

273

```
            backtracking(s, i + 1); // 寻找 i+1 为起始位置的子串
            path.pop_back(); // 回溯过程，弹出本次已经处理的子串
        }
    }
    bool isPalindrome(const string& s, int start, int end) {
        for (int i = start, j = end; i < j; i++, j--) {
            if (s[i] != s[j]) {
                return false;
            }
        }
        return true;
    }
public:
    vector<vector<string>> partition(string s) {
        result.clear();
        path.clear();
        backtracking(s, 0);
        return result;
    }
};
```

本题有如下几个难点：

- 如何将切割问题抽象为组合问题？
- 如何模拟那些切割线？
- 切割问题中递归如何终止？
- 在递归循环中如何截取子串？
- 如何判断回文？

相信很多读者主要卡在了第一个难点上：不知道如何切割，甚至知道要用回溯法，但不知道如何用，也就是不知道按照求组合问题的套路就可以解决切割问题。

如果意识到这一点，就算是重大突破。接下来就可以根据模板"照葫芦画瓢"。

关于模拟切割线，其实 for 循环中遍历的元素 i 就是新分割线的下标。除了这些难点，本题还有一些细节，例如，切割过的地方不能重复切割，所以递归函数需要传入 i+1。

9.8 复原 IP 地址

力扣题号：93.复原 IP 地址。

给定一个只包含数字的字符串，复原它并返回所有可能的 IP 地址格式。

有效的 IP 地址由四个整数组成（每个整数位于 0 到 255 之间，且不能含有前导 0），整数之间用 "." 分隔。

例如，0.1.2.201 和 192.168.1.1 是有效的 IP 地址，但是 0.011.255.245、192.168.1.312 和 192.168@1.1 是无效的 IP 地址。

【示例一】

输入：s="25525511135"。

输出：["255.255.11.135","255.255.111.35"]。

【示例二】

输入：s="0000"。

输出：["0.0.0.0"]。

【思路】

只要意识到这是切割问题，就可以使用回溯搜索法，和 9.7 节就十分类似了。

将切割问题抽象为树型结构，如图 9-16 所示。

回溯 "三部曲" 如下：

（1）确定递归函数的参数。

在 9.7 节中提到切割问题类似于组合问题，因为不能重复分割，所以一定需要 startIndex，用于记录下一层递归分割的起始位置。

本题还需要一个变量 pointNum，用于记录添加 "." 的数量。

代码如下：

```
vector<string> result;// 记录结果
// startIndex：搜索的起始位置；pointNum：添加 "." 的数量
void backtracking(string& s, int startIndex, int pointNum) {
```

（2）确定递归的终止条件。

终止条件和 9.7 节的情况不同，本题明确要求字符串只会分成 4 段，所以不能用切割线切割到最后作为终止条件，而是要将分割的段数作为终止条件。

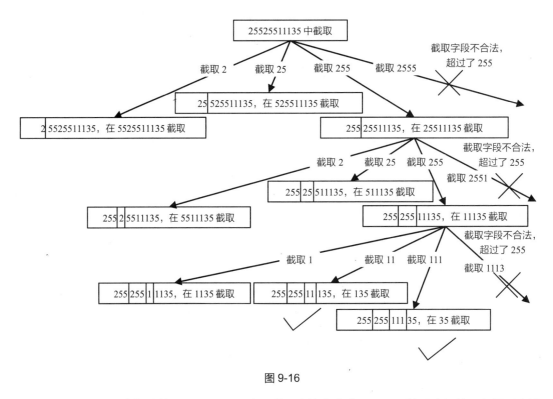

图 9-16

pointNum 表示"."的数量，pointNum 为 3 说明字符串分成了 4 段。然后验证第 4 段是否合法，如果合法就加入结果集，代码如下：

```
if (pointNum == 3) { // "."的数量为 3 时，分隔结束
    // 判断第 4 段子字符串是否合法，如果合法就放进 result 中
    if (isValid(s, startIndex, s.size() - 1)) {
        result.push_back(s);
    }
    return;
}
```

（3）确定单层搜索的逻辑。

9.7 节已经讲过在循环遍历中如何截取子字符串。

在 for (int i=startIndex; i<s.size(); i++)循环中，[startIndex, i]这个区间就是截取的子字符串，需要判断这个子字符串是否合法。

如果合法，就在字符串后面加上符号"."表示已经分隔。如果不合法，就结束本层循环，如图 9-16 中剪掉的分支所示。

递归和回溯的过程如下：

调用递归函数时，下一层递归的 startIndex 要从 i+2 开始（因为需要在字符串中加入分隔符"."），同时记录分隔符的数量 pointNum 要+1。

回溯的时候，删除刚刚加入的分隔符"."，pointNum 也要-1。代码如下：

```
for (int i = startIndex; i < s.size(); i++) {
    // 判断[startIndex,i]这个区间的子字符串是否合法
    if (isValid(s, startIndex, i)) {
        s.insert(s.begin() + i + 1 , '.');  // 在 i 的后面插入一个"."
        pointNum++;
        // 插入"."之后下一个子字符串的起始位置为 i+2
        backtracking(s, i + 2, pointNum);
        pointNum--;                          // 回溯
        s.erase(s.begin() + i + 1);          // 回溯，删除"."
    } else break; // 不合法，直接结束本层循环
}
```

最后就是判断段位是否为有效段位，主要考虑如下三点：

- 段位以 0 开头的数字不合法。
- 段位里有非正整数字符不合法。
- 如果段位大于 255 则不合法。

回溯算法的代码如下：

```
class Solution {
private:
    vector<string> result;// 记录结果
    // startIndex: 搜索的起始位置; pointNum: 添加逗点的数量
    void backtracking(string& s, int startIndex, int pointNum) {
        if (pointNum == 3) { // "." 的数量为 3 时，分隔结束
            // 判断第 4 段子字符串是否合法，如果合法就放进 result 中
            if (isValid(s, startIndex, s.size() - 1)) {
                result.push_back(s);
            }
            return;
        }
        for (int i = startIndex; i < s.size(); i++) {
            // 判断[startIndex,i]这个区间的子字符串是否合法
            if (isValid(s, startIndex, i)) {
                s.insert(s.begin() + i + 1 , '.'); // 在 i 的后面插入一个逗点
                pointNum++;
                // 插入逗点之后下一个子字符串的起始位置为 i+2
```

```
                        backtracking(s, i + 2, pointNum);
                        pointNum--;                    // 回溯，"."的数量对应减一
                        s.erase(s.begin() + i + 1);    // 回溯，删除"."        }
            else break; // 不合法，直接结束本层循环
            }
        }
        // 判断字符串 s 在左闭右闭区间[start,end]所组成的数字是否合法
        bool isValid(const string& s, int start, int end) {
            if (start > end) {
                return false;
            }
            if (s[start] == '0' && start != end) { // 0 开头的数字不合法
                return false;
            }
            int num = 0;
            for (int i = start; i <= end; i++) {
                if (s[i] > '9' || s[i] < '0') { // 遇到非数字字符不合法
                    return false;
                }
                num = num * 10 + (s[i] - '0');
                if (num > 255) { // 如果大于 255 则不合法
                    return false;
                }
            }
            return true;
        }
public:
        vector<string> restoreIpAddresses(string s) {
            result.clear();
            if (s.size() > 12) return result; // 剪枝操作
            backtracking(s, 0, 0);
            return result;
        }
};
```

小结：

9.7 节中列举的分割字符串的难点本题其实都覆盖了，而且本题还需要操作字符串并添加"."作为分隔符，并验证区间的合法性。本题可以说是 9.7 节的"加强版"。

9.9 子集问题（一）

力扣题号：78.子集。

给定一组不含重复元素的整数数组 nums，返回该数组所有可能包含的子集。

说明：解集中不能包含重复的子集。

【示例一】

输入：nums=[1,2,3]。

输出：[[3],[1],[2],[1,2,3],[1,3],[2,3],[1,2],[]]。

【思路】

如果把子集问题、组合问题、分割问题都抽象为一棵树，那么组合问题和分割问题都是收集树的叶子节点，而子集问题是收集树的所有节点。

其实子集也是一种组合问题，因为它的集合是无序的，子集{1,2} 和子集{2,1}是一样的。

既然集合是无序的，取过的元素不会重复取，那么写回溯算法的时候，for 循环就要从 startIndex 开始，而不是从 0 开始。

什么时候 for 循环可以从 0 开始呢？

求排列问题的时候，for 循环就要从 0 开始，因为排列问题中的集合是有序的，{1, 2} 和{2, 1}是两个集合。

以示例中的 nums=[1,2,3]为例，把求子集的过程抽象为树形结构，如图 9-17 所示。

可以看出遍历这棵树的时候，记录的所有节点就是要求的子集集合。

回溯"三部曲"如下：

（1）确定递归函数的参数。

全局变量数组 path 为子集收集元素，二维数组 result 用于存放子集组合。递归函数的参数需要 startIndex。

代码如下：

```
vector<vector<int>> result;
vector<int> path;
void backtracking(vector<int>& nums, int startIndex) {
```

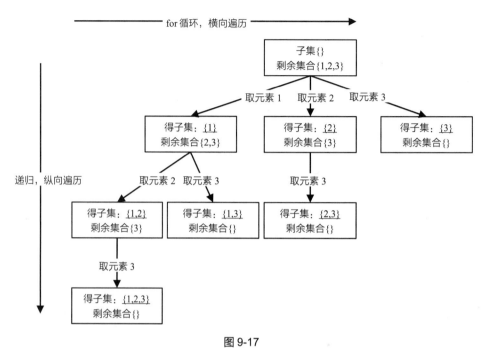

图 9-17

（2）确定递归的终止条件。

从图 9-17 中可以看出，当剩余集合为空的时候，就到达了叶子节点。

那么什么时候剩余集合为空呢？当 startIndex 大于数组的长度时，遍历就终止了，因为没有元素可取了，代码如下：

```
if (startIndex >= nums.size()) {
    return;
}
```

其实不需要加终止条件，因为 startIndex≥nums.size()，所以本层 for 循环也结束了。

（3）确定单层搜索逻辑。

求子集问题不需要任何剪枝操作，因为求子集的过程就是要遍历整棵树。

单层递归逻辑的代码如下：

```
for (int i = startIndex; i < nums.size(); i++) {
    path.push_back(nums[i]);      // 子集收集元素
    backtracking(nums, i + 1);    // 注意从 i+1 开始，不重复取元素
    path.pop_back();              // 回溯
```

```
    }
```

整体代码如下：

```cpp
class Solution {
private:
    vector<vector<int>> result;
    vector<int> path;
    void backtracking(vector<int>& nums, int startIndex) {
        result.push_back(path); // 收集子集，要放在终止条件的上面，否则会漏掉元素
        if (startIndex >= nums.size()) { // 终止条件可以不加
            return;
        }
        for (int i = startIndex; i < nums.size(); i++) {
            path.push_back(nums[i]);
            backtracking(nums, i + 1);
            path.pop_back();
        }
    }
public:
    vector<vector<int>> subsets(vector<int>& nums) {
        result.clear();
        path.clear();
        backtracking(nums, 0);
        return result;
    }
};
```

在注释中，可以发现不用写终止条件，因为我们要遍历整棵树。有的读者可能担心不写终止条件程序会不会进入无限次递归？

其实并不会，因为每次递归的下一层就是从 $i+1$ 开始的。

回顾 9.1.5 节给出的算法模板，可以发现本题的代码基本上就是照着模板的结构写出来的。

9.10 子集问题（二）

力扣题号：90. 子集 II。

给定一个可能包含重复元素的整数数组 nums，返回该数组所有可能包含的子集。

说明：解集中不能包含重复的子集。

【示例一】

输入：[1,2,2]。

输出：[[2],[1],[1,2,2],[2,2],[1,2],[]]。

【思路】

这道题目和 9.11 节的区别就是集合中有重复元素了，而且求取的子集要去重。

关于回溯算法中的去重问题，在 9.6 节中已经详细讲解过了，和本题是一个套路。

后面要讲解的排列问题的去重也是这个套路，所以理解"树层去重"和"树枝去重"非常重要。

以示例中的[1,2,2]为例，去重过程如图 9-18 所示（注意去重需要先对集合排序）。

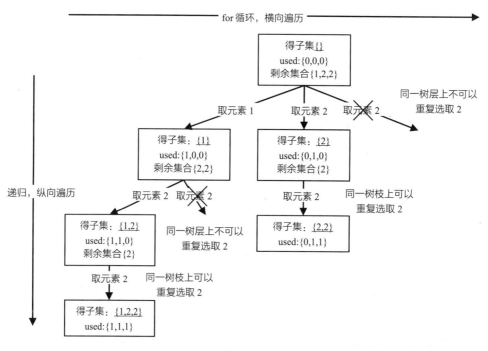

图 9-18

在图 9-18 中，去重的两个关键逻辑如下：

- 同一树层上不可以重复选取 2：i 目前为 2，nums[i]与 nums[i-1]相同，而 used[i-1] 为 0，说明同一树层上有两个重复的元素 nums[2]和 nums[1]，不可以重复选取。
- 同一树枝上可以重复选取 2：i 目前为 2，nums[i]与 nums[i-1]相同，而 used[i-1]为 1，说明同一树枝上有两个重复的元素 nums[2]和 nums[1]，可以重复选取。

如果同一树层上重复取 2 就要过滤掉，同一树枝上就可以重复取 2，因为同一树枝上元素的集合才是唯一子集。

本题就是在 9.9 节的基础上加上了去重逻辑，代码如下：

```cpp
class Solution {
private:
    vector<vector<int>> result;
    vector<int> path;
    void backtracking(vector<int>& nums, int startIndex, vector<bool>& used)
{
        result.push_back(path);
        for (int i = startIndex; i < nums.size(); i++) {
            // 如果 used[i-1]==true, 则说明同一树枝使用过 nums[i - 1]
            // 如果 used[i-1]==false, 则说明同一树层使用过 nums[i - 1]
            // 而我们要跳过同一树层使用过的元素
            if (i > 0 && nums[i] == nums[i - 1] && used[i - 1] == false) {
                continue;
            }
            path.push_back(nums[i]);
            used[i] = true;
            backtracking(nums, i + 1, used);
            used[i] = false;
            path.pop_back();
        }
    }

public:
    vector<vector<int>> subsetsWithDup(vector<int>& nums) {
        result.clear();
        path.clear();
        vector<bool> used(nums.size(), false);
        sort(nums.begin(), nums.end()); // 去重需要排序
        backtracking(nums, 0, used);
        return result;
    }
};
```

当然本题也可以不使用 used 数组去重，因为递归的时候下一个 startIndex 是 *i*+1 而不是 0，所以去重的逻辑也可以这么写：

```
if (i > startIndex && nums[i] == nums[i - 1] ) {
        continue;
}
```

和 9.6 节提到的使用 startIndex 去重的道理是一样的。

如果本题是求全排列，则每次要从 0 开始遍历，为了跳过已入递归栈的元素，需要使用 used 数组，后面在讲解排列问题的时候会提到。

9.11 递增子序列

力扣题号：491.递增子序列。

给定一个整型数组，找到该数组的所有递增子序列，递增子序列的长度至少是 2。

【示例】

输入：[4,7,6,7]。

输出：[[4,7],[4,7,7],[4,6],[4,6,7],[7,7],[6,7]]。

【思路】

递增子序列比较像有序的子集，而且本题也要求不能有相同的递增子序列。

在 9.10 节中我们通过排序再加一个标记数组（即 used 数组）来达到去重的目的。而本题是求自增子序列，是不能对原数组进行排序的，否则排序后的数组都是自增子序列了。

所以不能使用之前的去重逻辑。

以[4,7,6,7]这个数组为例，抽象后的树形结构如图 9-19 所示。

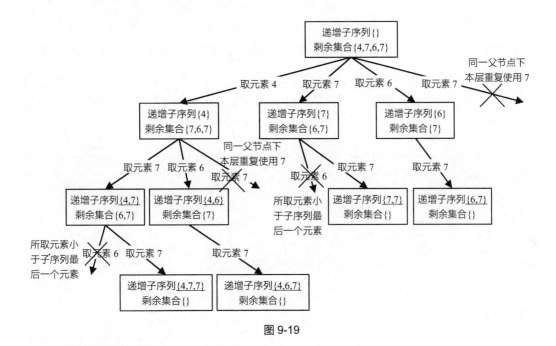

图 9-19

9.11.1 回溯算法

回溯"三部曲"如下：

（1）确定递归函数的参数。

本题是求子序列，很明显一个元素不能重复使用，所以需要 startIndex，调整下一层递归的起始位置，代码如下：

```
vector<vector<int>> result;
vector<int> path;
void backtracking(vector<int>& nums, int startIndex)
```

（2）确定终止条件。

本题其实类似于求子集问题，也要遍历树形结构并查找每一个节点，所以和 9.9 节一样，可以不加终止条件，startIndex 每次都会加 1，并且不会无限递归。

但本题收集的结果有所不同，要求递增子序列的大小至少为 2，所以代码如下：

```
if (path.size() > 1) {
    result.push_back(path);
    // 注意这里不要加 return，因为要取树上的所有节点
}
```

（3）确定单层搜索逻辑。

从图 9-19 中可以看出，同一父节点下的同一层使用过的元素就不能再使用了。

单层搜索的代码如下：

```
unordered_set<int> uset; // 使用 set 对本层元素进行去重
for (int i = startIndex; i < nums.size(); i++) {
    if ((!path.empty() && nums[i] < path.back())
            || uset.find(nums[i]) != uset.end()) {
        continue;
    }
    uset.insert(nums[i]); // 记录这个元素在本层用过了，本层后面不能再用了
    path.push_back(nums[i]);
    backtracking(nums, i + 1);
    path.pop_back();
}
```

对于已经习惯写回溯的读者，看到递归函数上面有 uset.insert(nums[i])，但下面却没有对应的 pop 之类的操作，应该很不习惯。

这也是需要注意的一点，unordered_set<int> uset 的作用是记录本层元素是否重复使用，新的一层都会重新定义（清空）uset，uset 只负责递归过程中本层的逻辑。

整体代码如下：

```
// 版本一
class Solution {
private:
    vector<vector<int>> result;
    vector<int> path;
    void backtracking(vector<int>& nums, int startIndex) {
        if (path.size() > 1) {
            result.push_back(path);
            // 注意这里不要加 return，要取树上的节点
        }
        unordered_set<int> uset; // 使用 set 对本层元素进行去重
        for (int i = startIndex; i < nums.size(); i++) {
            if ((!path.empty() && nums[i] < path.back())
                    || uset.find(nums[i]) != uset.end()) {
                continue;
            }
            uset.insert(nums[i]); // 记录这个元素在本层用过了，本层后面不能再用了
            path.push_back(nums[i]);
            backtracking(nums, i + 1);
```

```
            path.pop_back();
        }
    }
public:
    vector<vector<int>> findSubsequences(vector<int>& nums) {
        result.clear();
        path.clear();
        backtracking(nums, 0);
        return result;
    }
};
```

9.11.2 哈希优化

以上代码使用 unordered_set<int>记录本层元素是否重复使用，其实用数组来做哈希优化（Hash
优化），效率会高得多。

题目中的数值范围为[-100,100]，所以完全可以用数组来做 Hash 优化。

优化后的代码如下：

```
// 版本二
class Solution {
private:
    vector<vector<int>> result;
    vector<int> path;
    void backtracking(vector<int>& nums, int startIndex) {
        if (path.size() > 1) {
            result.push_back(path);
        }
        int used[201] = {0}; // 这里使用数组进行去重操作，数值范围为[-100,100]
        for (int i = startIndex; i < nums.size(); i++) {
            if ((!path.empty() && nums[i] < path.back())
                    || used[nums[i] + 100] == 1) {
                continue;
            }
            used[nums[i] + 100] = 1; // 记录这个元素在本层用过了，本层后面不能再用了
            path.push_back(nums[i]);
            backtracking(nums, i + 1);
            path.pop_back();
        }
    }
public:
    vector<vector<int>> findSubsequences(vector<int>& nums) {
        result.clear();
```

```
        path.clear();
        backtracking(nums, 0);
        return result;
    }
};
```

9.12 排列问题（一）

力扣题号：46.全排列。

给定一个没有重复数字的序列，返回其所有可能的全排列。

【示例一】

输入：[1,2,3]。

输出：[[1,2,3],[1,3,2],[2,1,3],[2,3,1],[3,1,2],[3,2,1]]。

【思路】

对于排列问题，如果想用 for 循环把结果搜索出来，那么很难写出相应的代码。

正如我们在 9.1 节所讲的，为什么回溯法是暴力搜索，效率这么低，却还要用它呢？

因为一些问题能用"暴力搜索"解决就不错了。

以[1,2,3]为例，抽象后的树形结构如图 9-20 所示。

回溯"三部曲"如下：

（1）确定递归函数的参数。

首先排列是有序的，也就是说[1,2]和[2,1]是两个集合，这是与之前分析的子集及组合所不同的地方。

可以看出元素 1 在[1,2]中已经使用过了，但在[2,1]中还要再使用一次 1，所以处理排列问题就不能使用 startIndex 了。

排列问题需要一个 used 数组，用于标记已经选择的元素，如图 9-20 所示。

代码如下：

```
vector<vector<int>> result;
vector<int> path;
void backtracking (vector<int>& nums, vector<bool>& used)
```

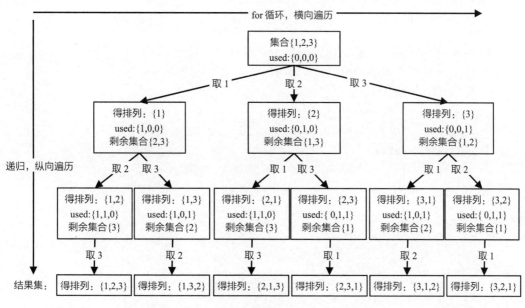

图 9-20

（2）确定递归的终止条件。

从图 9-20 中可以看出叶子节点就是收割结果的地方。

那么什么时候算是到达叶子节点呢？

当收集元素的数组 path 的长度和 nums 数组一样大的时候，就说明找到了一个全排列，也表示到达了叶子节点。

代码如下：

```
// 此时说明找到了一组结果
if (path.size() == nums.size()) {
    result.push_back(path);
    return;
}
```

（3）确定单层搜索的逻辑。

这里和 9.2 节组合问题、9.7 节分割问题、9.9 节子集问题最大的不同就是 for 循环里不用 startIndex 了。

处理排列问题时每次都要从头开始搜索，例如，元素 1 在[1,2]中已经使用过了，但在[2,1]中还要再使用一次 1。

而 used 数组用于记录此时 path 中都有哪些元素被使用了，一个排列中的元素只能使用一次。

代码如下:

```
for (int i = 0; i < nums.size(); i++) {
    if (used[i] == true) continue; // path 中已经收录的元素，直接跳过
    used[i] = true;
    path.push_back(nums[i]);
    backtracking(nums, used);
    path.pop_back();
    used[i] = false;
}
```

整体 C++代码如下:

```
class Solution {
public:
    vector<vector<int>> result;
    vector<int> path;
    void backtracking (vector<int>& nums, vector<bool>& used) {
        // 此时说明找到了一组结果
        if (path.size() == nums.size()) {
            result.push_back(path);
            return;
        }
        for (int i = 0; i < nums.size(); i++) {
            if (used[i] == true) continue; // path 中已经收录的元素，直接跳过
            used[i] = true;
            path.push_back(nums[i]);
            backtracking(nums, used);
            path.pop_back();
            used[i] = false;
        }
    }
    vector<vector<int>> permute(vector<int>& nums) {
        result.clear();
        path.clear();
        vector<bool> used(nums.size(), false);
        backtracking(nums, used);
        return result;
    }
};
```

小结:

排列问题与组合问题的不同之处:

- 每层都是从 0 开始搜索，而不是从 startIndex 开始。
- 需要 used 数组记录 path 中都存放了哪些元素。

9.13 排列问题（二）

力扣题号：47.全排列 II。

给定一个可包含重复数字的序列 nums，按任意顺序返回所有不重复的全排列。

【示例一】

输入：nums=[1,1,2]。

输出：[[1,1,2],[1,2,1],[2,1,1]]。

【示例二】

输入：nums=[1,2,3]。

输出：[[1,2,3],[1,3,2],[2,1,3],[2,3,1],[3,1,2],[3,2,1]]。

9.13.1 回溯算法

这道题目和 9.12 节的区别在与给定一个可包含重复数字的序列，要返回所有不重复的全排列。这里又涉及去重了。

9.6 节、9.10 节详细讲解了针对组合问题和子集问题如何去重，排列问题其实也是一样的套路。

还要强调的一点是，去重一定要对元素进行排序，这样才能通过相邻的节点来判断元素是否重复使用了。

以示例中的[1,1,2]为例（为了方便举例，已经对其排序），将其抽象为一棵树，去重过程如图 9-21 所示。

在图 9-21 中：

- 树层重复：i 目前为 1，nums[i]==nums[i-1]而 used[i-1]为 0，说明同一树层上有两个重复的元素 nums[i]和 nums[i-1]，不可以重复选取。
- 树枝重复：i 目前为 1，nums[i]==nums[i-1]而 used[i-1] 为 1，说明同一树枝上有两个重复的元素 nums[i]和 nums[i-1]，可以重复选取。

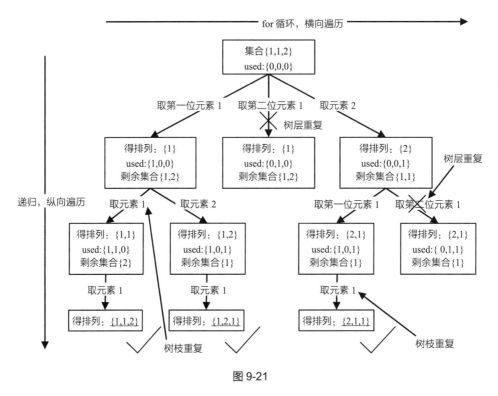

图 9-21

一般来说，组合问题和排列问题是在树形结构的叶子节点上收集结果，而子集问题就是取树上所有节点的结果。

9.12 节已经详解讲解了排列问题的写法，9.6 节、9.10 节详细讲解了去重的写法，所以这次就不用回溯"三部曲"分析了，代码如下：

```cpp
class Solution {
private:
    vector<vector<int>> result;
    vector<int> path;
    void backtracking (vector<int>& nums, vector<bool>& used) {
        // 此时说明找到了一组结果
        if (path.size() == nums.size()) {
            result.push_back(path);
            return;
        }
        for (int i = 0; i < nums.size(); i++) {
            // 如果 used[i-1]==true, 则说明同一树枝上使用过 nums[i-1]
            // 如果 used[i-1]==false, 则说明同一树层上使用过 nums[i-1]
```

```
                // 如果同一树层上使用过 nums[i-1]，则直接跳过
        if (i > 0 && nums[i] == nums[i - 1] && used[i - 1] == false) {
            continue;
        }
        if (used[i] == false) {
            used[i] = true;
            path.push_back(nums[i]);
            backtracking(nums, used);
            path.pop_back();
            used[i] = false;
        }
    }
}
public:
    vector<vector<int>> permuteUnique(vector<int>& nums) {
        result.clear();
        path.clear();
        sort(nums.begin(), nums.end()); // 排序
        vector<bool> used(nums.size(), false);
        backtracking(nums, used);
        return result;
    }
};
```

9.13.2 拓展

去重操作中最关键的代码如下：

```
if (i > 0 && nums[i] == nums[i - 1] && used[i - 1] == false) {
    continue;
}
```

如果改成 used[i-1]==true，也是正确的，去重代码如下：

```
if (i > 0 && nums[i] == nums[i - 1] && used[i - 1] == true) {
    continue;
}
```

这是为什么呢？正如上面讲过的一样，如果要对树层中的前一位去重，就使用 used[i-1]==false，如果要对树枝中的前一位去重，就使用 used[i-1]==true。

对于排列问题，在树层上去重和在树枝上去重都是可以的，但是在树层上去重的效率更高。

下面再用[1,1,1]来举一个例子。

在树层上去重（used[i-1]==false）的树形结构如图 9-22 所示。

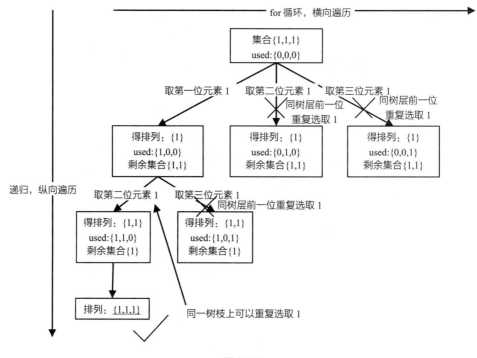

图 9-22

在树枝上去重（used[i-1]==true）的树形结构如图 9-23 所示。

在树层上去重的效率很高，在树枝上去重虽然最后也可以得到答案，但是做了很多无用搜索。

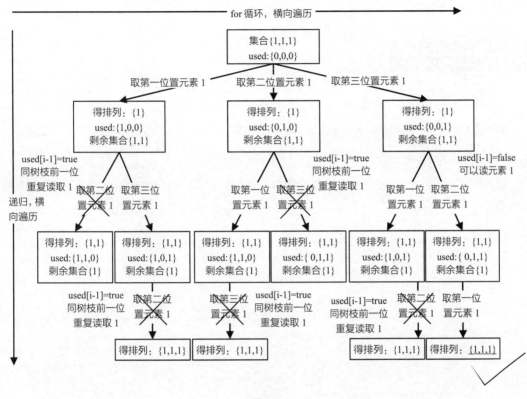

图 9-23

小结：

这道题其实还是使用了我们之前讲过的去重思路，但有意思的是，在去重的代码中，既可以这样写：

```
if (i > 0 && nums[i] == nums[i - 1] && used[i - 1] == false) {
    continue;
}
```

也可以这样写：

```
if (i > 0 && nums[i] == nums[i - 1] && used[i - 1] == true) {
    continue;
}
```

这两种写法都可以实现去重，但这也是很多读者做这道题目时感到困惑的地方——为什么使用 used[i-1]==false 和 used[i-1]==true 都可以实现去重？

所以本节把这两个去重的逻辑分别抽象成树形结构，这样就更容易明白为什么两种写法都可以实现去重，以及哪一种的效率更高。

9.14 N皇后问题

力扣题号：51. N皇后。

N皇后问题研究的是如何将 n 个皇后放置在 $n \times n$ 的棋盘上，并且使皇后彼此之间不能相互攻击。

给定一个整数 n，返回所有不同的 N 皇后问题的解决方案。

每一种解法包含一个明确的 N 皇后问题的棋子放置方案，该方案中的 "Q" 和 "." 分别代表皇后和空位。

【示例一】

输入：4。

输出：

```
[
 [".Q..", // 解法 1
 "...Q",
 "Q...",
 "..Q."],
 ["..Q.", // 解法 2
 "Q...",
 "...Q",
 ".Q.."]
]
```

解释：4 皇后问题存在两种不同的解法，如图 9-24 所示。

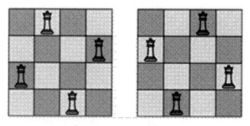

图 9-24

【思路】

首先看一下对皇后的约束条件：

- 不能同行。
- 不能同列。
- 不能同斜线。

确定了约束条件，接下来思考如何搜索皇后的位置。

下面用一个 3×3 的棋牌将搜索过程抽象为一棵树，如图 9-25 所示。

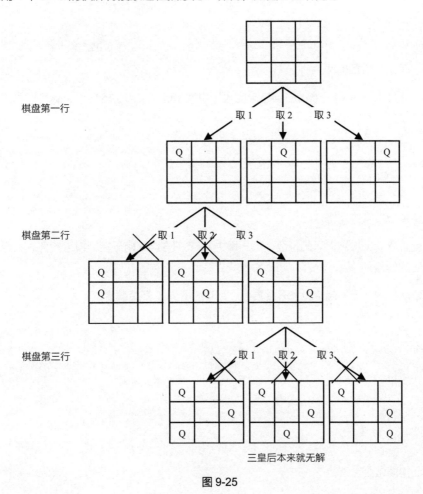

图 9-25

从图 9-25 中可以看出，二维矩阵中矩阵的高就是树形结构的高度，矩阵的宽就是树形结构的宽度。

我们用对皇后的约束条件来回溯搜索这棵树，只要搜索到了树的叶子节点，就说明就找到了皇后的合理位置了。

按照 9.1.5 节给出的算法模板，回溯"三部曲"如下：

（1）确定递归函数的参数。

定义全局变量的二维数组 result 来记录最终结果。参数 n 是棋牌的大小，使用 row 记录当前遍历到棋盘的第几层。

代码如下：

```
vector<vector<string>> result;
void backtracking(int n, int row, vector<string>& chessboard) {
```

（2）确定递归的终止条件。

在图 9-25 的树形结构中，当递归到棋盘底层（也就是叶子节点）的时候，就可以收集结果并返回了。代码如下：

```
if (row == n) {
    result.push_back(chessboard);
    return;
}
```

（3）确定单层搜索的逻辑。

递归深度就是 row 控制棋盘的行数，每一层中 for 循环的 col 用于控制棋盘的列，一行一列就确定了放置皇后的位置。

每次都要从新的一行的起始位置开始搜索，所以都是从 0 开始搜索的。

代码如下：

```
for (int col = 0; col < n; col++) {
    if (isValid(row, col, chessboard, n)) { // 验证合法就可以放置皇后
        chessboard[row][col] = 'Q'; // 放置皇后
        backtracking(n, row + 1, chessboard);
        chessboard[row][col] = '.'; // 回溯，撤销皇后
    }
}
```

（4）验证棋牌是否合法。

按照如下标准去重：

- 不能同行。
- 不能同列。
- 不能同斜线（45 度角和 135 度角）。

代码如下:

```
bool isValid(int row, int col, vector<string>& chessboard, int n) {
    // 检查列
    for (int i = 0; i < row; i++) { // 这是一个剪枝操作
        if (chessboard[i][col] == 'Q') {
            return false;
        }
    }
    // 检查45度角直线上是否有皇后
    for (int i = row - 1, j = col - 1; i >=0 && j >= 0; i--, j--) {
        if (chessboard[i][j] == 'Q') {
            return false;
        }
    }
    // 检查135度角直线上是否有皇后
    for(int i = row - 1, j = col + 1; i >= 0 && j < n; i--, j++) {
        if (chessboard[i][j] == 'Q') {
            return false;
        }
    }
    return true;
}
```

细心的读者可能发现在上述代码中为什么没有在同一行进行检查呢?

因为在单层搜索的过程中，每一层递归，只会选择 for 循环（也就是同一行）中的一个元素，所以不用去重了。

按照这个模板不难写出如下代码:

```
class Solution {
private:
vector<vector<string>> result;
// n 为输入的棋盘大小
// row 表示当前递归到棋牌的第几行了
void backtracking(int n, int row, vector<string>& chessboard) {
    if (row == n) {
        result.push_back(chessboard);
        return;
    }
    for (int col = 0; col < n; col++) {
        if (isValid(row, col, chessboard, n)) { // 验证合法就可以放置皇后
            chessboard[row][col] = 'Q'; // 放置皇后
            backtracking(n, row + 1, chessboard);
```

```
                chessboard[row][col] = '.'; // 回溯，撤销皇后
            }
        }
    }
    bool isValid(int row, int col, vector<string>& chessboard, int n) {
        // 检查列
        for (int i = 0; i < row; i++) { // 这是一个剪枝操作
            if (chessboard[i][col] == 'Q') {
                return false;
            }
        }
        // 检查 45 度角直线是否有皇后
        for (int i = row - 1, j = col - 1; i >=0 && j >= 0; i--, j--) {
            if (chessboard[i][j] == 'Q') {
                return false;
            }
        }
        // 检查 135 度角直线是否有皇后
        for(int i = row - 1, j = col + 1; i >= 0 && j < n; i--, j++) {
            if (chessboard[i][j] == 'Q') {
                return false;
            }
        }
        return true;
    }
public:
    vector<vector<string>> solveNQueens(int n) {
        result.clear();
        std::vector<std::string> chessboard(n, std::string(n, '.'));
        backtracking(n, 0, chessboard);
        return result;
    }
};
```

除了验证棋盘合法性的代码，其余部分就是按照 9.1.5 节给出的回溯法模板编写的。

小结：

对于本题，只要想到棋盘的宽度就是 for 循环的长度，递归的深度就是棋盘的高度，就可以使用回溯法的模板了。

9.15 解数独

力扣题号：37. 解数独。

编写一个程序，通过填充空格来解决数独问题。

一个数独的解法需遵循如下规则：

数字 1～9 在每一行和列中只能出现一次，数字 1～9 在每一个以粗实线分隔的 3×3 宫格内只能出现一次，空白格用"."表示。

【示例一】

给出数独棋牌，如图 9-26 所示。

5	3			7				
6			1	9	5			
	9	8					6	
8				6				3
4			8		3			1
7				2				6
	6					2	8	
			4	1	9			5
				8			7	9

图 9-26

图 9-26 的数独问题的答案如图 9-27 所示。

提示：

- 给定的数独序列只包含数字 1～9 和字符"."。
- 假设给定的数独只有唯一解。
- 给定的数独永远是 9×9 形式的。

【思路】

对于棋盘搜索问题，可以使用回溯法暴力搜索，只不过这次我们要做的是二维递归。

本题中棋盘的每个位置都要放一个数字，并检查数字是否合法，解数独的树形结构要比 N 皇后更宽更深。

5	3	4	6	7	8	9	1	2
6	7	2	1	9	5	3	4	8
1	9	8	3	4	2	5	6	7
8	5	9	7	6	1	4	2	3
4	2	6	8	5	3	7	9	1
7	1	3	9	2	4	8	5	6
9	6	1	5	3	7	2	8	4
2	8	7	4	1	9	6	3	5
3	4	5	2	8	6	1	7	9

图 9-27

因为整个树形结构太大了，这里抽取一部分，如图 9-28 所示。

9.15.1 回溯算法

回溯"三部曲"如下：

（1）确定递归函数的参数和返回值。

递归函数的返回值需要为 bool 类型，为什么呢？

因为找到一个符合的条件（就在树的叶子节点上）就返回，相当于查找从根节点到叶子节点的一条唯一路径，所以需要使用 bool 类型的返回值。代码如下：

```
bool backtracking(vector<vector<char>>& board)
```

（2）确定递归的终止条件。

本题不使用终止条件，解数独需要遍历整个树形结构，找到符合条件的叶子节点就立刻返回。

不使用终止条件会不会出现死循环？

递归时下一层的棋盘一定比上一层的棋盘多一个数，等数填满了棋盘递归自然就终止了，所以不需要终止条件。

那么有没有永远填不满的情况呢？

（3）确定单层搜索的逻辑。

从图 9-28 中可以看出，我们需要的是一个二维的递归逻辑（也就是两个 for 循环嵌套着递归），一个 for 循环遍历棋盘的行，另一个 for 循环遍历棋盘的列，一行一列确定下来之后，递归遍历这个位置放 9 个数字的可能性。

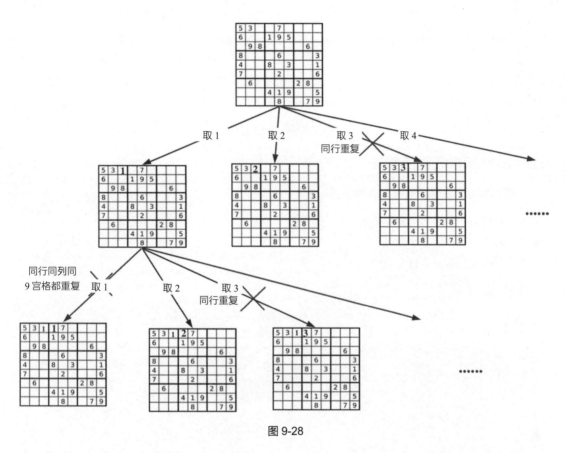

图 9-28

代码如下:

```
bool backtracking(vector<vector<char>>& board) {
    for (int i = 0; i < board.size(); i++) {          // 遍历行
        for (int j = 0; j < board[0].size(); j++) { // 遍历列
            if (board[i][j] != '.') continue;
            // (i,j)这个位置放 k 是否合适
            for (char k = '1'; k <= '9'; k++) {
                if (isValid(i, j, k, board)) {
                    board[i][j] = k;                  // 放置 k
                    // 如果找到合适的一组结果，则立刻返回
                    if (backtracking(board)) return true;
                    board[i][j] = '.';                // 回溯，撤销 k
                }
            }
            return false;       // 如果 9 个数都试完了，都不行，那么就返回 false
        }
```

```
        }
        return true; // 如果遍历完没有返回 false，则说明找到了合适棋盘位置
    }
```

注意这里的 return false，这里写 return false 是有原因的。如果一行一列确定后尝试了 9 个数都不满足条件，则说明这个棋盘找不到解决数独问题的解。

这也就是为什么没有终止条件也不会永远填不满棋盘而无限递归下去的原因。

9.15.2 判断棋盘是否合法

判断棋盘是否合法有如下三个维度：

- 在同一行中是否有重复的数。
- 在同一列中是否有重复的数。
- 在 9 宫格中是否有重复的数。

整体代码如下：

```
class Solution {
private:
bool backtracking(vector<vector<char>>& board) {
    for (int i = 0; i < board.size(); i++) {        // 遍历行
        for (int j = 0; j < board[0].size(); j++) { // 遍历列
            if (board[i][j] != '.') continue;
            for (char k = '1'; k <= '9'; k++) { // (i,j)这个位置放 k 是否合适
                if (isValid(i, j, k, board)) {
                    board[i][j] = k;                // 放置 k
                    // 如果找到合适一组立刻返回
                    if (backtracking(board)) return true;
                    board[i][j] = '.';        // 回溯，撤销 k
                }
            }
            return false;        // 如果 9 个数都试完了，都不行，那么就返回 false
        }
    }
    return true; // 如果遍历完没有返回 false，则说明找到了合适棋盘位置
}
bool isValid(int row, int col, char val, vector<vector<char>>& board) {
    for (int i = 0; i < 9; i++) { // 判断同一行中是否有重复的数
        if (board[row][i] == val) {
            return false;
        }
    }
    for (int j = 0; j < 9; j++) { // 判断同一列中是否有重复的数
```

```
            if (board[j][col] == val) {
                return false;
            }
        }
    int startRow = (row / 3) * 3;
    int startCol = (col / 3) * 3;
    // 判断 9 宫格中是否有重复的数
    for (int i = startRow; i < startRow + 3; i++) {
        for (int j = startCol; j < startCol + 3; j++) {
            if (board[i][j] == val ) {
                return false;
            }
        }
    }
    return true;
}
public:
    void solveSudoku(vector<vector<char>>& board) {
        backtracking(board);
    }
};
```

小结：

解数独可以说是非常难的题目了，如果还一直停留在单层递归的逻辑中，那么很难找到解答这道题目的方法。

所以这里在开头就提到了二维递归，希望可以帮助读者理解解数独的搜索过程。本题的难点就在于理解二维递归的思维逻辑。

9.16 本章小结

本章我们基于回溯算法详细讲解了如何解决组合问题、切割问题、子集问题、排列问题、棋盘问题。

对于回溯算法，常见的疑问主要体现在如下几点：

- 如何理解回溯法的搜索过程？
- 什么时候用 startIndex，什么时候不用？
- 如何去重？如何理解"树枝去重"与"树层去重"？
- 去重有几种方法？
- 如何理解二维递归？

第 10 章

贪心算法

10.1 贪心算法理论基础

10.1.1 什么是贪心

贪心的本质是选择每一阶段的局部最优，从而实现全局最优。

例如，有一堆钞票，你可以拿走十张，如果想拿走最大数额的钱，那么要怎么拿？

一定是每次拿面额最大的钞票，最终结果就是拿走最大数额的钱。

每次拿面额最大的钞票就是局部最优，最后可以拿走最大数额的钱就是全局最优。

再举一个例子，一些物品的重量各不相同，有一个载重为 n 的背包，如何能把背包尽可能装满？

如果每次选重量最大的物品，则背包不一定会被装满，此时就不能使用贪心算法。

10.1.2 贪心的套路

很多读者想知道有没有什么套路可以直接看出来一道题目使用了贪心算法。其实贪心算法并没有固定的套路，所以贪心算法的难点就是如何通过局部最优推出全局最优。

那么如何看出局部最优是否能推出全局最优呢？有没有什么固定的策略或者套路呢？

也没有。可以自己手动模拟解题过程，如果模拟可行，那么就试一试贪心算法。

如何验证可不可以使用贪心算法呢？

最好用的策略就是举反例，如果想不到反例，那么就试一试贪心算法。

如果想要严格的数学证明，一般有如下两种方法：

- 数学归纳法。
- 反证法。

如何用数学原理推导贪心的合理性不在本书的讲解范围内，面试中也不会让面试者用数学原理证明贪心的合理性，代码通过测试用例即可。

所以在学习贪心算法的过程中，手动模拟解题过程之后，如果感觉可以通过局部最优推出全局最优，而且想不到反例，那么就试一试贪心算法。

所以这也是为什么很多读者写出了贪心算法，却不知道自己用了贪心算法的思想。因为贪心算法有时候就是常识性的推导，所以会认为本应该就这么做。

那么什么时候真的需要数学推导呢？

例如，4.6 节讲解的环形链表找入口，这道题如果不用数学推导，就找不出环的起始位置。

使用贪心算法解题一般分为如下四步：

- 将问题分解为若干子问题。
- 找出适合的贪心策略。
- 求解每一个子问题的最优解。
- 将局部最优堆叠成全局最优。

真正做题的时候很难分出这么详细的解题步骤，这是因为贪心算法的题目往往还和其他方面的知识混在一起。

10.2 分发饼干

力扣题号：455.分发饼干。

每个孩子 i 都有一个胃口值 $g[i]$，这是能让孩子满足胃口的饼干的最小尺寸；并且每块饼干 j 都有一个尺寸 $s[j]$。如果 $s[j] \geqslant g[i]$，则可以将这个饼干 j 分配给孩子 i，这个孩子会得到满足。目标是尽可能满足更多数量的孩子，并输出这个最大数值。

【示例一】

输入：g=[1,2,3]，s=[1,1]。

输出：1。

解释：你有 3 个孩子和 2 块饼干，3 个孩子的胃口值分别是 1、2、3。由于 2 块饼干的尺寸都是 1，只能让胃口值是 1 的孩子满足，所以应该输出 1。

【示例二】

输入：g=[1,2]，s=[1,2,3]。

输出：2。

解释：你有 2 个孩子和 3 块饼干，2 个孩子的胃口值分别是 1 和 2。你拥有的饼干数量和尺寸都足以让所有孩子满足，所以应该输出 2.

【思路】

为了满足更多的孩子，就不要造成饼干在尺寸上的浪费。

大尺寸的饼干既可以满足胃口大的孩子，也可以满足胃口小的孩子，那么就应该优先满足胃口大的孩子。

这里的局部最优就是大饼干喂给胃口大的孩子，全局最优就是喂饱尽可能多的孩子。

可以尝试使用贪心算法，先将饼干数组和孩子数组排序，然后从后向前遍历孩子数组，用大饼干优先满足胃口大的孩子，并统计被满足的孩子的数量，如图 10-1 所示。

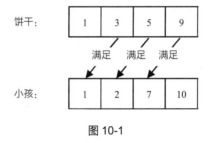

图 10-1

整体代码如下：

```cpp
class Solution {
public:
    int findContentChildren(vector<int>& g, vector<int>& s) {
        sort(g.begin(), g.end());
        sort(s.begin(), s.end());
        int index = s.size() - 1; // 饼干数组的下标
        int result = 0;
        for (int i = g.size() - 1; i >= 0; i--) {
            if (index >= 0 && s[index] >= g[i]) {
```

```
                    result++;
                    index--;
                }
            }
            return result;
    }
};
```

- 时间复杂度：$O(nlogn)$。
- 空间复杂度：$O(1)$。

上述代码中使用了一个 index 来控制饼干数组（题目中的数组 s）的遍历，并没有使用一个一层 for 循环来遍历饼干，而是采用了自减的方式，这也是常用的技巧。

有的读者看到要遍历两个数组，就想到使用两个 for 循环，这么做逻辑就复杂了。

当然也可以换一个思路，尺寸小的饼干先喂饱胃口小的孩子，代码如下：

```cpp
class Solution {
public:
    int findContentChildren(vector<int>& g, vector<int>& s) {
        sort(g.begin(),g.end());
        sort(s.begin(),s.end());
        int index = 0;
        for(int i = 0;i < s.size();++i){
            if(index < g.size() && g[index] <= s[i]){
                index++;
            }
        }
        return index;
    }
};
```

小结：

本节详细介绍了关于贪心算法的思考过程，如果想不出反例，那么就试一试贪心算法。

10.3 摆动序列

力扣题号：376. 摆动序列。

如果连续数字之间的差严格地在正数和负数之间交替，则该数字序列被称为摆动序列。第一个差（如果存在）可能是正数或负数，少于两个元素的序列也是摆动序列。

例如，[1,7,4,9,2,5]是一个摆动序列，因为相邻元素的差值（6，-3，5，-7，3）是正负交替出现的。相反，[1,4,7,2,5]和[1,7,4,5,5]不是摆动序列，因为第一个序列的前两个差值都是正数，第二个序列的最后一个差值为零。

给定一个整数序列，返回其中摆动序列的最长子序列的长度。通过从原始序列中删除一些（也可以不删除）元素来获得子序列，剩下的元素保持其原始顺序。

【示例一】

输入：[1,7,4,9,2,5]。

输出：6。

解释：整个序列均为摆动序列。

【示例二】

输入：[1,17,5,10,13,15,10,5,16,8]。

输出：7。

解释：这个序列包含几个长度为 7 的摆动序列，其中一个为[1,17,10,13,10,16,8]。

【思路】

本题要求通过从原始序列中删除一些（也可以不删除）元素来获得子序列，剩下的元素保持其原始顺序——既要求最大摆动序列，又需要修改数组。

应该删除什么元素呢？

以示例二中的输入[1,17,5,10,13,15,10,5,16,8]为例，需要删除的元素如图 10-2 所示。

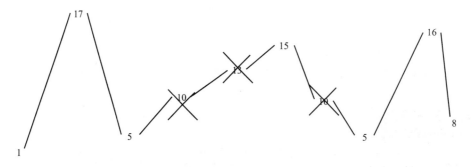

图 10-2

局部最优：删除单调坡度上的节点（不包括单调坡度两端的节点），这个坡度就可以有两个局部峰值。

全局最优：整个序列有最多的局部峰值，从而获得最长摆动序列。

通过局部最优推出全局最优，并举不出反例，那么可以试一试贪心算法。

注：为了方便表述，以下说的峰值都是指局部峰值。

在实际操作中，其实连删除的操作都不用做，因为要求的是最长摆动子序列的长度，所以只需要统计数组的峰值数量就可以了（相当于删除单一坡度上的节点，然后统计长度）。

这就是贪心算法所"贪"的地方，让峰值继续保持固定数量，然后删除单一坡度上的节点。

本题的代码实现中，在统计峰值的时候，数组最左面和最右面是最不好统计的。

例如，序列[2,5]，它的峰值的数量是 2，如果靠统计差值来计算峰值的个数，那么就需要考虑数组最左面和最右面的特殊情况。

针对序列[2,5]，可以假设其为[2,2,5]，这样它就有坡度了，即 preDiff=0，如图 10-3 所示。

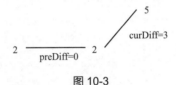

图 10-3

针对以上情形，result 的初始值为 1（默认最右面有一个峰值），此时 curDiff 大于 0，同时 preDiff 小于或等于 0，那么执行 result++（计算左面的峰值）后得到的 result 就是 2（峰值的个数为 2，即摆动序列的长度为 2）。

代码如下（对应图 10-2 中的逻辑）：

```cpp
class Solution {
public:
    int wiggleMaxLength(vector<int>& nums) {
        if (nums.size() <= 1) return nums.size();
        int curDiff = 0; // 当前一对差值
        int preDiff = 0; // 前一对差值
        int result = 1;  // 记录峰值的个数，默认序列最右边有一个峰值
        for (int i = 0; i < nums.size() - 1; i++) {
            curDiff = nums[i + 1] - nums[i];
            // 出现峰值
            if ((curDiff > 0 && preDiff <= 0) || (preDiff >= 0 && curDiff < 0)) {
                result++;
                preDiff = curDiff;
            }
```

```
        }
        return result;
    }
};
```

- 时间复杂度：$O(n)$。
- 空间复杂度：$O(1)$。

小结：

如果通过删除元素来获取最长摆动子序列，那么很难快速找到解决的办法。

此时应该理解：想要保持区间的波动，只需要删除单调区间上的元素即可，如果是求区间长度，那么都不需要删除元素，只统计长度即可。

10.4 最大子序和

力扣题号：53. 最大子序和。

给定一个整数数组 nums，找到一个具有最大和的连续子数组（子数组最少包含一个元素），并返回其最大和。

【示例一】

输入：[-2,1,-3,4,-1,2,1,-5,4]。

输出：6。

解释：连续子数组 [4,-1,2,1] 的和最大，和为 6。

【暴力解法】

第一层 for 循环的作用是设置起始位置，第二层 for 循环的作用是遍历数组并寻找最大值，代码如下：

```cpp
class Solution {
public:
    int maxSubArray(vector<int>& nums) {
        int result = INT32_MIN;
        int count = 0;
        for (int i = 0; i < nums.size(); i++) { // 设置起始位置
            count = 0;
            // 每次从起始位置 i 开始遍历寻找最大值
            for (int j = i; j < nums.size(); j++) {
```

```
                    count += nums[j];
                    result = count > result ? count : result;
                }
            }
        return result;
    }
};
```

- 时间复杂度：$O(n^2)$。
- 空间复杂度：$O(1)$。

【贪心解法】

贪心"贪"的是哪里呢?

如果在序列中元素-2挨着元素 1，那么计算起点的时候，一定是从 1 开始计算的，因为负数只会降低总和，这就是贪心"贪"的地方。

局部最优：当前"连续和"为负数的时候立刻放弃计算，从下一个元素重新计算"连续和"，因为负数加上下一个元素只会导致"连续和"越来越小。

全局最优：选取最大"连续和"。

在局部最优的情况下，记录最大的"连续和"，可以推出全局最优，并举不出反例，那么可以试一试贪心算法。

从代码的角度讲：遍历 nums，从头开始用 count 累积，如果 count 加上 nums[i]变为负数，那么就应该从 nums[i+1]重新计算 count，count 恢复初始值 0，因为已经变为负数的 count 只会降低总和。

这相当于在暴力解法中不断调整最大子序列和区间的起始位置。

有的读者会问，不用调整区间的终止位置吗? 如何才能得到最大"连续和"呢?

求区间的终止位置，相当于不断取 count 的最大值，并把最大值及时记录下来。例如:

```
if (count > result) result = count;
```

上述代码相当于用 result 记录最大子序列和区间和（变相地调整了终止位置）。

如图 10-4 所示，三块灰色区间就是贪心算法选择的区间，区间和的最大值为 6。

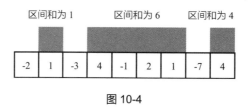

图 10-4

不难写出如下代码：

```cpp
class Solution {
public:
    int maxSubArray(vector<int>& nums) {
        int result = INT32_MIN;
        int count = 0;
        for (int i = 0; i < nums.size(); i++) {
            count += nums[i];
            // 取区间累计的最大值（相当于不断确定最大子序列的终止位置）
            if (count > result) {
                result = count;
            }
            // 相当于重置最大子序列的起始位置，因为遇到负数一定降低了总和
            if (count <= 0) count = 0;
        }
        return result;
    }
};
```

- 时间复杂度：$O(n)$。
- 空间复杂度：$O(1)$。

当然本题还可以有动态规划的解法，会在第 11 章详细讲解。

10.5 买卖股票的最佳时机 II

力扣题号：122.买卖股票的最佳时机 II。

给定一个数组，它的第 i 个元素是一支给定股票第 i 天的价格。

设计一个算法来计算你能获取的最大利润。你可以尽可能地完成更多的交易（多次买卖一支股票）。

注意：不能同时参与多笔交易（必须在再次购买股票前出售之前购买的股票）。

【示例一】

输入：[7,1,5,3,6,4]。

输出：7。

解释：在第 2 天（股票价格=1）的时候买入，在第 3 天（股票价格=5）的时候卖出，则这笔交易所能获得的利润=5-1=4。随后，在第 4 天（股票价格=3）的时候买入，在第 5 天（股票价格=6）的时候卖出，则这笔交易所能获得的利润=6-3=3 。

【示例二】

输入：[7,6,4,3,1]。

输出：0。

解释：在这种情况下，没有交易完成，所以最大利润为 0。

【思路】

首先要清楚两点：

- 只有一只股票。
- 当前只有买股票或者卖股票的操作。

想获得利润至少以两天为一个交易单元。

有的读者可能想到，选一个价格低的日期买入，再选一个价格高的日期卖出，如此循环。

如果想到最终利润其实是可以分解的，那么解答本题就很容易了。

如何分解呢?

假如第 0 天买入，第 3 天卖出，那么利润为 prices[3]-prices[0]，相当于(prices[3]-prices[2])+(prices[2]-prices[1])+(prices[1]-prices[0])，此时就是把利润分解成以天为单位的维度。

根据 prices 就可以得到每天的利润序列：(prices[i]-prices[i-1])…·…(prices[1]-prices[0])，如图 10-5 所示。

一些读者可能会陷入"第一天怎么就没有利润，第一天到底算不算利润"的困惑中。

第一天当然没有利润，至少要第二天才会有利润，所以利润的序列比股票序列少一天。

从图 10-5 中可以发现，其实我们只需要收集每天的正利润即可，收集的正利润的区间就是股票买卖的区间，而我们只需要关注最终利润，不需要记录区间。

那么只收集正利润就是贪心算法所"贪"的地方。

局部最优：收集每天的正利润。

全局最优：求最大利润。

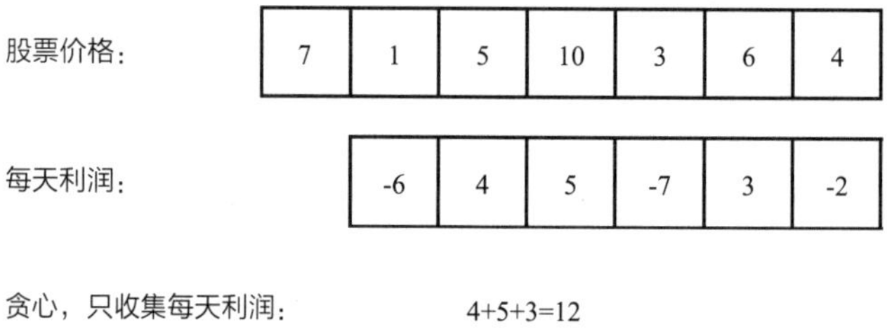

股票价格：

7	1	5	10	3	6	4

每天利润：

-6	4	5	-7	3	-2

贪心，只收集每天利润：　　　　4+5+3=12

图 10-5

代码如下：

```cpp
class Solution {
public:
    int maxProfit(vector<int>& prices) {
        int result = 0;
        for (int i = 1; i < prices.size(); i++) {
            result += max(prices[i] - prices[i - 1], 0);
        }
        return result;
    }
};
```

- 时间复杂度：$O(n)$。
- 空间复杂度：$O(1)$。

小结：

本题中理解利润拆分是关键点，要把整体利润拆分为每天的利润。

一旦想到这里，很自然就会想到贪心算法了，即只收集每天的正利润，最后得到的就是最大利润了。

10.6 跳跃游戏

力扣题号：55. 跳跃游戏。

给定一个非负的整数数组，你最初位于数组的第一个位置。数组中的每个元素代表你在该位置可以跳跃的最大长度。判断你是否能够到达最后一个位置。

【示例一】

输入：[2,3,1,1,4]。

输出：true。

解释：可以先跳 1 步，从位置 0 到达位置 1，然后从位置 1 跳 3 步到达最后一个位置。

【示例二】

输入：[3,2,1,0,4]。

输出：false。

解释：无论怎样，你总会到达索引为 3 的位置。但该位置的最大跳跃长度是 0，所以你永远不可能到达最后一个位置。

【思路】

如果当前位置的元素是 3，那么究竟跳几步才是最优的呢？

其实跳几步无所谓，关键在于可跳的覆盖范围。

不一定非要明确一次究竟跳几步，每次取最大的跳跃步数即可，即跳跃的覆盖范围。在这个范围内，无论怎么跳，反正一定可以跳过来。

那么这个问题就转化为跳跃覆盖范围究竟可不可以覆盖到终点。

每次移动时取最大跳跃步数（得到最大覆盖范围），每移动一个单位，就更新最大覆盖范围。

局部最优：每次取最大跳跃步数（取最大覆盖范围）。

全局最优：最后得到整体最大覆盖范围，看是否能到达终点。

如图 10-6 所示，i 每次只能在 cover 的范围内移动，每移动一个元素，cover 就可以扩大覆盖范围，让 i 继续移动下去。而 cover 每次只取覆盖的最大值。如果 cover 大于或等于终点的下标，就说明可以到达最后位置。

代码如下：

```cpp
class Solution {
public:
    bool canJump(vector<int>& nums) {
        int cover = 0;
        // 只有一个元素，直接返回 true，说明可以到终点
        if (nums.size() == 1) return true;
        for (int i = 0; i <= cover; i++) { // 注意这里是小于或等于 cover
            cover = max(i + nums[i], cover);
```

```
                    if (cover >= nums.size() - 1) return true; // 说明可以覆盖到终点
            }
        return false;
        }
};
```

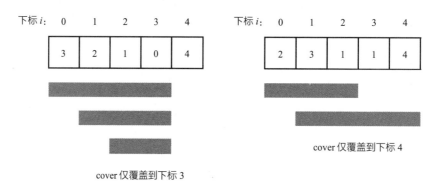

图 10-6

小结：

这道题目的关键点在于：不用拘泥于每次究竟跳跃几步，而是看覆盖范围，覆盖范围内一定是可以跳过来的，不用管是怎么跳的。

10.7 跳跃游戏 II

力扣题号：45.跳跃游戏 II。

给定一个非负的整数数组，你最初位于数组的第一个位置。数组中的每个元素代表你在该位置可以跳跃的最大长度。你的目标是使用最少的跳跃次数到达数组的最后一个位置。

【示例】

输入：[2,3,1,1,4]。

输出：2。

解释：跳到最后一个位置的最小跳跃数是2。从下标为 0 的位置跳到下标为 1 的位置跳了 1 步，然后跳 3 步到达数组的最后一个位置。

假设你总是可以到达数组的最后一个位置。

【思路】

本题相对于 10.6 节难度增加了不少。但思路是相似的，还是要看最大覆盖范围。

本题要计算最少步数，那么就要想清楚什么时候步数一定要加一呢？

局部最优：在当前可移动距离固定的情况下，尽可能多走，如果还没到达终点，则步数再加一。

整体最优：用最少步数到达终点。

思路虽然是这样的，但在写代码的时候还不能想跳多远就跳多远，那样就不知道下一步最远能跳到哪里了。

所以真正解题的时候，要从覆盖范围出发，不管怎么跳，在覆盖范围内一定是可以跳到的，以最小的步数增加覆盖范围，覆盖范围一旦覆盖了终点，得到的就是最小步数。

这里需要统计两个覆盖范围，即当前这一步的最大覆盖范围和下一步的最大覆盖范围。

如果移动下标到达了当前这一步覆盖的最远距离，却还没有到达终点，那么就必须再走一步来增加覆盖范围，直到覆盖范围覆盖了终点，如图 10-7 所示。

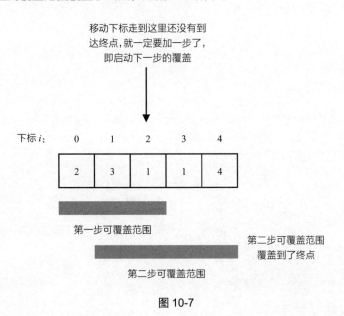

图 10-7

图 10-7 中覆盖范围的意义在于，只要是灰色的区域，最少两步一定可以到达（不用管具体怎么跳，反正一定可以跳到）。

10.7.1 贪心解法（一）

从图 10-7 中可以看出，当移动下标达到了当前覆盖的最远距离下标时，步数就要加一来增加覆盖距离，最后的步数就是最少步数。

这里还有两种特殊情况需要考虑，当移动下标达到了当前覆盖的最远距离下标时：

- 如果当前覆盖的最远距离的下标不是集合终点，那么步数就加一，还需要继续移动。
- 如果当前覆盖的最远距离的下标就是集合终点，那么步数不用加一，因为不用再往后移动了。

代码如下（详见注释中对这两种情况的处理）：

```cpp
// 版本一
class Solution {
public:
    int jump(vector<int>& nums) {
        if (nums.size() == 1) return 0;
        int curDistance = 0;      // 当前覆盖的最远距离的下标
        int ans = 0;              // 记录已经走的步数
        int nextDistance = 0;     // 下一步覆盖的最远距离的下标
        for (int i = 0; i < nums.size(); i++) {
            // 更新下一步覆盖的最远距离的下标
            nextDistance = max(nums[i] + i, nextDistance);
            // 遇到当前覆盖的最远距离的下标
            if (i == curDistance) {
                // 如果当前覆盖的最远距离的下标不是终点
                if (curDistance != nums.size() - 1) {
                    ans++;  // 需要走下一步
                    curDistance = nextDistance; // 更新当前覆盖的最远距离的下标
                    // 下一步的覆盖范围已经包含终点，结束循环
                    if (nextDistance >= nums.size() - 1) break;
                } else break; // 当前覆盖的最远距离的下标是集合终点，不需要再走了
            }
        }
        return ans;
    }
};
```

10.7.2 贪心解法（二）

针对解法一的特殊情况，可以统一处理，即移动下标只要遇到当前覆盖的最远距离的下标，则步数加一，不考虑是不是终点的情况。

想要达到这样的效果，只要让移动下标最远只能移动到下标为 nums.size()-2 的地方即可。

因为当移动下标指向 nums.size()-2 时：

- 如果移动下标等于当前覆盖的最大距离的下标，则需要再走一步，因为最后一步一定可以到达终点（题目中假设总是可以到达数组的最后一个位置）。例如，输入数组为[2,2,1,1,4]，如图 10-8 所示，移动下标等于当前覆盖的最远距离的下标，那么步数需要再加一，此时步数为 3。

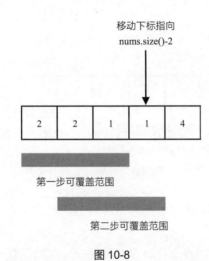

图 10-8

- 如果移动下标不等于当前覆盖的最大距离的下标，则说明当前覆盖的最远距离已经达到终点了，不需要再走一步。例如，输入数组为[2,3,1,1,4]，如图 10-9 所示，移动下标不等于当前覆盖的最远距离的下标，此时步数就是 2。

代码如下：

```cpp
// 版本二
class Solution {
public:
    int jump(vector<int>& nums) {
        int curDistance = 0;      // 当前覆盖的最远距离的下标
        int ans = 0;              // 记录走的步数
        int nextDistance = 0;     // 下一步覆盖的最远距离的下标
        // 注意这里是小于 nums.size()-1，这是关键所在
        for (int i = 0; i < nums.size() - 1; i++) {
            // 更新下一步覆盖的最远距离的下标
            nextDistance = max(nums[i] + i, nextDistance);
            if (i == curDistance) {   // 遇到当前覆盖的最远距离的下标
                curDistance = nextDistance;   // 更新当前覆盖的最远距离的下标
                ans++;
```

```
            }
        }
        return ans;
    }
};
```

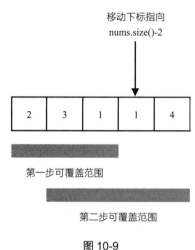

图 10-9

可以看出版本二的代码相对于版本一简化了不少，其精髓在于控制移动下标 i 只移动到 nums.size()-2 的位置，所以移动下标只要遇到当前覆盖的最远距离的下标，则步数加一，不用考虑其他因素了。

小结：

理解本题的关键在于：以最小的步数增加最大的覆盖范围，直到覆盖范围覆盖了终点，覆盖范围内最小步数一定可以跳到任意位置，不用管具体是怎么跳的，不纠结于一步究竟跳一个单位还是两个单位。

10.8 加油站

力扣题号：134. 加油站。

在一条环路上有 N 个加油站，其中第 i 个加油站有 gas[i] 升汽油。

你有一辆油箱容量无限的汽车，从第 i 个加油站开往第 i+1 个加油站需要消耗 cost[i] 升汽油 。你从其中一个加油站出发，出发时油箱为空。

如果可以绕环路行驶一周，则返回出发时加油站的编号，否则返回-1。

说明：

- 如果题目有解，则答案是唯一的。
- 输入数组均为非空数组，且长度相同。
- 输入数组中的元素均为非负数。

【示例一】

输入：gas=[1,2,3,4,5]，cost=[3,4,5,1,2]。

输出：3。

解释：

- 从 3 号加油站（索引为 3）出发，可获得 4 升汽油，此时油箱里有 0+4=4 升汽油。
- 开往 4 号加油站，此时油箱里有 4-1+5=8 升汽油。
- 开往 0 号加油站，此时油箱里有 8-2+1=7 升汽油。
- 开往 1 号加油站，此时油箱里有 7-3+2=6 升汽油。
- 开往 2 号加油站，此时油箱里有 6-4+3=5 升汽油。
- 开往 3 号加油站需要消耗 5 升汽油，正好够汽车返回 3 号加油站。

因此，3 可为起始索引。

【示例二】

输入：gas=[2,3,4]，cost=[3,4,3]。

输出：-1。

解释：

- 不能从 0 号或 1 号加油站出发，因为没有足够的汽油可以让汽车行驶到下一个加油站。
- 从 2 号加油站出发，可以获得 4 升汽油，此时油箱里有 0+4=4 升汽油。
- 开往 0 号加油站，此时油箱里有 4-3+2=3 升汽油。
- 开往 1 号加油站，此时油箱里有 3-3+3=3 升汽油。
- 无法返回 2 号加油站，因为返程需要消耗 4 升汽油，但是油箱只有 3 升汽油。

因此，无论怎样，汽车都不可能绕环路行驶一周。

10.8.1 暴力解法

暴力解法的时间复杂度是 $O(n^2)$，即遍历每一个加油站为起点的情况，模拟汽车行驶一圈的过程。

如果汽车行驶了一圈，中途没有断油，而且最后油量大于或者等于 0，则说明这个起点是满足题目要求的。

暴力解法的思路比较简单，但代码写起来不是很容易，关键是要模拟汽车行驶一圈的过程。

for 循环适合模拟从头到尾的遍历，而 while 循环适合模拟环形遍历，要善于使用 while 循环。

代码如下：

```cpp
class Solution {
public:
    int canCompleteCircuit(vector<int>& gas, vector<int>& cost) {
        for (int i = 0; i < cost.size(); i++) {
            int rest = gas[i] - cost[i]; // 记录剩余油量
            int index = (i + 1) % cost.size();
            while (rest > 0 && index != i) { // 模拟以 i 为起点汽车行驶一圈的过程
                rest += gas[index] - cost[index];
                index = (index + 1) % cost.size();
            }
            // 如果以 i 为起点汽车行驶一圈，剩余油量≥0，则返回该起始位置
            if (rest >= 0 && index == i) return i;
        }
        return -1;
    }
};
```

- 时间复杂度：$O(n^2)$。
- 空间复杂度：$O(1)$。

10.8.2 贪心解法（一）

直接从全局最优的角度来思考：

- 情况一：如果 gas 的总和小于 cost 的总和，那么无论从哪里出发，汽车一定行驶不了一圈。
- 情况二：rest[i]=gas[i]-cost[i]为到达一个加油站后剩下的油量，i 从 0 开始计算，累加到最后一站，如果累加值没有出现负数，则说明从 0 出发，油量始终不为 0，那么 0 就是起点。
- 情况三：如果累加的最小值是负数，则汽车就要从非 0 节点出发，从后向前，看哪个节点能将这个负数变为 0，那么这个节点就是出发节点。

代码如下：

```cpp
class Solution {
public:
    int canCompleteCircuit(vector<int>& gas, vector<int>& cost) {
        int curSum = 0;
        int min = INT_MAX; // 从起点出发，油箱里的油量的最小值
```

```
        for (int i = 0; i < gas.size(); i++) {
            int rest = gas[i] - cost[i];
            curSum += rest;
            if (curSum < min) {
                min = curSum;
            }
        }
        if (curSum < 0) return -1;    // 情况一
        if (min >= 0) return 0;       // 情况二
                                      // 情况三
        for (int i = gas.size() - 1; i >= 0; i--) {
            int rest = gas[i] - cost[i];
            min += rest;
            if (min >= 0) {
                return i;
            }
        }
        return -1;
    }
};
```

- 时间复杂度：$O(n)$。
- 空间复杂度：$O(1)$。

其实本解法并没有找出局部最优，而是直接从全局最优的角度思考问题。这种解法就是一个从全局角度选取最优解的模拟操作。

10.8.3 贪心解法（二）

如果总油量减去总消耗大于或者等于 0，那么汽车一定可以行驶完一圈，说明各个站点的加油站的剩油量 rest[i]（rest[i]=gas[i]-cost[i]）相加后一定是大于或者等 0 的。

i 从 0 开始累加 rest[i]，和记为 curSum，一旦 curSum 小于 0，说明[0, i]区间的位置都不能作为起始位置，起始位置从 i+1 算起，再从 0 开始计算 curSum，如图 10-10 所示。

为什么一旦[i,j]区间所有数值之和为负数，起始位置就是 j+1 呢？j+1 后面不会出现更大的负数吗？

如果出现更大的负数，则更新 j，起始位置又变成新的 j+1 了。

而且 j 之前出现了多少负数，j 后面就会出现多少正数，因为耗油量的总和是大于 0 的（前提是确定汽车一定可以行驶完全程）。

局部最优：当前 rest[j]累加的和 curSum 一旦小于 0，则起始位置至少是 j+1。

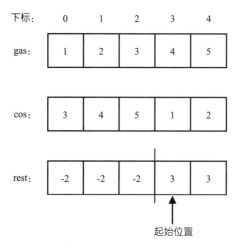

图 10-10

全局最优：找到汽车可以行驶一圈的起始位置。

局部最优可以推出全局最优，找不出反例，试一试贪心算法。

代码如下：

```cpp
class Solution {
public:
    int canCompleteCircuit(vector<int>& gas, vector<int>& cost) {
        int curSum = 0;
        int totalSum = 0;
        int start = 0;
        for (int i = 0; i < gas.size(); i++) {
            curSum += gas[i] - cost[i];
            totalSum += gas[i] - cost[i];
            if (curSum < 0) {   // 当前累加 rest[i]和 curSum 一旦小于 0
                start = i + 1;   // 起始位置更新为 i+1
                curSum = 0;       // curSum 从 0 开始计算
            }
        }
        if (totalSum < 0) return -1; // 说明怎么走都不可能行驶一圈了
        return start;
    }
};
```

- 时间复杂度：$O(n)$。
- 空间复杂度：$O(1)$。

小结：

本节首先给出了暴力解法，使用暴力解法模拟汽车行驶一圈的过程，需要读者熟悉 while 的使用。

然后给出了两种使用贪心算法的解法，第一种不算严格意义上的贪心算法，而是直接从全局选取最优的模拟操作。

第二种贪心算法才体现出"贪心"的精髓，用局部最优推出全局最优，进而求得起始位置。

10.9 分发糖果

力扣题号：135.分发糖果。

有 N 个孩子站成了一条直线，老师会根据每个孩子的表现，预先给他们评分。你需要按照以下要求，帮助老师给这些孩子分发糖果：

- 每个孩子至少得到 1 颗糖果。
- 相邻的孩子中，评分高的孩子必须获得更多的糖果。

那么老师至少需要准备多少颗糖果呢？

【示例一】

输入：[1,0,2]。

输出：5。

解释：分别给这三个孩子分发 2、1、2 颗糖果。

【示例二】

输入：[1,2,2]。

输出：4。

解释：分别给这三个孩子分发 1、2、1 颗糖果。第三个孩子只得到 1 颗糖果，这已满足上述两个要求。

【思路】

一定要确定一边孩子的评分之后，再确定另一边。例如，比较每个孩子左边孩子的评分后再比较右边，如果两边一起考虑一定会顾此失彼。

先确定右边孩子的评分大于左边孩子的评分的情况（也就是从前向后遍历）。

局部最优：只要右边孩子的评分比左边的高，那么右边孩子就多得到一颗糖果。

全局最优：相邻的孩子中，评分高的右边孩子获得比左边孩子更多的糖果。

如果 ratings[i]>ratings[i-1]，那么下标为 i 的孩子得到的糖果的数量一定要比下标为 i-1 的孩子得到的糖果的数量多一个，所以贪心算法的策略是 candyVec[i]=candyVec[i-1]+1，如图 10-11 所示。

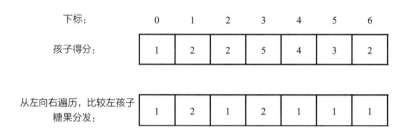

图 10-11

代码如下：

```
// 从前向后遍历
for (int i = 1; i < ratings.size(); i++) {
    if (ratings[i] > ratings[i - 1]) candyVec[i] = candyVec[i - 1] + 1;
}
```

再确定左边孩子的评分大于右边孩子的评分的情况（从后向前遍历）。

可能有的读者会问，为什么不能从前向后遍历呢？

如果从前向后遍历，根据 ratings[i+1] 来确定 ratings[i] 对应的糖果，那么就不能利用上一次的比较结果了。

所以确定左边孩子的评分大于右边孩子的评分的情况一定要从后向前遍历。

如果 ratings[i]>ratings[i+1]，则 candyVec[i]（第 i 个小孩得到的糖果数量）就有两个选择，一个是 candyVec[i+1]+1（右边孩子得到的糖果数加一后的糖果数量），另一个是 candyVec[i]（之前比较右边孩子的评分大于左边孩子的评分后得到的糖果数量）。

局部最优：取 candyVec[i+1]+1 和 candyVec[i] 最大的糖果数量，保证第 i 个小孩得到的糖果数量既大于左边孩子得到的糖果数量也大于右边的。

全局最优：相邻的孩子中，评分高的孩子获得更多的糖果。

局部最优可以推出全局最优。

所以就取 candyVec[i+1]+1 和 candyVec[i] 的最大值，candyVec[i]只有取最大值才能既比左边

candyVec[i-1]的糖果多，也比右边 candyVec[i+1]的糖果多，如图 10-12 所示。

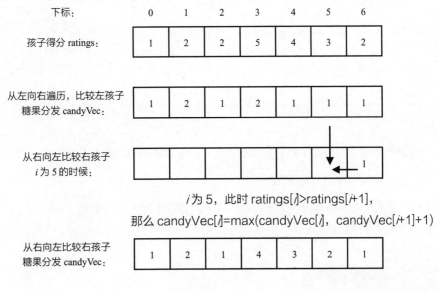

图 10-12

上述过程的代码如下：

```
// 从后向前遍历
for (int i = ratings.size() - 2; i >= 0; i--) {
    if (ratings[i] > ratings[i + 1] ) {
        candyVec[i] = max(candyVec[i], candyVec[i + 1] + 1);
    }
}
```

整体代码如下：

```
class Solution {
public:
    int candy(vector<int>& ratings) {
        vector<int> candyVec(ratings.size(), 1);
        // 从前向后遍历
        for (int i = 1; i < ratings.size(); i++) {
            if (ratings[i] > ratings[i - 1]) candyVec[i] = candyVec[i - 1]
+ 1;
        }
        // 从后向前遍历
        for (int i = ratings.size() - 2; i >= 0; i--) {
            if (ratings[i] > ratings[i + 1] ) {
```

```
                   candyVec[i] = max(candyVec[i], candyVec[i + 1] + 1);
               }
           }
           // 统计结果
           int result = 0;
           for (int i = 0; i < candyVec.size(); i++) result += candyVec[i];
           return result;
       }
};
```

小结:

本题的难点在于贪心的策略,如果在考虑局部最优的时候想两边兼顾,就会顾此失彼。

本题需要采用两次贪心的策略:

- 一次是从左到右遍历,只比较右边孩子的评分比左边大的情况。
- 另一次是从右到左遍历,只比较左边孩子的评分比右边大的情况。

10.10 柠檬水找零

力扣题号:860.柠檬水找零。

在柠檬水摊上,每一杯柠檬水的售价为 5 美元。顾客排队购买你的产品,一次购买一杯。每位顾客只买一杯柠檬水,然后向你支付 5 美元、10 美元或 20 美元。你必须给每个顾客正确找零,也就是说,净交易是每位顾客向你支付 5 美元。

注意,一开始你没有任何零钱。如果你能给每位顾客正确找零,则返回 true,否则返回 false。

【示例一】

输入:[5,5,5,10,20]。

输出:true。

解释:

前 3 位顾客那里,我们按顺序收取 3 张 5 美元的钞票。

第 4 位顾客那里,我们收取一张 10 美元的钞票,并找还 5 美元。

第 5 位顾客那里,我们找还一张 10 美元的钞票和一张 5 美元的钞票。

由于给所有顾客都正确地找零,所以输出为 true。

【示例二】

输入：[10,10]。

输出：false。

提示：

- 0≤bills.length≤10000。
- bills[i]不是 5 就是 10 或 20。

【思路】

如何才能实现完整全部账单的找零呢？

仔细琢磨就会发现，可供我们做判断的空间非常小——只需要维护三个数值的金额，即 5、10 和 20。

有如下三种情况：

- 情况一：账单是 5，直接收下。
- 情况二：账单是 10，消耗一个 5，增加一个 10。
- 情况三：账单是 20，优先消耗一个 10 和一个 5，如果不够，那么再消耗 3 个 5。

情况一和情况二都是固定的逻辑，唯一不确定的是情况三。

账单是 20 的情况下，为什么要优先消耗一个 10 和一个 5 呢？

因为美元 10 只能给账单 20 找零，而美元 5 可以给账单 10 和账单 20 找零，美元 5 更"万能"。

局部最优：遇到账单 20，优先消耗美元 10，完成本次找零。

全局最优：完成全部账单的找零。

局部最优可以推出全局最优，并找不出反例，那么就试一试贪心算法。

代码如下：

```cpp
class Solution {
public:
    bool lemonadeChange(vector<int>& bills) {
        int five = 0, ten = 0, twenty = 0;
        for (int bill : bills) {
            // 情况一
            if (bill == 5) five++;
            // 情况二
            if (bill == 10) {
```

```
                    if (five <= 0) return false;
                    ten++;
                    five--;
                }
                // 情况三
        if (bill == 20) {
                    // 优先消耗 10 美元, 因为 5 美元的找零用处更大, 能多留就多留
                    if (five > 0 && ten > 0) {
                        five--;
                        ten--;
                        twenty++; // 其实这一行代码可以删除, 因为记录 20 已经没有意义
                        // 了, 不会用 20 来找零
                    } else if (five >= 3) {
                        five -= 3;
                        twenty++; // 同理, 这行代码也可以删除
                    } else return false;
                }
            }
        return true;
        }
    };
```

小结:

这道题看上去好像很复杂, 分析清楚之后, 发现逻辑其实非常固定。

这也说明, 遇到感觉没有思路的题目, 可以静下心来把所有可能出现的情况分析一下, 解题思路就豁然开朗了。

如果一直想从整体上寻找找零方案, 就会把自己陷进去, 越想越复杂。

10.11 用最少数量的箭射爆气球

力扣题号: 452. 用最少数量的箭射爆气球。

在二维空间中有许多球形的气球, 对于每个气球, 提供的输入是水平方向上的气球直径的开始和结束坐标。由于它是水平的, 所以纵坐标并不重要, 因此只要知道开始和结束的横坐标就足够了。开始坐标总是小于结束坐标。

一支弓箭可以沿着 x 轴从不同点完全垂直地射出。在坐标 x 处射出一支弓箭, 若有一个气球的直径的开始和结束坐标为 xstart、xend, 且满足 xstart≤x≤xend, 则该气球会被射爆。可以射出的弓箭的数量没有限制。弓箭一旦被射出, 可以一直前进。我们想找到使得所有气球被射爆所需弓箭的

最小数量。

给定一个数组 points，其中 points[i]=[xstart,xend]，返回射爆所有气球所必须射出的最小弓箭数。

【示例一】

输入：points=[[10,16],[2,8],[1,6],[7,12]]。

输出：2。

解释：对于该样例，x=6 可以射爆[2,8]和[1,6]两个气球，x=11 可以射爆[10,16]和[7,12]两个气球。

【示例二】

输入：points=[[1,2],[3,4],[5,6],[7,8]]。

输出：4。

【思路】

如何使用最少的弓箭射爆所有的气球呢？

直觉上看，貌似只射重叠最多的气球，使用的弓箭一定最少。

思考一下有没有这种情况：重叠了三个气球，只射两个，留下一个和后面的一起射，这样弓箭用得更少呢？

尝试一下举个反例，发现没有这种情况，那么就试一试贪心算法。

局部最优：当气球出现重叠时，一起射，所使用的弓箭最少。

全局最优：把所有气球射爆所使用的弓箭最少。

算法确定下来了，那么如何模拟气球被射爆的过程呢？是在数组中删除元素还是做标记呢？

如果真实地模拟射气球的过程，那么应该射爆一个气球，气球数组就删除一个元素。

但仔细思考一下就会发现：如果把气球排序之后，从前到后遍历气球，那么跳过被射过的气球即可，没有必要让气球数组删除一个元素，只要记录弓箭的数量就可以了。

以上为思考过程，已经确定下来使用贪心算法了，下面开始解题。

为了让气球尽可能重叠，需要对数组进行排序。

那么是按照气球的起始位置排序，还是按照气球的终止位置排序呢？

其实都可以，只不过对应的遍历顺序不同，这里就按照气球的起始位置排序。

既然按照起始位置排序，那么就从前向后遍历气球数组，尽可能让气球重复。

从前向后遍历气球数组，遇到重叠的气球怎么办呢？

如果气球重叠了，那么重叠气球中右边边界的最小值之前的气球一定需要一只弓箭射爆。

以输入 [[10,16],[2,8],[1,6],[7,12]] 为例，如图 10-13 所示（已经对数组排序）。

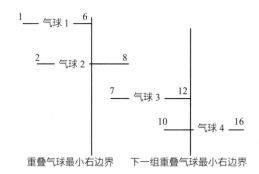

图 10-13

可以看出，第一组重叠气球一定需要一支弓箭射爆，气球 3 的左边界大于第一组重叠气球的最小右边界，所以还需要一支弓箭来射爆气球 3 和气球 4。

代码如下：

```
class Solution {
private:
    static bool cmp(const vector<int>& a, const vector<int>& b) {
        return a[0] < b[0];
    }
public:
    int findMinArrowShots(vector<vector<int>>& points) {
        if (points.size() == 0) return 0;
        sort(points.begin(), points.end(), cmp);

        int result = 1; // points 不为空，至少需要一支弓箭
        for (int i = 1; i < points.size(); i++) {
            // 气球 i 和气球 i-1 不挨着，注意这里不是>=
            if (points[i][0] > points[i - 1][1]) {
                result++; // 需要一支弓箭
            }
            else {  // 气球 i 和气球 i-1 挨着
                // 更新重叠气球的最小右边界
                points[i][1] = min(points[i - 1][1], points[i][1]);
            }
        }
```

```
        return result;
    }
};
```

可以看出代码并不复杂。

- 时间复杂度：$O(nlogn)$。
- 空间复杂度：$O(1)$。

注意题目中说的是如果满足 xstart≤x≤xend，则该气球会被射爆。说明两个气球挨在一起不重叠也可以一起被射爆。

所以代码中 if (points[i][0] > points[i - 1][1]) 的 ">" 不能是 ">="。

小结：

解答这道题的思路很简单也很直接，就是重复气球的一起被射爆。寻找重复的气球和寻找重叠的气球的最小右边界都需要一定的代码技巧。

10.12 合并区间

力扣题号：56. 合并区间。

给出一个区间的集合，合并所有重叠的区间。

【示例一】

输入：intervals=[[1,3],[2,6],[8,10],[15,18]]。

输出：[[1,6],[8,10],[15,18]]。

解释：区间[1,3]和[2,6]重叠，将它们合并为[1,6]。

【示例二】

输入：intervals=[[1,4],[4,5]]。

输出：[1,5]。

解释：区间[1,4]和[4,5]可被视为重叠区间。

【思路】

感觉此题一定要排序，那么是按照左边界排序，还是按照右边界排序呢？

其实都可以。

这里按照左边界排序，排序之后：

- 局部最优：每次合并都取最大的右边界，这样就可以合并更多的区间了。
- 全局最优：合并所有重叠的区间。

局部最优可以推出全局最优，并找不出反例，可以试一试贪心算法。

有的读者可能会问，本来就应该合并最大右边界，这和贪心算法有什么关系呢？

其实有时贪心的思路就是一种常识！

按照左边界从小到大排序之后，如果 intervals[i][0]<intervals[i-1][1]，即 intervals[i]的左边界<intervals[i-1]的右边界，则一定有重叠区间。

所以如果 intervals[i]的左边界在 intervals[i-1]的左边界和右边界的范围内，那么一定有重叠区间，如图 10-14 所示（注意图中区间都是按照左边界排序了）。

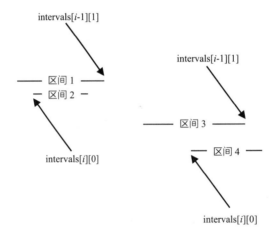

图 10-14

知道如何判断是否有重叠区间之后，剩下的就是合并区间了，如何合并区间呢？

其实就是用合并区间后的左边界和右边界组成一个新的区间并加入 result 数组。代码如下：

```cpp
class Solution {
public:
    // 按照区间左边界从小到大排序
    static bool cmp (const vector<int>& a, const vector<int>& b) {
        return a[0] < b[0];
    }
    vector<vector<int>> merge(vector<vector<int>>& intervals) {
        vector<vector<int>> result;
```

```
        if (intervals.size() == 0) return result;
        sort(intervals.begin(), intervals.end(), cmp);
        bool flag = false; // 标记最后一个区间有没有合并
        int length = intervals.size();

        for (int i = 1; i < length; i++) {
            int start = intervals[i - 1][0];      // 初始化为 i-1 区间的左边界
            int end = intervals[i - 1][1];        // 初始化为 i-1 区间的右边界
            while (i < length && intervals[i][0] <= end) { // 合并区间
                end = max(end, intervals[i][1]);      // 不断更新右区间
                if (i == length - 1) flag = true;     // 最后一个区间也合并了
                i++;                                  // 继续合并下一个区间
            }
            result.push_back({start, end});
        }
        // 如果最后一个区间没有合并，则将其加入 result
        if (flag == false) {
            result.push_back({intervals[length - 1][0], intervals[length -
1][1]});
        }
        return result;
    }
};
```

当然以上代码有冗余，可以做如下优化（思路是一样的）：

```
class Solution {
public:
    vector<vector<int>> merge(vector<vector<int>>& intervals) {
        vector<vector<int>> result;
        if (intervals.size() == 0) return result;
        // 排序的参数使用了 Lambda 表达式
        sort(intervals.begin(), intervals.end(), [](const vector<int>& a,
const vector<int>& b){return a[0] < b[0];});

        result.push_back(intervals[0]);
        for (int i = 1; i < intervals.size(); i++) {
            if (result.back()[1] >= intervals[i][0]) { // 合并区间
                result.back()[1] = max(result.back()[1], intervals[i][1]);
            } else {
                result.push_back(intervals[i]);
            }
        }
        return result;
```

```
        }
    };
```

- 时间复杂度：$O(n\log n)$。
- 空间复杂度：$O(1)$。

小结：

对于贪心算法，很多读者如果凭常识直接写出来，就感觉不到自己使用了贪心算法。

其实贪心算法本来就没有套路，也没有框架，所以需要多练习常规解法，遇到类似的题目时自然而然就有了思路。

10.13 单调递增的数字

力扣题号：738.单调递增的数字。

给定一个非负整数 N，找出小于或者等于 N 的最大的整数，同时这个整数需要满足其各个位数上的数字是单调递增的（当且仅当每个相邻位数上的数字 x 和 y 满足 $x \leqslant y$ 时，我们称这个整数是单调递增的）。

【示例一】

输入：N=10。

输出：9。

【示例二】

输入：N=1234

输出：1234。

【示例三】

输入：N=332。

输出：299。

10.13.1 暴力解法

暴力解法的代码如下：

```
class Solution {
private:
```

```
    bool checkNum(int num) {
        int max = 10;
        while (num) {
            int t = num % 10;
            if (max >= t) max = t;
            else return false;
            num = num / 10;
        }
        return true;
    }
public:
    int monotoneIncreasingDigits(int N) {
        for (int i = N; i > 0; i--) {
            if (checkNum(i)) return i;
        }
        return 0;
    }
};
```

- 时间复杂度：$O(n \times m)$，其中 m 为 n 的数字长度。
- 空间复杂度：$O(1)$。

10.13.2 贪心解法

本题要求小于或者等于 N 的最大单调递增的整数，下面以一个两位的数字来举例。

例如，数字 98，一旦出现 strNum[i-1]>strNum[i]的情况（非单调递增），首先将 strNum[i-1]减一，然后将 strNum[i]赋值为 9，这样整数变为 89，即小于 98 的最大单调递增的整数。

局部最优：遇到 strNum[i-1]>strNum[i]的情况，首先将 strNum[i-1]减一，然后将 strNum[i]赋值为 9，可以将这两个数变成最大单调递增的整数。

全局最优：得到小于或者等于 N 的最大单调递增的整数。

但这里根据局部最优推出全局最优，还需要其他条件，即遍历顺序和标记从哪一位开始统一改成 9。

此时是从前向后遍历还是从后向前遍历呢？

如果是从前向后遍历，那么遇到 strNum[i-1]>strNum[i]的情况，将 strNum[i-1]减一，但此时如果将 strNum[i-1]减一了，那么 strNum[i-1]可能又小于 strNum[i-2]。

举个例子，从前向后遍历数字 332，数字 332 就变成了 329，此时 2 又小于第一位的 3，真正的结果应该是 299。

所以从前后向遍历会改变已经遍历过的结果。

从后向前遍历就可以重复利用上次比较得出的结果了，从后向前遍历 332 的数值变化为：332→329→299。

确定遍历顺序之后，就可以通过局部最优推出全局最优，找不出反例，试一试贪心算法。代码如下：

```cpp
class Solution {
public:
    int monotoneIncreasingDigits(int N) {
        string strNum = to_string(N);
        // flag 用来标记赋值 9 从哪里开始
        // 设置为默认值，为了防止在 flag 没有被赋值的情况下执行第二个 for 循环
        int flag = strNum.size();
        for (int i = strNum.size() - 1; i > 0; i--) {
            if (strNum[i - 1] > strNum[i] ) {
                flag = i;
                strNum[i - 1]--;
            }
        }
        for (int i = flag; i < strNum.size(); i++) {
            strNum[i] = '9';
        }
        return stoi(strNum);
    }
};
```

- 时间复杂度：$O(n)$，其中 n 为数字的长度。
- 空间复杂度：$O(n)$。

10.14 本章小结

很多没有接触过贪心算法的读者会感觉贪心算法很简单，但经过本章的学习，可能发现贪心算法是一种很重要的算法思维而且并不简单，贪心算法非常巧妙。

学习第 8 章和第 9 章之后，读者可能已经习惯使用一种套路或者一种框架来解决所有类似的问题，但贪心算法就没有任何套路可言。

对于贪心算法的题目，只有多接触、多练习，才能培养出使用贪心算法的思维。

第11章

动态规划

11.1 动态规划理论基础

动态规划的英文为 Dynamic Programming，简称 DP，本章中有时也称之为"动规"，如果某一问题有很多重叠子问题，那么使用动态规划是最有效的解决办法。

动态规划中的每一个状态一定是由上一个状态推导出来的，这一点就区别于贪心算法，贪心算法没有状态推导，而是从局部直接选最优的。

例如，有 N 件物品和一个最多能背重量为 W 的背包。第 i 件物品的重量是 weight[i]，得到的价值是 value[i]。每件物品只能用一次，求解将哪些物品装入背包后物品价值的总和最大？

动态规划中 dp[j]是由 dp[j-weight[i]]推导出来的，然后取 max(dp[j],dp[j-weight[i]]+ value[i])的值。

如果是贪心算法，则每次选物品时取一个最大的或者最小的值，和上一个状态没有关系。所以贪心算法解决不了动态规划的问题。

11.1.1 动态规划题目的解题步骤

做动态规划题目的时候，很多读者会陷入一个误区，就是以为把状态转移公式背下来，"照葫芦画瓢"改一改，就开始编写代码，甚至把题目做出来之后，都不太清楚 dp[i]表示的是什么。

这就是一种"朦胧"的解题状态，遇到稍难一点的题目可能就不会了，只能看对应的题解，然后继续"照葫芦画瓢"陷入这种恶性循环中。

状态转移公式（递推公式）很重要，但动态规划不仅仅只有递推公式。

对于动态规划问题，下面将其拆解为如下"五部曲"：

（1）确定 dp 数组（dp table）及下标的含义。

（2）确定递推公式。

（3）初始化 dp 数组。

（4）确定遍历顺序。

（5）举例推导 dp 数组。

为什么要先确定递推公式，然后才考虑初始化 dp 数组呢？

因为递推公式决定了如何初始化 dp 数组。

本章后面的讲解都围绕着这"五部曲"展开。

一些读者知道递推公式，但不清楚应该如何初始化 dp 数组，或者正确的遍历顺序是什么，以至于写的程序怎么改都输出不了正确的结果。

11.1.2 动态规划应该如何排查问题

写动态规划算法，代码出问题很正常。

找问题的最好方式就是把 dp 数组打印出来，看一下究竟是不是按照自己的思路推导的。

一些读者对于 dp 数组的认识处于"黑盒"的状态，即不清楚 dp 数组的含义，不明白为什么这么初始化，记住了递推公式，按照习惯确定遍历顺序，然后一鼓作气写出代码，如果代码能通过则万事大吉，通过不了的话就凭感觉再改一改。

这是一个很不好的习惯。

做动态规划的题目，写代码之前一定要把状态转移在 dp 数组中的具体情况模拟一遍，做到心中有数，确定最后推导出的是想要的结果。

然后编写相应的代码，如果代码没通过就打印 dp 数组，看一下和自己预先推导的哪里不一样。

如果打印结果和自己预先模拟推导的结果是一样的，那么就是自己的递推公式、dp 数组的初始化或者遍历顺序有问题了。如果打印结果和自己预先模拟推导的结果不一样，那么就是代码的实现细节有问题。

这样才是一个完整的思考过程，而不是一旦代码出问题，就毫无头绪地修改代码。

这也是为什么在动规"五部曲"中强调推导 dp 数组的重要性。

相信不少读者在代码出现问题时有这样的疑问：我的代码和别人的一模一样，为什么我的代码运行后就得不到正确的结果呢?

出现这样的疑问之前,先问自己以下三个问题:

- 我举例推导递推公式了吗?
- 我打印 dp 数组的日志了吗?
- 打印出来的 dp 数组和我想的一样吗?

回答了上述几个问题,基本上就可以解答这道题目了,或者更清晰地知道自己的代码究竟哪里有问题。

小结:

本节是对动态规划的整体概述,讲解了什么是动态规划、动态规划的解题步骤,以及如何排查问题。

动态规划是一个很大的领域,本章的内容是解决动态规划题目中用到的重要理论基础。

11.2 斐波那契数

力扣题号:509. 斐波那契数。

【题目描述】

斐波那契数通常用 F(n)表示,形成的序列称为斐波那契数列。该数列从 0 和 1 开始,后面的每一项数字都是前面两项数字的和。也就是:F(0)=0,F(1)=1,F(n)=F(n-1)+F(n-2),其中 n>1。

【示例一】

输入:2。

输出:1。

解释:F(2)=F(1)+F(0)=1+0=1。

【示例二】

输入:4。

输出:3。

解释:F(4)=F(3)+F(2)=2+1=3。

【思路】

斐波那契数列非常适合作为动态规划第一道题目来练习。这道题目比较简单，一些读者很容易写出解题代码。这里要强调一下：简单题目是用来加深对解题方法论的理解的。通过这道题目可以让读者初步理解按照动规"五部曲"是如何解题的。

11.2.1 动态规划解法

动规"五部曲"分析如下：

（1）确定 dp 数组及下标的含义

dp[i]：第 i 个数的斐波那契数的值。

（2）确定递推公式。

为什么这是一道非常简单的题目呢？因为根据题目很容易得出递推公式：dp[i]=dp[i-1]+dp[i-2]。

（3）初始化 dp 数组。

```
dp[0]=0;
dp[1]=1;
```

（4）确定遍历顺序。

从递推公式 dp[i]=dp[i-1]+dp[i-2]可以看出，dp[i]依赖于 dp[i-1]和 dp[i-2]，那么遍历顺序一定是从前到后遍历。

（5）举例推导 dp 数组。

按照这个递推公式来推导一下，当 N 为 10 的时候，dp 数组应该是如下的数列：

0 1 1 2 3 5 8 13 21 34 55

如果代码运行后发现结果不对，就把 dp 数组打印出来，看一下和我们推导的数列是不是一致的。

代码如下：

```cpp
class Solution {
public:
    int fib(int N) {
        if (N <= 1) return N;
        vector<int> dp(N + 1);
        dp[0] = 0;
        dp[1] = 1;
        for (int i = 2; i <= N; i++) {
            dp[i] = dp[i - 1] + dp[i - 2];
```

```
        }
        return dp[N];
    }
};
```

- 时间复杂度：$O(n)$。
- 空间复杂度：$O(n)$。

可以发现，我们只需要维护两个数值就可以了，不需要记录整个数列。

优化后的代码如下：

```
class Solution {
public:
    int fib(int N) {
        if (N <= 1) return N;
        int dp[2];
        dp[0] = 0;
        dp[1] = 1;
        for (int i = 2; i <= N; i++) {
            int sum = dp[0] + dp[1];
            dp[0] = dp[1];
            dp[1] = sum;
        }
        return dp[1];
    }
};
```

- 时间复杂度：$O(n)$。
- 空间复杂度：$O(1)$。

11.2.2 递归解法

本题还可以使用递归解法。

代码如下：

```
class Solution {
public:
    int fib(int N) {
        if (N < 2) return N;
        return fib(N - 1) + fib(N - 2);
    }
};
```

- 时间复杂度：$O(2^n)$。

- 空间复杂度：$O(n)$，算上了编程语言中实现递归的系统栈所占空间。

小结：

本节严格按照 11.1 节中的动规"五部曲"分析了这道题目，有的读者会觉得一些分析步骤比较复杂，其实可以直接编写代码。但这里还是强调一下，简单题目是用来掌握方法论的，动规"五部曲"将在接下来的动态规划题目中发挥重要作用。

11.3 爬楼梯

力扣题号：70.爬楼梯。

假设你需要爬 n 个台阶才能到达楼顶，每次你可以爬 1 或 2 个台阶，那么有多少种不同的方法可以爬到楼顶呢？

【示例一】

输入：2。

输出：2。

解释：有两种方法可以爬到楼顶。

- 方法一：1 阶+1 阶。
- 方法二：2 阶。

【示例二】

输入：3。

输出：3。

解释：有三种方法可以爬到楼顶。

- 方法一：1 阶+1 阶+1 阶。
- 方法二：1 阶+2 阶。
- 方法三：2 阶+1 阶。

【思路】

爬到第一层楼梯有一种方法，爬到第二层楼梯有两种方法。

从第一层楼梯再向上跨两步就到第三层楼梯，从第二层楼梯再向上跨一步就到第三层楼梯。所以到达第三层楼梯的状态可以由到达第二层楼梯和到达第一层楼梯的状态推导出来，这时就想到了动态规划。

动规"五部曲"分析如下：

（1）确定 dp 数组及下标的含义。

dp[i]：爬到第 i 层楼梯有 dp[i]种方法。

（2）确定递推公式。

从 dp[i]的定义可以看出，dp[i]可以从两个方向推导出来。

首先是 dp[i-1]，上 i-1 层楼梯有 dp[i-1]种方法，那么下一步上一个台阶就是 dp[i]。

其次是 dp[i-2]，上 i-2 层楼梯有 dp[i-2]种方法，那么下一步上两个台阶就是 dp[i]。

dp[i]就是 dp[i-1]与 dp[i-2]之和。

所以递推公式为 dp[i]=dp[i-1]+dp[i-2]。

在推导 dp[i]的时候，一定要时刻想着 dp[i]的定义，否则很容易把自己绕进去。这就体现了确定 dp 数组及下标含义的重要性。

（3）如何初始化 dp 数组。

如果 i 为 0，那么 dp[i]应该是多少呢？这个可以有很多种解释。

第 1 种解释：什么都不做也是一种爬楼梯的方法，即 dp[0]=1，相当于直接站在楼顶。

第 2 种解释：爬到第 0 层，方法就是 0，一步只能爬一个台阶或者两个台阶，然而楼层是 0，相当于直接站楼顶了，dp[0]就应该是 0。

其实这么争论下去没有意义，第 1 种解释说 dp[0]应该为 1 的理由是，如果 dp[0]=1，那么在递推的过程中，i 从 2 开始遍历就能求解本题。

但从 dp 数组的定义的角度来说，dp[0]=0 也能说得通。

需要注意的是，题目中说了 n 是一个正整数，但没说 n 为 0 的情况。

所以本题不应该讨论 dp[0]的初始化。

笔者的原则是：不考虑如何初始化 dp[0]，只初始化 dp[1]=1、dp[2]=2，然后从 i=3 开始递推，这样才符合 dp[i]的定义。

（4）确定遍历顺序。

从递推公式 dp[i]=dp[i-1]+dp[i-2]可以看出，遍历顺序一定是从前向后。

（5）举例推导 dp 数组。

当 n 为 5 的时候，dp 数组如下：

dp[1]=1，dp[2]=2，dp[3]=3，dp[4]=5，dp[5]=8。

如果代码运行出问题了，就把 dp 数组打印出来，看一下打印结果是不是和自己推导的一样。

此时读者应该发现了，这个 dp 数组的数值不就是斐波那契数列吗？

和 11.2 节唯一的区别是，没有讨论 dp[0] 应该是什么，因为 dp[0] 在本题中没有意义。

代码如下：

```
// 版本一
class Solution {
public:
    int climbStairs(int n) {
        if (n <= 1) return n; //防止出现空指针
        vector<int> dp(n + 1);
        dp[1] = 1;
        dp[2] = 2;
        for (int i = 3; i <= n; i++) { // 注意 i 是从 3 开始的
            dp[i] = dp[i - 1] + dp[i - 2];
        }
        return dp[n];
    }
};
```

- 时间复杂度：$O(n)$。
- 空间复杂度：$O(n)$。

优化空间复杂度后的代码如下：

```
// 版本二
class Solution {
public:
    int climbStairs(int n) {
        if (n <= 1) return n;
        int dp[3];
        dp[1] = 1;
        dp[2] = 2;
        for (int i = 3; i <= n; i++) {
            int sum = dp[1] + dp[2];
            dp[1] = dp[2];
            dp[2] = sum;
```

```
        }
        return dp[2];
    }
};
```

- 时间复杂度：$O(n)$。
- 空间复杂度：$O(1)$。

版本一最能体现出动态规划的思想精髓——递推的状态变化。

【拓展】

这道题目还可以继续拓展，就是一步一个台阶、两个台阶、三个台阶，直到 m 个台阶，有多少种方法爬到 n 阶楼顶。

这其实是一个完全背包问题，后续在讲解背包问题的时候会继续分析这道题目。

此时可以发现一道绝佳的面试题，第一道题就是单纯的爬楼梯，考查面试者的代码实现，如果把 dp[0] 定义成 1，那么这时面试官就可以发问了，为什么 dp[0] 一定要初始化为 1？这就是一个考查点，考查面试者对 dp[i] 的定义的理解是否深入。

面试官还可以继续发问，如果一步一个台阶、两个台阶、三个台阶，直到 m 个台阶，有多少种方法爬到 n 阶楼顶？这道题目在力扣上是没有原题的，是考查面试者算法能力的绝佳好题。

其实大厂面试官最喜欢问的就是这种简单题，然后慢慢变化，在小细节上考查面试者的算法能力。

小结：

简单题是用来掌握方法论的，比如 11.2 节中的题目是比较简单的，但和本节题目可以使用同一套解题方法，这就是方法论的重要性。

所以不要轻视简单题，只有掌握方法论，才能触类旁通、举一反三。

11.4 使用最低花费爬楼梯

力扣题号：746.使用最低花费爬楼梯。

数组的每个下标作为一个台阶，第 i 个台阶对应一个非负数的体力花费值 cost[i]（下标从 0 开始）。每当爬上一个台阶你都要花费对应的体力值，一旦支付了相应的体力值，你就可以选择向上爬一个台阶或者爬两个台阶。

请你找出达到楼顶的最低花费。在开始时，你可以选择将下标为 0 或 1 的元素作为初始台阶。

【示例一】

输入：cost=[10,15,20]。

输出：15。

解释：最低花费是从 cost[1]开始的，然后走两步即可到达楼顶，一共花费 15 体力值。注意题目中的描述，第一步是要花费体力值的，最后一步不用花费体力值，第一步走到第二个台阶，第二步直接登顶。

【示例二】

输入：cost=[1,100,1,1,1,100,1,1,100,1]。

输出：6。

解释：最低花费是从 cost[0]开始的，逐个经过那些 1，跳过 cost[3]，一共花费 6 体力值。

【思路】

这道题目可以说是 11.3 节的进阶版本。

注意题目中的描述：每当爬上一个台阶你都要花费对应的体力值，一旦支付了相应的体力值，就可以选择向上爬一个台阶或者爬两个台阶。

所以示例一中只花费 15 体力值就可以到达楼顶，最后一步可以理解为不用花费体力值。

动规"五部曲"分析如下：

（1）确定 dp 数组及下标的含义。

使用动态规划，就需要一个记录状态的数组，本题只需要一个一维数组 dp[i]。

dp[i]的定义：到达第 i 个台阶所花费的最少体力值（注意这里认为第一步一定要花费体力值）。

（2）确定递推公式。

有两个途径可以得到 dp[i]，一个是 dp[i-1]，另一个是 dp[i-2]。

究竟选 dp[i-1]还是 dp[i-2]呢？

一定是选最小的，所以 dp[i]=min(dp[i-1],dp[i-2])+cost[i]。

为什么是 cost[i]，而不是 cost[i-1]、cost[i-2]？因为题目中说了：每当你爬上一个台阶都要花费对应的体力值。

（3）初始化 dp 数组。

根据 dp 数组的定义，dp 数组的初始化其实是比较难的，因为 dp 数组不可能初始化为爬上第 i 个台阶所花费的最少体力值。

看一下递推公式，dp[i]是由 dp[i-1]、dp[i-2]推导出来的，既然初始化所有的 dp[i]是不可能的，那么只初始化 dp[0]和 dp[1]就够了，其他下标的 dp 数组的数值最终都是由 dp[0]、dp[1]推导出来的。

初始化 dp 数组的代码如下：

```
vector<int> dp(cost.size());
dp[0] = cost[0];
dp[1] = cost[1];
```

（4）确定遍历顺序。

因为是模拟台阶，而且 dp[i]是由 dp[i-1]、dp[i-2]推导出来的，所以从前到后遍历 cost 数组即可。

但是有难度的动态规划的题目，其遍历顺序并不容易确定下来。

例如，0-1 背包的代码中使用两层 for 循环，一个遍历物品的 for 循环嵌套一个遍历背包容量的 for 循环。为什么不是一个遍历背包容量的 for 循环嵌套一个遍历物品的 for 循环呢？在使用一维 dp 数组的时候，遍历背包容量为什么要倒叙呢？

这些问题都是和遍历顺序息息相关的。背包问题在后面的章节中会重点讲解。

（5）举例推导 dp 数组。

以示例二的输入为例（cost=[1,100,1,1,1,100,1,1,100,1]），模拟 dp 数组的状态变化，如图 11-1 所示。

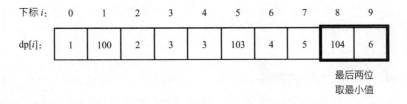

图 11-1

整体代码如下：

```
// 版本一
class Solution {
public:
    int minCostClimbingStairs(vector<int>& cost) {
        vector<int> dp(cost.size());
        dp[0] = cost[0];
```

```
        dp[1] = cost[1];
        for (int i = 2; i < cost.size(); i++) {
            dp[i] = min(dp[i - 1], dp[i - 2]) + cost[i];
        }
        // 注意最后一步可以理解为不用花费体力值，所以取倒数第一步、第二步的最小值
        return min(dp[cost.size() - 1], dp[cost.size() - 2]);
    }
};
```

- 时间复杂度：$O(n)$。
- 空间复杂度：$O(n)$。

还可以优化空间复杂度，因为 dp[i]是由前两位推导出来的，所以可以不用定义完整的 dp 数组了，代码如下：

```
// 版本二
class Solution {
public:
    int minCostClimbingStairs(vector<int>& cost) {
        int dp0 = cost[0];
        int dp1 = cost[1];
        for (int i = 2; i < cost.size(); i++) {
            int dpi = min(dp0, dp1) + cost[i];
            dp0 = dp1; // 记录前两位的值
            dp1 = dpi;
        }
        return min(dp0, dp1);
    }
};
```

- 时间复杂度：$O(n)$。
- 空间复杂度：$O(1)$。

笔者不建议这么写，版本一更直观简洁。

在后续的讲解中，会以版本一的写法为主，读者对于版本二的写法有一个大概的了解即可。

【拓展】

从题目中可以看出：不是第一步不需要花费体力值，就是最后一步不需要花费体力值，题意表达的其实是第一步需要花费体力值。因为爬上一个台阶就要花费对应的体力值。

所以本节定义的 dp[i]的含义是第一步要花费体力值，最后一步不用花费体力值。

当然也可以定义 dp[i]为：第一步不花费体力值，最后一步花费体力值。代码如下：

```cpp
class Solution {
public:
    int minCostClimbingStairs(vector<int>& cost) {
        vector<int> dp(cost.size()+1);
        dp[0] = 0; // 默认第一步不花费体力值
        dp[1] = 0;
        for (int i = 2; i <= cost.size(); i++) {
            dp[i] = min(dp[i - 1] + cost[i - 1], dp[i - 2] + cost[i - 2]);
        }
        return dp[cost.size()];
    }
};
```

11.5 不同路径（一）

力扣题号：62.不同路径。

一个机器人位于一个 $m \times n$ 网格的左上角（起始点在图 11-2 中标记为"Start"），机器人每次只能向下或者向右移动一步，如果机器人试图到达网格的右下角（在图 11-2 中标记为"Finish"），那么总共有多少条不同的路径？

图 11-2

【示例一】

输入：m=3，n=7。

输出：28。

【示例二】

输入：m=2，n=3。

输出：3。

解释：从左上角开始，总共有 3 条路径可以到达右下角。

- 向右→向右→向下。
- 向右→向下→向右。
- 向下→ 向右→向右。

11.5.1 深度优先搜索

机器人每次只能向下或者向右移动一步，那么机器人走过的路径就可以抽象为一棵二叉树，而叶子节点就是终点，如图 11-3 所示。

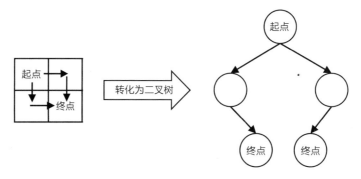

图 11-3

此时问题就可以转化为求二叉树叶子节点的个数，代码如下：

```cpp
class Solution {
private:
    int dfs(int i, int j, int m, int n) {
        if (i > m || j > n) return 0; // 越界了
        if (i == m && j == n) return 1; // 找到一种方法，相当于找到了叶子节点
        return dfs(i + 1, j, m, n) + dfs(i, j + 1, m, n);
    }
public:
    int uniquePaths(int m, int n) {
        return dfs(1, 1, m, n);
    }
};
```

这棵树的深度是 $m+n-1$（深度从 1 开始计算），二叉树的节点个数是 $2^{(m+n-1)}-1$。可以理解为深度优先搜索的算法就是遍历了整棵满二叉树（其实没有遍历整棵满二叉树，只是近似而已）。

上面的深度优先搜索算法的代码的时间复杂度为 $O(2^{(m+n-1)}-1)$，可以看出，这是指数级别的时间复杂度，是非常费时的。

11.5.2 动态规划

机器人从（0,0）的位置出发，到达（m-1,n-1）终点。

动规"五部曲"如下：

（1）确定 dp 数组（dp table）及下标的含义。

dp[i][j]：表示从（0,0）出发，到达（i,j）有 dp[i][j] 条不同的路径。

（2）确定递推公式。

想要求 dp[i][j]，只能从两个方向推导出来，即 dp[i-1][j] 和 dp[i][j-1]。

回顾一下 dp[i-1][j] 的意义，是从（0,0）到（i-1,j）有几条路径，dp[i][j-1] 同理。

那么很自然得出 dp[i][j]=dp[i-1][j]+dp[i][j-1]，因为 dp[i][j] 只能从这两个方向推导出来。

（3）初始化 dp 数组。

因为从（0,0）到（i,0）的路径只有一条，所以 dp[i][0] 一定都是 1，dp[0][j] 同理。

初始化 dp 数组的代码如下：

```
for (int i = 0; i < m; i++) dp[i][0] = 1;
for (int j = 0; j < n; j++) dp[0][j] = 1;
```

（4）确定遍历顺序。

这里要看一下递推公式 dp[i][j]=dp[i-1][j]+dp[i][j-1]，dp[i][j] 都是从其上方和左方推导而来的，那么从左到右一层一层遍历就可以了。

这样就可以保证推导 dp[i][j] 的时候，dp[i-1][j] 和 dp[i][j-1] 一定是有数值的。

（5）举例推导 dp 数组。

假设 m=3、n=7，推导 dp[i][j] 的数值，如图 11-4 所示。

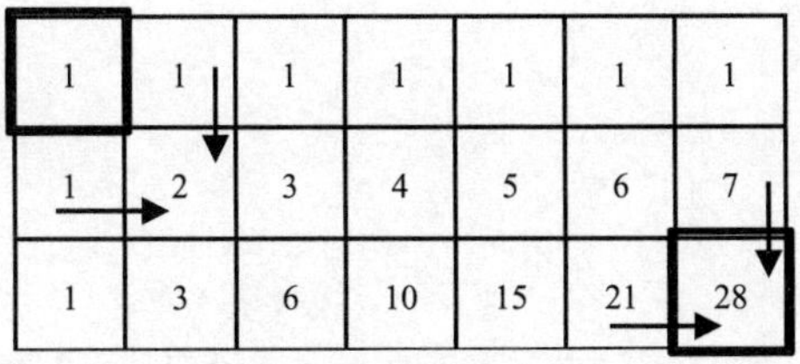

1	1	1	1	1	1	1
1	2	3	4	5	6	7
1	3	6	10	15	21	28

图 11-4

动规"五部曲"分析完毕，本题代码如下：

```cpp
class Solution {
public:
    int uniquePaths(int m, int n) {
        vector<vector<int>> dp(m, vector<int>(n, 0));
        for (int i = 0; i < m; i++) dp[i][0] = 1;
        for (int j = 0; j < n; j++) dp[0][j] = 1;
        for (int i = 1; i < m; i++) {
            for (int j = 1; j < n; j++) {
                dp[i][j] = dp[i - 1][j] + dp[i][j - 1];
            }
        }
        return dp[m - 1][n - 1];
    }
};
```

- 时间复杂度：$O(m \times n)$。
- 空间复杂度：$O(m \times n)$。

其实用一个一维数组（也可以理解为滚动数组）也可以实现上述算法，但是不利于理解，优化后的代码如下：

```cpp
class Solution {
public:
    int uniquePaths(int m, int n) {
        vector<int> dp(n);
        for (int i = 0; i < n; i++) dp[i] = 1;
        for (int j = 1; j < m; j++) {
            for (int i = 1; i < n; i++) {
                dp[i] += dp[i - 1];
            }
        }
        return dp[n - 1];
    }
};
```

- 时间复杂度：$O(m \times n)$。
- 空间复杂度：$O(n)$

11.5.3 数论方法

如 11-2 图所示，在 $m \times n$ 网格中，无论怎么走，走到终点都需要 $m+n-2$ 步。在这 $m+n-2$ 步中，一定有 $m-1$ 步是要向下走的，不用管什么时候向下走。

那么有几种走法呢？这个问题可以转化为，给你 $m+n-2$ 个不同的数，随便取 $m-1$ 个数，有几种取法?

这就是一个组合问题了，本题求解的计算方式为C_{m+n-2}^{m-1}。

求组合的时候，要防止两个 int 类型的数相乘后溢出。所以不能把算式的分子和分母都计算出来之后再做除法。例如，如下代码是有问题的：

```cpp
class Solution {
public:
    int uniquePaths(int m, int n) {
        int numerator = 1, denominator = 1;
        int count = m - 1;
        int t = m + n - 2;
        while (count--) numerator *= (t--); // 计算分子，此时分子就会溢出
        for (int i = 1; i <= m - 1; i++) denominator *= i; // 计算分母
        return numerator / denominator;
    }
};
```

需要在计算分子的时候，不断除以分母，代码如下：

```cpp
class Solution {
public:
    int uniquePaths(int m, int n) {
        long long numerator = 1; // 分子
        int denominator = m - 1; // 分母
        int count = m - 1;
        int t = m + n - 2;
        while (count--) {
            numerator *= (t--);
            while (denominator != 0 && numerator % denominator == 0) {
                numerator /= denominator;
                denominator--;
            }
        }
        return numerator;
    }
};
```

- 时间复杂度：$O(m)$。
- 空间复杂度：$O(1)$。

小结：

本节分别给出了深度优先搜索、动态规划、数论三种解题方法。

深度优先搜索的时间复杂度最高，接着给出了动态规划的方法，依然使用的是动规"五部曲"，最后拓展了解一下数论方法。

11.6 不同路径（二）

力扣题号：63. 不同路径 II。

【题目描述】

一个机器人位于一个 $m \times n$ 网格的左上角，机器人每次只能向下或者向右移动一步，机器人试图到达网格的右下角。现在考虑网格中有障碍物，机器人从左上角移动到右下角有多少条不同的路径?

网格中的障碍物和空位置分别用 1 和 0 表示。

【示例一】

输入：obstacleGrid=[[0,0,0],[0,1,0],[0,0,0]]，如图 11-5 所示。

图 11-5

输出：2。

解释：3×3 网格的正中间有一个障碍物。从左上角到右下角一共有 2 条不同的路径：

● 向右→向右→向下→向下。

● 向下→向下→向右→向右。

【示例二】

输入：obstacleGrid = [[0,1],[0,0]]，如图 11-6 所示。

输出：1。

图 11-6

【思路】

这道题和 11.5 节的题目的区别就是有了障碍物。

在 11.5 节中，我们已经详细分析了没有障碍物的情况，如果有障碍物，那么对应的 dp 数组保持初始值就可以了。

动规 "五部曲" 分析如下：

（1）确定 dp 数组（dp table）及下标的含义。

dp[i][j]：表示从（0,0）出发，到达（i, j）有 dp[i][j] 条不同的路径。

（2）确定递推公式。

递推公式和 11.5 节一样，但这里需要注意一点，如果（i, j）就是障碍物，则应该保持初始状态（初始状态为 0）。

代码如下：

```
if (obstacleGrid[i][j] == 0) { // 当坐标为(i,j)的位置没有障碍的时候，再推导
                               // dp[i][j]
    dp[i][j] = dp[i - 1][j] + dp[i][j - 1];
}
```

（3）初始化 dp 数组。

11.5 节的题目因为没有障碍物，所以初始化代码如下：

```
vector<vector<int>> dp(m, vector<int>(n, 0)); // 初始值为 0
for (int i = 0; i < m; i++) dp[i][0] = 1;
for (int j = 0; j < n; j++) dp[0][j] = 1;
```

从（0,0）的位置到（i,0）的路径只有一条，所以 dp[i][0] 一定为 1，dp[0][j] 同理。

如果（i,0）这条路径上有了障碍物，那么障碍物之后（包括障碍物）位置都是不能到达的，所以障碍物之后的 dp[i][0] 应该还是初始值 0，如图 11-7 所示。

| 1 | 1 | 1 | 障碍物 | 0 | 0 | 0 | 0 |

图 11-7

下标为（0,j）的 dp 数组的初始化情况同理。

所以本题的初始化代码如下：

```
vector<vector<int>> dp(m, vector<int>(n, 0));
for (int i = 0; i < m && obstacleGrid[i][0] == 0; i++) dp[i][0] = 1;
for (int j = 0; j < n && obstacleGrid[0][j] == 0; j++) dp[0][j] = 1;
```

注意代码中 for 循环的终止条件，一旦遇到 obstacleGrid[i][0]==1 的情况就停止将 dp[i][0]赋值为 1 的操作，dp[0][j]同理。

（4）确定遍历顺序。

从递推公式可以看出，一定是从左到右一层一层地遍历，这样保证推导 dp[i][j]的时候，dp[i-1][j] 和 dp[i][j-1]一定是有数值的。

代码如下：

```
for (int i = 1; i < m; i++) {
    for (int j = 1; j < n; j++) {
        if (obstacleGrid[i][j] == 1) continue;
        dp[i][j] = dp[i - 1][j] + dp[i][j - 1];
    }
}
```

（5）举例推导 dp 数组。

以示例一的输入为例，对应的 dp 数组如图 11-8 所示。

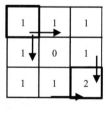

图 11-8

对应的代码如下：

```
class Solution {
public:
```

```
int uniquePathsWithObstacles(vector<vector<int>>& obstacleGrid) {
    int m = obstacleGrid.size();
    int n = obstacleGrid[0].size();
    vector<vector<int>> dp(m, vector<int>(n, 0));
    for (int i = 0; i < m && obstacleGrid[i][0] == 0; i++) dp[i][0] = 1;
    for (int j = 0; j < n && obstacleGrid[0][j] == 0; j++) dp[0][j] = 1;
    for (int i = 1; i < m; i++) {
        for (int j = 1; j < n; j++) {
            if (obstacleGrid[i][j] == 1) continue;
            dp[i][j] = dp[i - 1][j] + dp[i][j - 1];
        }
    }
    return dp[m - 1][n - 1];
    }
};
```

- 时间复杂度：$O(n \times m)$，n、m 为 obstacleGrid 的长度和宽度。
- 空间复杂度：$O(n \times m)$。

小结：

本题是 11.6 节的"障碍版"，解题的整体思路大体一致。只要遇到障碍物，保持 dp[i][j]为 0 即可。也有一些小细节，比如初始化 dp 数组的部分，很容易忽略了障碍物之后的 dp 数组应该都是 0 的情况。

11.7 整数拆分

力扣题号：343. 整数拆分。

【题目描述】给出一个正整数 n，将其拆分为至少两个正整数的和，并使这些正整数的乘积最大化。返回你可以获得的最大乘积。

【示例一】

输入：2。

输出：1。

解释：2=1+1，1×1=1。

【示例二】

输入：10。

输出：36。

解释：10=3+3+4，3×3×4=36。

说明：可以假设 n 不小于 2 且不大于 58。

【思路】

下面看一下如何使用动规解答这个问题。

11.7.1 动态规划

动规"五部曲"如下：

（1）确定 dp 数组及下标的含义。

dp[i]的定义：分拆数字 i，可以得到的最大乘积为 dp[i]。

（2）确定递推公式。

dp[i]的最大乘积是怎么得到的呢？

从 1 开始遍历 j，有两种渠道可以得到 dp[i]。

- $j \times (i\text{-}j)$。
- $j \times$ dp[$i\text{-}j$]，相当于拆分($i\text{-}j$)。

有的读者可能会问，怎么不拆分 j 呢？

j 是从 1 开始遍历的，在遍历 j 的过程中其实计算了拆分 j 的情况。从 1 开始遍历 j，比较($i\text{-}j$)×j 和 dp[$i\text{-}j$] × j 后取最大的值。递推公式：dp[i]=max({dp[i], ($i\text{-}j$)×j, dp[$i\text{-}j$]×j})。

也可以这么理解，$j \times (i\text{-}j)$ 表示单纯地把整数拆分为两个数相乘，$j \times$ dp[$i\text{-}j$] 表示拆分成两个及两个以上的数相乘。

如果是 dp[$i\text{-}j$] × dp[j]，则表示默认将一个数强制拆成 4 份及 4 份以上，这样就不符合题意了。

所以递推公式：dp[i]=max({dp[i], ($i\text{-}j$)×j, dp[$i\text{-}j$]×j})。

（3）初始化 dp 数组。

不少读者会疑惑，dp[0]、dp[1]应该初始化为多少呢？

严格从 dp[i]的定义来说，dp[0]、dp[1] 就不应该初始化，拆分 0 和拆分 1 后的最大乘积是没有意义的。

这里只初始化 dp[2]=1，从 dp[i]的定义来说，拆分数字 2，得到的最大乘积是 1。

（4）确定遍历顺序。

dp[i] 依赖于 dp[i-j]的状态，所以遍历 i 一定是从前向后遍历，先有 dp[i-j]再有 dp[i]。

j 是从 1 开始的，i 是从 3 开始的，这样 dp[i-j]就是 dp[2]，正好可以通过初始化的数值求出来。

遍历顺序对应的代码如下：

```
for (int i = 3; i <= n ; i++) {
    for (int j = 1; j < i - 1; j++) {
        dp[i] = max({dp[i], (i - j) * j, dp[i - j] * j});
    }
}
```

（5）举例推导 dp 数组。

当 n 为 10 的时候，dp 数组中的数值如图 11-9 所示。

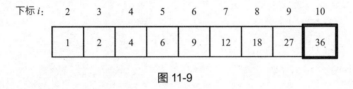

图 11-9

动规"五部曲"分析完毕，本题代码如下：

```
class Solution {
public:
    int integerBreak(int n) {
        vector<int> dp(n + 1);
        dp[2] = 1;
        for (int i = 3; i <= n ; i++) {
            for (int j = 1; j < i - 1; j++) {
                dp[i] = max({dp[i], (i - j) * j, dp[i - j] * j});
            }
        }
        return dp[n];
    }
};
```

- 时间复杂度：$O(n^2)$。
- 空间复杂度：$O(n)$。

11.7.2 贪心算法

本题也可以使用贪心算法，将题目输入的 n 拆成 k 个 3，如果剩下的是 4，则保留 4，然后将拆分出来的数相乘，但是这个结论需要证明其合理性。

证明过程就不在本书的讲解范围内了，感兴趣的读者可以查阅相关资料。

贪心算法的代码如下：

```cpp
class Solution {
public:
    int integerBreak(int n) {
        if (n == 2) return 1;
        if (n == 3) return 2;
        if (n == 4) return 4;
        int result = 1;
        while (n > 4) {
            result *= 3;
            n -= 3;
        }
        result *= n;
        return result;
    }
};
```

- 时间复杂度：$O(n)$。
- 空间复杂度：$O(1)$。

11.8 不同的二叉搜索树

力扣题号：96.不同的二叉搜索树。

【题目描述】

给出一个整数 n，求恰由 n 个节点组成且节点值从 1 到 n 互不相同的二叉搜索树有多少种？返回满足题意的二叉搜索树的种数。

【示例一】

输入：n=3，二叉搜索树如图 11-10 所示。

输出：5。

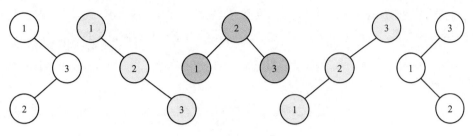

图 11-10

【示例二】

输入：$n=1$。

输出：1。

【思路】

关于什么是二叉搜索树，在第 8 章已经详细讲解过了，了解了二叉搜索树之后，我们应该先举几个例子，画一画图，看一下有没有什么规律。

n 为 1 的时候有一棵搜索树，n 为 2 时有两棵搜索树，如图 11-11 所示。

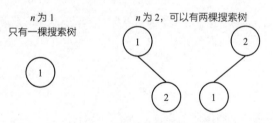

图 11-11

n 为 3 的时候，搜索树如图 11-12 所示。

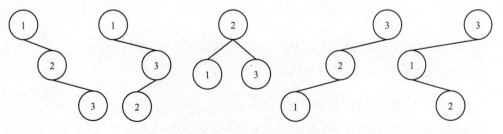

图 11-12

当元素 1 为头节点的时候，其右子树有两个节点，观察这两个节点的布局，可以发现和 n 为 2

365

的时候两棵搜索树的布局一样（可能有读者会疑惑，布局和节点数值都不一样啊？别忘了我们就是求不同搜索树的数量，并不用把搜索树都列出来，所以不用关心其具体数值的差异）。

当元素 3 为头节点的时候，其左子树有两个节点，观察这两个节点的布局，依然可以发现和 n 为 2 的时候两棵搜索树的布局一样。

当元素 2 为头节点的时候，其左右子树都只有一个节点，布局和 n 为 1 的时候只有一棵搜索树的布局一样。

到这里，我们就发现重叠子问题了，也就是发现了可以通过 dp[1] 和 dp[2] 推导出来 dp[3] 的某种方式。

思考到这里，解答这道题目就有眉目了。

dp[3] 就是元素 1 为头节点的搜索树的数量+元素 2 为头节点的搜索树的数量+元素 3 为头节点的搜索树的数量。

- 元素 1 为头节点的搜索树的数量=右子树有 2 个元素的搜索树的数量×左子树有 0 个元素的搜索树的数量。
- 元素 2 为头节点搜索树的数量=右子树有 1 个元素的搜索树的数量×左子树有 1 个元素的搜索树的数量。
- 元素 3 为头节点搜索树的数量=右子树有 0 个元素的搜索树的数量×左子树有 2 个元素的搜索树的数量。

即：

- 有 2 个元素的搜索树的数量就是 dp[2]。
- 有 1 个元素的搜索树的数量就是 dp[1]。
- 有 0 个元素的搜索树的数量就是 dp[0]。

所以 dp[3]=dp[2]×dp[0]+dp[1]×dp[1]+dp[0]×dp[2]。

整个过程如图 11-13 所示。

此时我们已经找到递推关系了，可以使用动规"五部曲"系统地分析一遍。

（1）确定 dp 数组及下标的含义。

dp[i]：1 到 i 为节点组成的二叉搜索树的个数。

也可以将 dp[i] 理解为 i 的不同元素节点组成的二叉搜索树的个数。

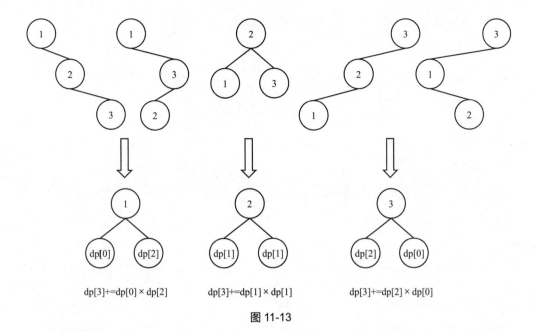

图 11-13

（2）确定递推公式。

在上面的分析中为其实已经看出了递推关系，dp[i]+=dp[以 *j* 为头节点的左子树节点的数量] × dp[以 *j* 为头节点的右子树节点的数量]。

j 相当于头节点的元素，从 1 遍历到 *i* 为止。

所以递推公式为 dp[i]+=dp[j-1] × dp[i-j]，*j*-1 是以 *j* 为头节点的左子树节点的数量，*i*-*j* 是以 *j* 为头节点的右子树节点的数量。

（3）初始化 dp 数组。

只需要初始化 dp[0]即可，其余 dp[i]推导的基础都是 dp[0]。那么 dp[0]应该是多少呢？

从 dp[i]定义上来讲，空节点既是一棵二叉树，也是一棵二叉搜索树。

从递推公式上来讲，dp[以 *j* 为头节点的左子树节点的数量] × dp[以 *j* 为头节点的右子树节点的数量] 中的以 *j* 为头节点的左子树节点的数量为 0，需要 dp[以 *j* 为头节点的左子树节点的数量]=1，否则相乘后的结果就变成 0 了。

所以初始化 dp[0]=1。

（4）确定遍历顺序。

首先一定是遍历节点数，从递推公式可以看出，节点数为 *i* 的状态依靠 *i* 之前节点数的状态。

那么用 j 来遍历 i 里面的每一个数作为头节点的状态。

代码如下：

```
for (int i = 1; i <= n; i++) {
    for (int j = 1; j <= i; j++) {
        dp[i] += dp[j - 1] * dp[i - j];
    }
}
```

（5）举例推导 dp 数组。

n 为 5 时候，dp 数组的状态如图 11-14 所示。

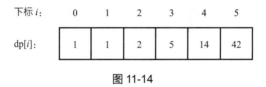

下标 i:	0	1	2	3	4	5
dp[i]:	1	1	2	5	14	42

图 11-14

这里列出了 n 为 5 的情况，是为了方便排查问题的时候把 dp 数组打印出来，看一下哪里有问题。

代码如下：

```
class Solution {
public:
    int numTrees(int n) {
        vector<int> dp(n + 1);
        dp[0] = 1;
        for (int i = 1; i <= n; i++) {
            for (int j = 1; j <= i; j++) {
                dp[i] += dp[j - 1] * dp[i - j];
            }
        }
        return dp[n];
    }
};
```

- 时间复杂度：$O(n^2)$。
- 空间复杂度：$O(n)$。

小结：

首先这道题目想到用动态规划的方法来解决，需要举例、画图、分析，才能找到递推的关系。

其次的难点就是确定递推公式了，如果把递推公式想清楚了，那么遍历顺序和 dp 数组的初始化就比较容易了。

11.9 0-1 背包理论基础

面试时，掌握 0-1 背包和完全背包，了解多重背包就能满足面试要求了，背包问题的解决流程如图 11-15 所示。

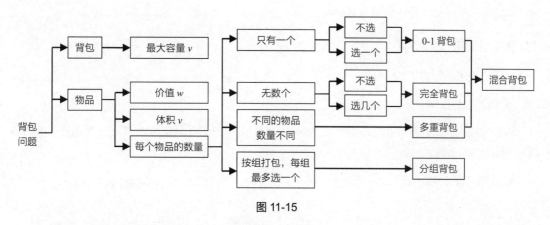

图 11-15

其他种类的背包问题都是竞赛级别的了，面试时是不会考查的。

重点是 0-1 背包和完全背包，而完全背包又是由 0-1 背包变化而来的，即完全背包的物品数量是无限的。

【0-1 背包描述】

有 N 件物品和一个最多能承受重量为 W 的背包，第 i 件物品的重量是 weight[i]，得到的价值是 value[i]，每件物品只能用一次，求解将哪些物品装入背包后物品价值的总和最大？

【分析】

这是标准的背包问题，以至于很多读者自然想到了背包，甚至不知道如何使用暴力解法解答这道题目。

那么暴力的解法应该是怎样的呢？

每一件物品其实只有两个状态——取或者不取，所以可以使用回溯法搜索所有的情况，时间复杂度是 $O(2^n)$，这里的 n 表示物品数量。

暴力解法的时间复杂度是指数级别，所以需要使用动态规划来优化。

在下面的讲解中，基于如下一个示例。

背包的最大重量为 4。物品的价值如表 11-1 所示。

表 11-1

	重 量	价 值
物品 0	1	15
物品 1	3	20
物品 2	4	30

背包能背的物品的最大价值是多少?

11.9.1 二维 dp 数组

动规"五部曲"如下:

(1)确定 dp 数组及下标的含义。

对于背包问题,如果使用二维数组,则 dp[i][j]表示从下标为[0-i]的物品中取任意物品并放进容量为 j 的背包的价值总和。

dp 数组如图 11-16 所示。

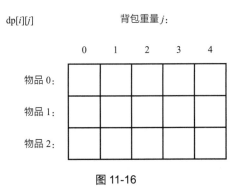

图 11-16

(2)确定递推公式。

可以从两个方向推导 dp[i][j]:

- 由 dp[i-1][j]推出,即背包容量为 j,里面不放物品 i 的最大价值,此时 dp[i][j]就是 dp[i-1][j]。
- 由 dp[i-1][j-weight[i]]推出,dp[i-1][j-weight[i]]是当背包容量为 j-weight[i]的时候不放物品 i 的最大价值,那么 dp[i-1][j-weight[i]]+value[i](物品 i 的价值)就是背包放物品 i 得到的最大价值。

所以递推公式为 dp[i][j]=max(dp[i-1][j], dp[i-1][j-weight[i]]+value[i])。

（3）初始化 dp 数组。

首先从 dp[i][j]的定义出发，如果背包容量 j 为 0，即 dp[i][0]，那么无论选取哪些物品，背包价值的总和一定为 0，如图 11-17 所示。

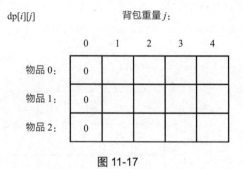

图 11-17

从递推公式可以看出，i 是由 i-1 推导出来的，那么 i 为 0 的时候就一定要初始化 dp 数组。

dp[0][j]，即 i 为 0，表示存放编号为 0 的物品的时候，各个容量的背包所能存放的最大价值。

代码如下：

```
// 如果把 dp 数组预先初始化为 0，则这一步就可以省略
for (int j = 0 ; j < weight[0]; j++) {
    dp[0][j] = 0;
}
// 正序遍历
for (int j = weight[0]; j <= bagWeight; j++) {
    dp[0][j] = value[0];
}
```

此时 dp 数组的初始化情况如图 11-18 所示。

dp[i][j]   背包重量j:

	0	1	2	3	4
物品 0:	0	15	15	15	15
物品 1:	0				
物品 2:	0				

图 11-18

dp[0][j]和 dp[i][0]都已经初始化好了，那么其他下标的 dp 数组应该初始化为多少呢？

其实从递推公式 dp[i][j]=max(dp[i-1][j],dp[i-1][j-weight[i]]+value[i])可以看出，dp[i][j]是由左上方数值推导出来的，其他下标初始化为任何值都可以，因为都会被覆盖。

只不过一开始就统一把 dp 数组初始化为 0 更方便一些。

dp[i][j]的初始化效果如图 11-19 所示。

dp[i][j]   背包重量j:

	0	1	2	3	4
物品 0:	0	15	15	15	15
物品 1:	0	0	0	0	0
物品 2:	0	0	0	0	0

图 11-19

最终的初始化 dp 数组的代码如下：

```
// 初始化 dp 数组
vector<vector<int>> dp(weight.size(), vector<int>(bagWeight + 1, 0));
for (int j = weight[0]; j <= bagWeight; j++) {
    dp[0][j] = value[0];
}
```

（4）确定遍历顺序。

从图 11-19 中可以看出，两个遍历的维度是物品与背包重量。

先遍历物品再遍历背包重量的代码如下：

```
// weight 数组的长度就是物品个数
for(int i = 1; i < weight.size(); i++) { // 遍历物品
    for(int j = 0; j <= bagWeight; j++) { // 遍历背包容量
        // 展示 dp 数组中元素的变化
        if (j < weight[i]) dp[i][j] = dp[i - 1][j];
        else dp[i][j] = max(dp[i - 1][j], dp[i - 1][j - weight[i]] +
value[i]);

    }
}
```

先遍历背包再遍历物品也是可行的（注意这里使用的是二维 dp 数组），例如：

```
// weight 数组的长度就是物品个数
for(int j = 0; j <= bagWeight; j++) { // 遍历背包容量
    for(int i = 1; i < weight.size(); i++) { // 遍历物品
        if (j < weight[i]) dp[i][j] = dp[i - 1][j];
        else dp[i][j] = max(dp[i - 1][j], dp[i - 1][j - weight[i]] +
value[i]);
    }
}
```

为什么上述代码也是可行的呢？

这就要理解递推公式的本质和递推的方向。

从递推公式可以看出，dp[i][j] 是由 dp[i-1][j] 和 dp[i-1][j-weight[i]] 推导出来的。

dp[i-1][j] 和 dp[i-1][j-weight[i]] 都在 dp[i][j] 的左上角方向（包括正上方向），那么先遍历物品再遍历背包的过程如图 11-20 所示。

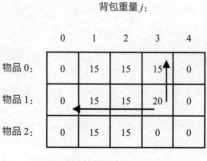

图 11-20

先遍历背包再遍历物品的过程如图 11-21 所示。

背包重量 j:

	0	1	2	3	4
物品 0:	0	15	15	15	0
物品 1:	0	15	15	20	0
物品 2:	0	15	15	0	0

图 11-21

可以看出，虽然两个 for 循环遍历的顺序不同，但是 dp[*i*][*j*] 所需要的数据都来自二维矩阵 dp[*i*][*j*] 的左上角，不会影响 dp[*i*][*j*] 公式的推导。

但先遍历物品再遍历背包这个顺序更容易理解。

其实在背包问题中，两个 for 循环的先后顺序是非常有讲究的，理解遍历顺序其实比理解推导公式难多了。

（5）举例推导 dp 数组。

dp 数组的数值如图 11-22 所示。

背包重量 *j*：

	0	1	2	3	4
物品 0：	0	15	15	15	15
物品 1：	0	15	15	20	35
物品 2：	0	15	15	20	35

图 11-22

本题求解的最终结果就是 dp[2][4]。

建议读者在纸上推导一遍，看一下 dp 数组中的每个数值是不是这样的。

完整代码如下：

```
void func() {
    vector<int> weight = {1, 3, 4};
    vector<int> value = {15, 20, 30};
    int bagWeight = 4;

    // 二维数组
    vector<vector<int>> dp(weight.size(), vector<int>(bagWeight + 1, 0));

    // 初始化
    for (int j = weight[0]; j <= bagWeight; j++) {
        dp[0][j] = value[0];
    }


    // weight 数组的长度就是物品个数
```

```
        for(int i = 1; i < weight.size(); i++) { // 遍历物品
            for(int j = 0; j <= bagWeight; j++) { // 遍历背包容量
                if (j < weight[i]) dp[i][j] = dp[i - 1][j];
                else dp[i][j] = max(dp[i - 1][j], dp[i - 1][j - weight[i]] +
value[i]);

            }
        }

    cout << dp[weight.size() - 1][bagWeight] << endl;
}

int main() {
    func();
}
```

11.9.2 一维 dp 数组

一维 dp 数组也就是滚动数组，其实在前面的题目中我们已经使用过滚动数组了，就是把二维 dp 数组降为一维 dp 数组。

这次我们通过 0-1 背包问题来彻底讲解滚动数组。

依然使用 11.9.1 节中的例子进行讲解。

对于 0-1 背包问题，其实 dp 数组的状态都是可以压缩的。在使用二维数组的时候，递推公式为 dp[i][j]=max(dp[i-1][j], dp[i-1][j-weight[i]]+value[i])。

如果把 dp[i-1]那一层的数据复制到 dp[i]上，那么递推公式可以是 dp[i][j]=max(dp[i][j], dp[i][j-weight[i]]+value[i]))。

与其把 dp[i-1]这一层的数据复制到 dp[i]上，不如只使用 dp[j]（一维数组也可以理解为一个滚动数组）。

这就是滚动数组的由来，需要满足的条件是上一层的数据可以重复利用，可以直接复制到当前层。

动规"五部曲"如下：

（1）确定 dp 数组的含义。

在一维 dp 数组中，dp[j]表示容量为 j 的背包所背物品的最大价值。

（2）确定一维 dp 数组的递推公式。

dp[j]可以通过 dp[j-weight[i]]推导出来，dp[j-weight[i]]表示容量为 j-weight[i]的背包所背物品的最

大价值。

dp[*j*-weight[*i*]]+value[*i*]表示容量为 *j*-物品 *i* 重量的背包加上物品 *i* 的价值（也就是容量为 *j* 的背包放入物品 *i* 之后的价值，即 dp[*j*]）。

此时有两个选择，一个是取 dp[*j*]的值，另一个是取 dp[*j*-weight[*i*]]+value[*i*]的值，这里一定是取最大的，毕竟是求最大价值。

所以递推公式为 dp[*j*]=max(dp[*j*],dp[*j*-weight[*i*]]+value[*i*])。

可以看出相对于二维 dp 数组的写法，这里去掉了 dp[*i*][*j*]中 *i* 的维度。

（3）初始化一维 dp 数组。

由于 dp[*j*]表示容量为 *j* 的背包所背物品的最大价值，那么 dp[0]就应该是 0，因为容量为 0 的背包所背的物品的最大价值就是 0。

其他下标的 dp 数组应该初始化为多少呢？

如果题目中给的价值都是正整数，那么非 0 下标的数组都初始化为 0，这样才能让 dp 数组在遍历递推公式的过程中取的是最大的价值，而不是被初始值覆盖了。

背包问题中的物品价值都是大于 0 的，所以初始化 dp 数组的时候，都初始化为 0。

（4）一维 dp 数组的遍历顺序。

代码如下：

```
for(int i = 0; i < weight.size(); i++) { // 遍历物品
    for(int j = bagWeight; j >= weight[i]; j--) { // 遍历背包容量
        dp[j] = max(dp[j], dp[j - weight[i]] + value[i]);

    }
}
```

这里和二维 dp 数组中遍历背包的顺序是不一样的。

二维 dp 数组中遍历背包的时候，背包容量是从小到大遍历的，而一维 dp 数组遍历背包的时候，背包容量是从大到小的遍历。

倒序遍历是为了保证物品 *i* 只被放入一次背包，如果使用正序遍历，那么物品 0 就会被重复加入多次。

举一个例子：物品 0 的重量 weight[0]=1，价值 value[0]=15。

如果使用正序遍历：

- dp[1]=dp[1-weight[0]]+value[0]=15。
- dp[2]=dp[2-weight[0]]+value[0]=30。

此时 dp[2] 就是 30 了，意味着物品 0 被放入了两次背包，所以不能使用正序遍历。

为什么倒序遍历就可以保证物品只被放入一次背包呢？

倒序遍历就是先计算 dp[2]：

- dp[2]=dp[2-weight[0]]+value[0]=15（dp 数组已经初始化为 0）。
- dp[1]=dp[1-weight[0]]+value[0]=15。

所以从后往前遍历递推公式，每次取得的状态不会和之前取得的状态重合，这样每种物品就只会被取一次了。

为什么二维 dp 数组中遍历背包的时候不用倒叙呢？

因为对于二维 dp 数组，dp[i][j] 都是通过上一层即 dp[i-1][j] 计算而来的，本层的 dp[i][j] 并不会被覆盖。

再来看一下两个嵌套 for 循环的顺序，代码中是先遍历物品再遍历背包，那么可不可以先遍历背包再遍历物品呢？

不可以！

因为对于一维 dp 数组，背包容量的遍历顺序一定要使用倒序，如果遍历背包放在上一层，那么每个 dp[j] 就只会放入一个物品，即背包中只放入了一个物品。

所以一维 dp 数组的背包在遍历顺序上和二维 dp 数组有很大的差异。

（5）举例推导 dp 数组。

基于一维 dp 数组，分别用物品 0、物品 1、物品 2 来遍历背包，得到的结果如图 11-23 所示。

完整代码如下：

```
void func() {
    vector<int> weight = {1, 3, 4};
    vector<int> value = {15, 20, 30};
    int bagWeight = 4;

    // 初始化 dp 数组
    vector<int> dp(bagWeight + 1, 0);
    for(int i = 0; i < weight.size(); i++) { // 遍历物品
        for(int j = bagWeight; j >= weight[i]; j--) { // 遍历背包容量
            dp[j] = max(dp[j], dp[j - weight[i]] + value[i]);
```

```
        }
    }
    cout << dp[bagWeight] << endl;
}

int main() {
    func();
}
```

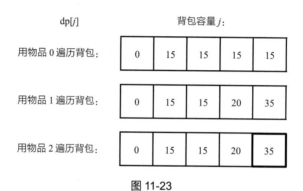

图 11-23

可以看出，一维 dp 数组的代码要比二维 dp 数组简洁得多，数组的初始化和遍历顺序相对简单。

所以笔者倾向于使用一维 dp 数组的写法，比较直观简洁，而且空间复杂度还降低了一个数量级。

在后面背包问题的讲解中，都使用一维 dp 数组进行推导。

【拓展】

基于以上的讲解可以拓展出一道面试题：

• 基于本节中的题目，要求先实现一个二维数组的 0-1 背包。如果面试者写出了相关的代码，那么再问为什么两个 for 循环的嵌套顺序是这样的？顺序反过来行不行？初始化的逻辑是什么？

• 如何实现一个一维数组的 0-1 背包？一维数组的 0-1 背包中两个 for 循环的顺序反过来行不行？为什么？

注意：以上问题都是在面试者把代码写出来的情况下才问的，而且每一个问题都直击背包的本质。

小结：

背包问题中的推导公式相对简单一些，难点在于如何正确地初始化数组及遍历顺序。

可能有的读者并没有注意到初始化数组和遍历顺序的重要性，但从背包问题开始，读者就会有深刻的感受了。

11.10 分割等和子集

力扣题号：416.分割等和子集。

给出一个只包含正整数的非空数组，是否可以将这个数组分割成两个子集，使得两个子集的元素和相等？

【示例一】

输入：[1,5,11,5]。

输出：true。

解释：数组可以分割成 [1,5,5]和[11]。

【示例二】

输入：[1,2,3,5]。

输出：false。

解释：数组不能分割成两个元素和相等的子集。

注意：

- 每个数组中的元素不会超过 100。
- 数组的长度不会超过 200。

【思路】

解答这道题目，需要确定是否可以将这个数组分割成两个子集，使两个子集的元素和相等。

只要集合中出现 sum/2 的子集总和，就算这个数组可以分割成两个相同元素和的子集了。

本题可以用回溯算法暴力搜索出所有答案，但是很费时，下面看一下如何将本题转换为背包问题。

背包问题有多种背包方式，常见的有 0-1 背包、完全背包、多重背包、分组背包和混合背包等。

注意：先确定题目描述中物品是不是可以重复放入背包，即一个物品如果可以重复多次放入背包，则是完全背包，如果只能放入背包一次，则是 0-1 背包。

本题中我们使用的是 0-1 背包，因为元素只能使用一次。

回归主题：本题要求确定集合中能否出现总和为 sum/2 的子集。

只有确定了如下四点，才能把 0-1 背包问题套用到本题中。

- 背包的体积为 sum/2。
- 背包中要放入的物品（集合中的元素）的重量为元素的数值，价值也为元素的数值。
- 如果背包正好装满，则说明找到了总和为 sum/2 的子集。
- 背包中的每一个元素不可重复放入。

动规"五部曲"如下：

（1）确定 dp 数组及下标的含义。

在 0-1 背包中，dp[j]表示容量为 j 的背包所背的物品价值的最大值。

套到本题中，dp[j]表示总容量是 j 的背包最大可以凑成的总和。

（2）确定递推公式。

0-1 背包的递推公式为 dp[j]=max(dp[j],dp[j-weight[i]]+value[i])。

本题相当于在背包中放入数值，那么物品 i 的重量是 nums[i]，其价值也是 nums[i]。

所以递推公式为 dp[j]=max(dp[j], dp[j-nums[i]]+nums[i])。

（3）初始化 dp 数组。

题目中给出的价值都是正整数，那么非 0 下标的数组都初始化为 0 即可。这样才能让 dp 数组在遍历递推公式的过程中取最大的价值，而不是被初始值覆盖。

代码如下：

```
// 题目中说：每个数组中的元素不会超过 100，数组的长度不会超过 200
// 总和不会大于 20000，背包的最大容量只需要其中一半，所以 10001 就足够了
vector<int> dp(10001, 0);
```

（4）确定遍历顺序。

在 11.9.2 节中就已经说明：如果使用一维 dp 数组，则遍历物品的 for 循环放在外层，遍历背包的 for 循环放在内层，且内层 for 循环使用倒叙遍历。

代码如下：

```
// 0-1 背包
for(int i = 0; i < nums.size(); i++) {
    // 每个元素一定不能重复放入背包，所以 for 循环是从大到小遍历的
```

```
    for(int j = target; j >= nums[i]; j--) {
        dp[j] = max(dp[j], dp[j - nums[i]] + nums[i]);
    }
}
```

（5）举例推导 dp 数组。

dp[i]的数值一定是小于或等于 i 的。

如果 dp[i]==i，则说明集合中的子集总和正好可以凑成总和 i，理解这一点很重要。

以输入[1,5,11,5]为例，target=(1+5+11+5)/2=11，如图 11-24 所示。

图 11-24

dp[11]==11 说明可以将这个数组分割成两个子集，使得两个子集的元素和相等。

本题代码如下：

```
class Solution {
public:
    bool canPartition(vector<int>& nums) {
        int sum = 0;

        // dp[i]中的 i 表示背包内元素的总和
        vector<int> dp(10001, 0);
        for (int i = 0; i < nums.size(); i++) {
            sum += nums[i];
        }
        if (sum % 2 == 1) return false;
        int target = sum / 2;

        // 0-1 背包的逻辑
        for(int i = 0; i < nums.size(); i++) {
            // 每个元素一定不能重复放入背包，所以 for 循环是从大到小遍历的
            for(int j = target; j >= nums[i]; j--) {
                dp[j] = max(dp[j], dp[j - nums[i]] + nums[i]);
            }
        }
        // 集合中的元素正好可以凑成总和 target
        if (dp[target] == target) return true;
```

```
        return false;
    }
};
```

- 时间复杂度：$O(n^2)$。
- 空间复杂度：$O(n)$。虽然 dp 数组的长度为一个常数，但是是大常数（比较大的常数）。

小结：

本题就是一道 0-1 背包应用类的题目，需要我们拆解题目，然后套用 0-1 背包的场景。

本题中的物品是 nums[i]，重量是 nums[i]，价值也是 nums[i]，背包体积是 sum/2。

11.11 目标和

力扣题号：494. 目标和。

给出一个非负整数数组（a1, a2, ⋯, an）和一个目标数（S）。现在你有两个符号（+和-），对于数组中的任意一个整数，你都可以从 "+" 或 "-" 中选择一个符号添加在这个整数前面。返回可以使最终数组和为目标数 S 的所有添加符号的方法数。

【示例一】

输入：

- nums：[1,1,1,1,1]。
- S：3。

输出：5。

解释：

-1+1+1+1+1=3。

+1-1+1+1+1=3。

+1+1-1+1+1=3。

+1+1+1-1+1=3。

+1+1+1+1-1=3。

一共有 5 种方法让最终目标和为 3。

【思路】

这道题和背包问题有什么关系呢?

本题求 target,那么就一定有公式 left-right=target、left+right=sum,而 sum 是固定的。

由 left-(sum-left)=target,进而推出 left=(target+sum)/2。

target 是固定的,sum 是固定的,就可以求出 left 的值。

套入本题,加 1 对应的总和为 x,减 1 对应的总和就是 sum-x,所以我们要求的是 x-(sum-x)=S,进而得出:x=(S+sum)/2。

此时问题就转化为,装满容量为 x 的背包有几种方法?

看到(S+sum)/2 时应该担心计算的过程中向下取整有没有影响,这种担心是有道理的。例如,sum 是 5、S 是 2,就是无解的。

```
if ((S + sum) % 2 == 1) return 0; // 此时是无解的
```

再回归到 0-1 背包问题,为什么是 0-1 背包呢?

因为每个物品(题目中的 1)只使用一次,这次和 11.10 节的情况不一样了,之前都是求容量为 j 的背包最多能装多少,本题则是装满背包有几种方法,这就是一个组合问题了。

动规"五部曲"如下:

(1)确定 dp 数组及下标的含义。

dp[j] 表示装满 j(包括 j)这么大容量的背包,有 dp[j]种方法。

其实也可以使用二维 dp 数组来求解本题:使用下标为[0, i]的 nums[i]装满 j(包括 j)这么大容量的背包,有 dp[i][j]种方法。

下面统一使用一维数组(滚动数组)进行讲解。

(2)确定递推公式。

有哪些来源可以推导出 dp[j]呢?

在不考虑 nums[i]的情况下,装满容量为 j-nums[i]的背包,有 dp[j-nums[i]]种方法。

那么只要找到 nums[i],凑成 dp[j]就有 dp[j-nums[i]]种方法。

举个例子,假设 nums[i]=2,dp[3],即装满容量为 3 的背包有 dp[3]种方法。那么只需要找到一个 2(nums[i]),则有 dp[3]种方法可以装满容量为 3 的背包,相应地就有 dp[3]种方法可以装满容量为 5 的背包。

把这些方法累加起来得到装满容量为 5 的背包所有方法，即 dp[*j*]+=dp[*j*-nums[*i*]]，所以求组合类问题的公式都是类似下面这种：

```
dp[j]+=dp[j-nums[i]]
```

这个公式在后面讲解使用背包解决排列组合问题的时候还会用到。

（3）初始化 dp 数组。

从递推公式可以看出，dp[0]一定要初始化为 1，因为 dp[0]是一切递推结果的起源，如果 dp[0]是 0，则递推结果都是 0。

dp[0]=1 在理论上也很好解释，即装满容量为 0 的背包有 1 种方法，也就是装 0 件物品。

其他下标对应的数组也应该初始化为 0，从递推公式也可以看出，保证 dp[*j*]的初始值是 0，才能正确地由 dp[*j*-nums[*i*]]推导出来。

（4）确定遍历顺序。

在 11.9.2 节中，我们讲过 0-1 背包问题中一维 dp 数组的遍历顺序，即遍历物品（nums）的逻辑在外循环中，遍历背包（target）的逻辑在内循环中，且内循环倒序。

（5）举例推导 dp 数组。

以示例一为例，bagSize=(*S*+sum)/2=(3+5)/2=4，dp 数组的状态变化如图 11-25 所示。

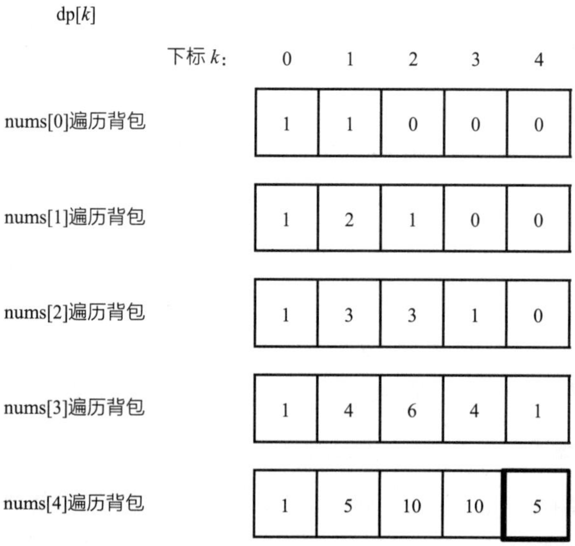

图 11-25

dp[bagSize]即 dp[4]为示例一求解的结果。代码如下：

```cpp
class Solution {
public:
    int findTargetSumWays(vector<int>& nums, int S) {
        int sum = 0;
        for (int i = 0; i < nums.size(); i++) sum += nums[i];
        if (abs(S) > sum) return 0; // 此时无解
        if ((S + sum) % 2 == 1) return 0; // 此时无解
        int bagSize = (S + sum) / 2;
        vector<int> dp(bagSize + 1, 0);
        dp[0] = 1;
        for (int i = 0; i < nums.size(); i++) {
            for (int j = bagSize; j >= nums[i]; j--) {
                dp[j] += dp[j - nums[i]];
            }
        }
        return dp[bagSize];
    }
};
```

- 时间复杂度：$O(n \times m)$，n 为正整数的个数，m 为背包容量。
- 空间复杂度：$O(m)$，m 为背包容量。

小结：

9.5 节中的题目是不是也可以用背包来解答呢？

如果仅仅问有多少种方法可以凑成目标和，则可以使用背包，但 9.5 节中的题目要求的是每种方法具体的组合，还是要使用回溯算法。

在求装满背包有几种方法的情况下，递推公式一般为 dp[j]+=dp[j-nums[i]]。

后面在讲解完全背包的时候，还会用到这个递推公式。

11.12 一和零

力扣题号：474.一和零。

给出一个二进制字符串数组 strs 和两个整数 m、n，请找出并返回 strs 的最大子集的元素个数，该子集中最多有 m 个 0 和 n 个 1 。

提示：如果 x 中的所有元素也是 y 的元素，则集合 x 是集合 y 的子集。

【示例一】

输入：strs=["10","0001","111001","1","0"]，*m*=5，*n*=3。

输出：4。

解释：最多有 5 个 0 和 3 个 1 的最大子集是 {"10","0001","1","0"}，因此答案是 4。其他满足题意但较小的子集包括 {"0001","1"} 和 {"10","1","0"}。{"111001"} 不满足题意，因为它包含 4 个 1，大于 *n* 的值 3。

【示例二】

输入：strs=["10","0","1"]，*m*=1，*n*=1。

输出：2。

解释：最大的子集是 {"0","1"}，所以答案是 2。

【思路】

不少读者会认为本题是多重背包的问题，其实本题并不是多重背包的问题，多重背包是指每种物品有不同数量的情况，而本题 strs 数组中的元素就是物品，每种物品只有一个。

m 和 *n* 相当于一个有两个维度的背包。

理解成多重背包的读者主要是把 *m* 和 *n* 混淆为物品了，感觉这是不同数量的物品，所以认为是多重背包。

本题其实是 0-1 背包问题。只不过这个背包有两个维度，一个是 *m*，另一个是 *n*，而不同长度的字符串就是大小不同的待装物品。

动规"五部曲"如下：

（1）确定 dp 数组（dp table）及下标的含义.

dp[*i*][*j*]：最多有 *i* 个 0 和 *j* 个 1 的 strs 的最大子集的元素数量。

（2）确定递推公式。

dp[*i*][*j*]可以由前一个 strs 中的字符串推导出来，strs 中的字符串有 zeroNum 个 0、oneNum 个 1，dp[*i*][*j*]=dp[*i*-zeroNum][*j*-oneNum]+1。

在遍历的过程中，取 dp[*i*][*j*]的最大值。

所以递推公式为 dp[*i*][*j*]=max(dp[*i*][*j*], dp[*i*-zeroNum][*j*-oneNum]+1)。

0-1 背包的递推公式为 dp[*j*]=max(dp[*j*],dp[*j*-weight[*i*]]+value[*i*])。

对比一下就会发现，字符串的 zeroNum 和 oneNum 相当于物品的重量（weight[i]），字符串本身的个数相当于物品的价值（value[i]）。

这就是一个典型的 0-1 背包，只不过物品的重量有了两个维度而已。

（3）初始化 dp 数组。

在 11.9.2 节中已经讲解了，0-1 背包的 dp 数组初始化为 0 即可。

因为物品价值不会是负数，所以 dp 数组初始化为 0 可以保证递推的时候 dp[i][j] 不会被初始值覆盖。

（4）确定遍历顺序。

在 11.9.2 节中，我们讲了 0-1 背包为什么一定是外层 for 循环遍历物品，内层 for 循环遍历背包容量且从后向前遍历。

本题中的物品就是 strs 中的字符串，背包容量就是题目描述中的 m 和 n。

代码如下：

```
for (string str : strs) { // 遍历物品
    int oneNum = 0, zeroNum = 0;
    for (char c : str) {
        if (c == '0') zeroNum++;
        else oneNum++;
    }
    for (int i = m; i >= zeroNum; i--) { // 遍历背包容量且从后向前遍历
        for (int j = n; j >= oneNum; j--) {
            dp[i][j] = max(dp[i][j], dp[i - zeroNum][j - oneNum] + 1);
        }
    }
}
```

有读者可能会问：遍历背包容量的两层 for 循环的先后顺序有没有什么讲究？

没有讲究，两层 for 循环都是遍历物品重量的一个维度，先遍历哪个都行。

（5）举例推导 dp 数组。

以输入 str：["10","0001","111001","1","0"]、m=3、n=3 为例，dp 数组的状态如图 11-26 所示。

dp[m][n] 即 dp[3][3] 为最大子集元素的数量。

dp[i][j]	0	1	2	3
0	0	1	1	1
1	1	2	2	2
2	1	2	3	3
3	1	2	3	3

图 11-26

代码如下：

```
class Solution {
public:
    int findMaxForm(vector<string>& strs, int m, int n) {
        vector<vector<int>> dp(m + 1, vector<int> (n + 1, 0));
        for (string str : strs) { // 遍历物品
            int oneNum = 0, zeroNum = 0;
            for (char c : str) {
                if (c == '0') zeroNum++;
                else oneNum++;
            }
            // 遍历背包容量且从后向前遍历
            for (int i = m; i >= zeroNum; i--) {
                for (int j = n; j >= oneNum; j--) {
                dp[i][j] = max(dp[i][j], dp[i - zeroNum][j - oneNum] + 1);
                }
            }
        }
        return dp[m][n];
    }
};
```

小结：

这道题的本质是有两个维度的 0-1 背包，如果认识到这一点，那么对这道题的理解就比较深入了。

11.13 完全背包理论基础

【题目描述】 有 N 件物品和一个最多能背重量为 W 的背包。第 i 件物品的重量是 weight[i]，得到的价值是 value[i]。每件物品都有无限个（也就是可以放入背包多次），求解将哪些物品装入背包中物品价值的总和最大。

完全背包和 0-1 背包问题在题目描述上唯一不同的地方就是每种物品有无限个。

在下面的讲解中，依然基于 11.9 节中的示例。

因为完全背包问题的每种物品是无限个，所以在遍历顺序上和 0-1 背包就有所差别，本节直接针对遍历顺序进行分析。

首先回顾一下 0-1 背包的核心代码：

```
for(int i = 0; i < weight.size(); i++) { // 遍历物品
    for(int j = bagWeight; j >= weight[i]; j--) { // 遍历背包容量
        dp[j] = max(dp[j], dp[j - weight[i]] + value[i]);
    }
}
```

我们知道 0-1 背包内嵌的循环是从大到小遍历，保证每个物品仅被添加一次。而完全背包中的物品是可以被添加多次的，所以要从小到大遍历，代码如下：

```
// 先遍历物品，再遍历背包
for(int i = 0; i < weight.size(); i++) { // 遍历物品
    for(int j = weight[i]; j <= bagWeight ; j++) { // 遍历背包容量
        dp[j] = max(dp[j], dp[j - weight[i]] + value[i]);

    }
}
```

dp 数组的状态如图 11-27 所示。

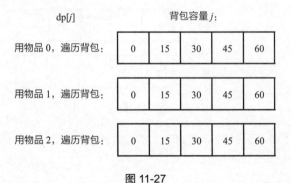

图 11-27

还有一个很重要的问题，为什么遍历物品的逻辑在外层循环中，遍历背包容量的逻辑在内层循环中呢？难道就不能遍历背包容量的逻辑在外层循环中，遍历物品的逻辑在内层循环中？

11.9.1 节讲到了 0-1 背包中二维 dp 数组的两个 for 循环遍历的先后顺序是可以颠倒的，一维 dp 数组的两个 for 循环一定是先遍历物品，再遍历背包容量。

在完全背包中，对于一维 dp 数组来说，其实两个 for 循环的嵌套顺序并不影响计算 dp[j]。

因为 dp[j] 是根据下标 j 之前所对应的 dp[k]（k<j）计算出来的，只要保证下标 j 之前的 dp[k]（k<j）都是经过计算的即可。

遍历物品的逻辑在外层循环中，遍历背包容量的逻辑在内层循环中，dp 数组的状态如图 11-28 所示。

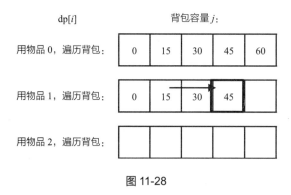

图 11-28

遍历背包容量的逻辑在外循环中，遍历物品的逻辑在内循环中，dp 数组的状态如图 11-29 所示。

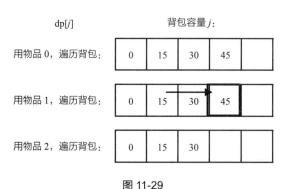

图 11-29

在完全背包中，两个 for 循环的先后顺序不影响计算 dp[j]所需要的值（这个值就是下标 j 之前所对应的 dp[j]）。

遍历背包的逻辑在外层循环中，遍历物品的逻辑在内层循环中，遍历顺序的逻辑代码如下：

```
// 遍历背包容量的逻辑在外循环中，遍历物品的逻辑在内循环中
for(int j = 0; j <= bagWeight; j++) { // 遍历背包容量
```

```
    for(int i = 0; i < weight.size(); i++) { // 遍历物品
        if (j - weight[i] >= 0) dp[j] = max(dp[j], dp[j - weight[i]] +
value[i]);
    }
}
```

当然也可以遍历物品的逻辑在外循环中, 遍历背包的逻辑在内循环中, 本题完整的测试代码如下:

```
void func() {
    vector<int> weight = {1, 3, 4};
    vector<int> value = {15, 20, 30};
    int bagWeight = 4;
    vector<int> dp(bagWeight + 1, 0);
    for(int i = 0; i < weight.size(); i++) { // 遍历物品
        for(int j = weight[i]; j <= bagWeight; j++) { // 遍历背包容量
            dp[j] = max(dp[j], dp[j - weight[i]] + value[i]);
        }
    }
    cout << dp[bagWeight] << endl;
}
int main() {
    func();
}
```

遍历背包容量的逻辑在外循环中, 遍历物品的逻辑在内循环中, 完整的测试代码如下:

```
void func() {
    vector<int> weight = {1, 3, 4};
    vector<int> value = {15, 20, 30};
    int bagWeight = 4;

    vector<int> dp(bagWeight + 1, 0);

    for(int j = 0; j <= bagWeight; j++) { // 遍历背包容量
        for(int i = 0; i < weight.size(); i++) { // 遍历物品
            if (j - weight[i] >= 0) dp[j] = max(dp[j], dp[j - weight[i]] +
value[i]);
        }
    }
    cout << dp[bagWeight] << endl;
}
int main() {
    func();
}
```

小结：

细心的读者可能发现，本节讲的是单纯的完全背包问题，其 for 循环的先后顺序是可以颠倒的。

如果问装满背包有几种方式，那么两个 for 循环的先后顺序就有很大区别了，在后面的章节中我们还会详细介绍。

最后，又可以出一道面试题了，就是单纯的完全背包，要求先用二维 dp 数组实现，然后用一维 dp 数组实现，那么两个 for 循环的先后顺序是否可以颠倒？为什么？

这个简单的完全背包问题估计能难住不少面试者。

11.14 零钱兑换（一）

力扣题号：518.零钱兑换 II。

给出不同面额的硬币和一个总金额，写出函数来计算可以凑成总金额的硬币组合数。假设每一种面额的硬币有无限个。

【示例一】

输入：amount=5，coins=[1,2,5]。

输出：4

解释：有四种方案可以凑成总金额。

5=5。

5=2+2+1。

5=2+1+1+1。

5=1+1+1+1+1。

【示例二】

输入：amount=3，coins=[2]。

输出：0。

解释：只用面额 2 的硬币不能凑成总金额 3。

【思路】

这是一道典型的背包问题，一看到钱币数量不限，就知道这是完全背包类的题目。

但这是完全背包的变形类题目,完全背包是能否凑成总金额,而本题是要求凑成总金额的方案个数。

注意题目描述的是凑成总金额的硬币组合数,为什么强调是组合数呢?

例如,示例一:

5=2+2+1。

5=2+1+2。

这是一种组合,硬币面额都是 2、2、1。

如果问的是排列数,那么示例一就是两种排列了。

组合不强调元素之间的顺序,而排列强调元素之间的顺序。

回归本题,动规"五部曲"如下:

(1)确定 dp 数组及下标的含义。

dp[j]:凑成总金额 j 的硬币组合数。

(2)确定递推公式。

dp[j](考虑 coins[i]的组合总和)就是所有的 dp[j-coins[i]](不考虑 coins[i])相加的值。

所以递推公式为 dp[j]+=dp[j-coins[i]]。

(3)初始化 dp 数组。

dp[0]一定要为 1,dp[0]=1 是递推公式的基础。

dp[i]的含义就是凑成总金额 0 的硬币组合数为 1。

下标非 0 的 dp[j]初始化为 0,这样累计 dp[j-coins[i]]的时候才不会影响真正的 dp[j]。

(4)确定遍历顺序。

本题是外层 for 循环遍历物品(硬币)、内层 for 循环遍历背包(金钱总额),还是外层 for 循环遍历背包(金钱总额)、内层 for 循环遍历物品(硬币)呢?

11.13 节讲解了完全背包的两个 for 循环的先后顺序都可以求解,但本题是不符合条件的。

因为单纯的完全背包关注的是元素能否凑成总和,和凑成总和的元素顺序没有关系,即有顺序也行,没有顺序也行。而本题要求凑成总和的组合数,元素之间要求没有顺序。

所以单纯的完全背包是能凑成总和就行,而本题是求凑出来的方案个数,且每个方案的个数是组合数。

我们先看一下外层 for 循环遍历物品（硬币）、内层 for 循环遍历背包（金钱总额）的情况。代码如下：

```
for (int i = 0; i < coins.size(); i++) { // 遍历物品
    for (int j = coins[i]; j <= amount; j++) { // 遍历背包容量
        dp[j] += dp[j - coins[i]];
    }
}
```

假设：coins[0]=1、coins[1]=5。

因为先遍历物品（这里是先遍历 coins[0]，再遍历 coins[1]），所以只有{1,5}这种组合，不会出现{5,1}的组合。

这种遍历顺序的 dp[j]计算出来的是组合数。

如果把两个 for 循环交换顺序，则代码如下：

```
for (int j = 0; j <= amount; j++) { // 遍历背包容量
    for (int i = 0; i < coins.size(); i++) { // 遍历物品
        if (j - coins[i] >= 0) dp[j] += dp[j - coins[i]];
    }
}
```

背包容量的每一个值都经过 coins[0]和 coins[1]的计算，包含了{1,5}和{5,1}两种排列。

此时 dp[j]计算出来的就是排列数。

（5）举例推导 dp 数组。

输入 amount=5、coins=[1,2,5]，dp 的状态如图 11-30 所示。

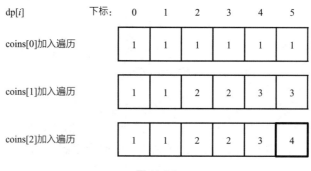

图 11-30

加粗框 dp[amount]即 dp[5]为最终结果。

本题代码如下：

```cpp
class Solution {
public:
    int change(int amount, vector<int>& coins) {
        vector<int> dp(amount + 1, 0);
        dp[0] = 1;
        for (int i = 0; i < coins.size(); i++) { // 遍历物品
            for (int j = coins[i]; j <= amount; j++) { // 遍历背包
                dp[j] += dp[j - coins[i]];
            }
        }
        return dp[amount];
    }
};
```

小结：

本题的难点在于遍历顺序，在求装满背包有几种方案的时候，认清遍历顺序是非常关键的。

- 如果求组合数，就是外层 for 循环遍历物品、内层 for 循环遍历背包。
- 如果求排列数，就是外层 for 循环遍历背包、内层 for 循环遍历物品。

11.15 拼凑一个正整数

力扣题号：377. 组合总和Ⅳ。

给出一个由正整数组成且不存在重复数字的数组，找出和为给定目标正整数的组合的个数。

【示例一】

输入：nums=[1,2,3]，target=4。

所有可能的组合：(1,1,1,1)，(1,1,2)，(1,2,1)，(1,3)，(2,1,1)，(2,2)，(3,1)。

注意，顺序不同的序列被视作不同的集合。

因此输出为 7。

【思路】

弄清楚什么是组合、什么是排列很重要。

- 组合不强调顺序，(1,5)和(5,1)是同一个组合。
- 排列强调顺序，(1,5)和(5,1)是两个不同的排列。

本题求的是排列总和，而且仅仅求排列总和的个数，并不是把所有的排列都列出来。如果要把所有排列都列出来，那么只能使用回溯算法。

动规"五部曲"如下：

（1）确定 dp 数组及下标的含义。

dp[i]：凑成目标正整数为 i 的排列个数。

（2）确定递推公式。

dp[i]（考虑 nums[j]）可以由 dp[i-nums[j]]（不考虑 nums[j]）推导出来。

因为只要得到 nums[j]，排列个数 dp[i-nums[j]]就是 dp[i]的一部分。

所以递推公式为 dp[i]+=dp[i-nums[j]]。

（3）初始化 dp 数组。

因为递推公式为 dp[i]+=dp[i-nums[j]]，所以 dp[0]要初始化为 1，这样递推其他 dp[i]的时候才会有基础数值。

至于 dp[0]=1 有没有意义呢？

因为给定的目标值是正整数，所以 dp[0]=1 是没有意义的，仅仅是为了推导递推公式。

非 0 下标的 dp[i]应该初始化为 0，这样才不会影响 dp[i]累加所有的 dp[i-nums[j]]。

（4）确定遍历顺序。

不限制元素的使用次数，说明这是一个完全背包问题。

得到的集合是排列，说明需要考虑元素之间的顺序。这时就要注意 for 循环的先后顺序了。

在 11.14 节中就已经讲过了：

- 如果求组合数，就是外层 for 循环遍历物品、内层 for 循环遍历背包。
- 如果求排列数，就是外层 for 循环遍历背包、内层 for 循环遍历物品。

所以本题的遍历顺序为遍历 target（背包）作为外循环、遍历 nums（物品）作为内循环，内循环是从前到后遍历。

（5）举例推导 dp 数组。

以示例一为例推导 dp 数组，如图 11-31 所示。

图 11-31

推导过程如下:

dp[0] = 1。

dp[1] = dp[0] = 1。

dp[2] = dp[1]+dp[0] = 2。

dp[3] = dp[2]+dp[1] + dp[0] = 4。

dp[4] = dp[3]+dp[2] + dp[1] = 7。

本题代码如下:

```cpp
class Solution {
public:
    int combinationSum4(vector<int>& nums, int target) {
        vector<int> dp(target + 1, 0);
        dp[0] = 1;
        for (int i = 0; i <= target; i++) { // 遍历背包
            for (int j = 0; j < nums.size(); j++) { // 遍历物品
                if (i - nums[j] >= 0 && dp[i] < INT_MAX - dp[i - nums[j]]) {
                    dp[i] += dp[i - nums[j]];
                }
            }
        }
        return dp[target];
    }
};
```

if语句中加上 dp[i] < INT_MAX-dp[i-num]是为了防止出现两个数相加超过 int 类型数值最大值的情况。

小结:

求装满背包有几种方法的递推公式都是一样的,关键在于遍历顺序。

本题与 11.14 节中的题目形成鲜明的对比,一个是求排列,另一个是求组合,遍历顺序完全不同。

11.16 多步爬楼梯

【题目描述】

假设你正在爬楼梯，需要跨过 n 个台阶才能到达楼顶。每一步你可以跨过 1 个台阶、2 个台阶、3 个台阶,⋯, 直到 m 个台阶。你有多少种不同的方法可以爬到楼顶呢？

本题是 11.3 节中题目的"加强版"。

【思路】

1 个台阶、2 个台阶、3 个台阶,⋯, m 个台阶就是物品，楼顶就是背包。每个台阶可以重复使用，比如跨过 1 个台阶，还可以继续跨过 1 个台阶。到达楼顶有几种方法其实就是问装满背包有几种方法。

这是一个完全背包问题，和 11.15 节中的题目非常类似。

动规"五部曲"如下：

（1）确定 dp 数组及下标的含义。

dp[i]：爬到 i 个台阶的楼顶有 dp[i] 种方法。

（2）确定递推公式。

求装满背包有几种方法的递推公式一般都是 dp[i]+=dp[i-nums[j]]。

本题中的 dp[i] 有几种来源：dp[i-1]、dp[i-2]、dp[i-3] 等，即 dp[i-j]。

递推公式为 dp[i]+=dp[i-j]。

（3）初始化 dp 数组。

既然递推公式为 dp[i]+=dp[i-j]，那么 dp[0] 一定为 1，dp[0] 是递推过程中一切数值的基础，如果 dp[0] 为 0，则其他数值都是 0。

下标非 0 的 dp[i] 初始化为 0，因为 dp[i] 是根据 dp[i-j] 累计得出的，dp[i] 本身为 0 才不会影响结果。

（4）确定遍历顺序。

这是背包问题中的求排列，即 1、2 步 和 2、1 步都是上 3 个台阶，但是这两种爬楼梯的方式不一样，所以需将遍历 target 的逻辑作为外循环，将遍历 nums 的逻辑作为内循环。

题目中的第 1 步和第 2 步都可以走多次，这是完全背包，内循环需要从前向后遍历。

（5）举例推导 dp 数组。

其推导过程和 11.15 节是一样的，这里就不再重复举例了。

本题代码如下：

```cpp
class Solution {
public:
    int climbStairs(int n, int m) {
        vector<int> dp(n + 1, 0);
        dp[0] = 1;
        for (int i = 1; i <= n; i++) { // 遍历背包
            for (int j = 1; j <= m; j++) { // 遍历物品
                if (i - j >= 0) dp[i] += dp[i - j];
            }
        }
        return dp[n];
    }
};
```

代码中的 m 表示最多可以爬 *m* 个台阶。

小结：

本题看起来是一道简单题目，但稍微进阶一下就是一个完全背包问题。

如果笔者作为面试官，则会先给面试者出一道 11.3 节中的题目，观察其表现，如果面试者顺利答出来，进而考查每次可以爬 1-*m* 个台阶应该怎么写。

顺便再考查一下两个 for 循环的嵌套顺序，为什么 target 放外面，nums 放里面？

这就能考查面试者对背包问题本质的掌握程度，如果面试者都能答出来，那么相信任何一位面试官都是非常满意的。

11.17 零钱兑换（二）

力扣题号：322.零钱兑换。

给出不同面额的硬币 coins 和一个总金额 amount，编写一个函数来计算可以凑成总金额所需的最少的硬币个数。如果没有任何一种硬币组合能组成总金额，则返回-1。

可以认为每种硬币的数量是无限的。

【示例一】

输入：coins=[1,2,5]，amount=11。

输出：3。

解释：11=5+5+1。

【示例二】

输入：coins=[2]，amount=3。

输出：-1。

【示例三】

输入：coins=[1]，amount=0。

输出：0。

【思路】

题目中说每种硬币的数量是无限的，可以看出本题是典型的完全背包问题。

动规"五部曲"如下：

（1）确定 dp 数组及下标的含义。

dp[j]：凑足总金额为 j 所需硬币的最少个数。

（2）确定递推公式。

dp[j]（考虑 coins[i]）只有 dp[j-coins[i]]（没有考虑 coins[i]）一个来源。

凑足总金额为 j-coins[i]的最少个数是 dp[j-coins[i]]，只需要加上一个硬币 coins[i]，即 dp[j-coins[i]]+1 就是 dp[j]（考虑 coins[i]）。

所以 dp[j] 要取 dp[j-coins[i]]+1 中的最小值。

递推公式为 dp[j]=min(dp[j-coins[i]]+1,dp[j])。

（3）初始化 dp 数组。

凑足总金额为 0 所需硬币的个数一定是 0，那么 dp[0]=0。

其他下标的元素对应的数值是多少呢？

考虑到递推公式的特性，dp[j]必须初始化为一个最大的值，否则 dp[j]就会在计算 min(dp[j-coins[i]]+1,dp[j])的过程中被初始值覆盖。

所以下标非 0 的元素都应该初始化为最大值。

代码如下：

```
vector<int> dp(amount + 1, INT_MAX);
dp[0] = 0;
```

（4）确定遍历顺序。

本题计算的是可以凑成总金额所需的最少的硬币个数，那么硬币的顺序并不影响可以凑成总金额所需的最少硬币的个数。

所以本题并不强调集合是组合还是排列。

本题中，外层 for 循环遍历物品、内层 for 遍历背包，或者外层 for 遍历背包、内层 for 循环遍历物品都是可以的。

综上所述，遍历 coins（物品）的逻辑在外循环中，遍历 target（背包）的逻辑在内循环中，且内循环为正序遍历。

（5）举例推导 dp 数组。

以输入 coins=[1,2,5]、amount=5 为例，dp 数组的状态如图 11-32 所示。

图 11-32

dp[amount]即 dp[5]为最终结果。

本题代码如下：

```
// 版本一
// 外层 for 循环遍历物品，内层 for 循环遍历背包
class Solution {
public:
    int coinChange(vector<int>& coins, int amount) {
        vector<int> dp(amount + 1, INT_MAX);
        dp[0] = 0;
        for (int i = 0; i < coins.size(); i++) { // 遍历物品
            for (int j = coins[i]; j <= amount; j++) { // 遍历背包
                // 如果 dp[j-coins[i]]是初始值则跳过
                if (dp[j - coins[i]] != INT_MAX) {
                    dp[j] = min(dp[j - coins[i]] + 1, dp[j]);
```

```
            }
          }
        }
        if (dp[amount] == INT_MAX) return -1;
        return dp[amount];
    }
};
```

外层 for 循环遍历背包、内层 for 循环遍历物品也可以，代码如下：

```
// 版本二
// 外层 for 循环遍历背包，内层 for 循环遍历物品
class Solution {
public:
    int coinChange(vector<int>& coins, int amount) {
        vector<int> dp(amount + 1, INT_MAX);
        dp[0] = 0;
        for (int i = 1; i <= amount; i++) {  // 遍历背包
            for (int j = 0; j < coins.size(); j++) { // 遍历物品
                if (i - coins[j] >= 0 && dp[i - coins[j]] != INT_MAX ) {
                    dp[i] = min(dp[i - coins[j]] + 1, dp[i]);
                }
            }
        }
        if (dp[amount] == INT_MAX) return -1;
        return dp[amount];
    }
};
```

小结：

细心的读者会发现网上的一些题解，有的是外层 for 循环遍历物品，有的是外层 for 循环遍历背包，两个 for 循环的先后顺序到底应该是怎样的呢？

这也是大多数读者学习动态规划的苦恼所在，有的时候动态规划的递推公式很简单，难就难在在遍历顺序上。

而本题要求的是最少硬币数量，硬币是组合数还是排列数都无所谓，所以两个 for 循环的先后顺序怎样都可以。

11.18 完全平方数

力扣题号：279.完全平方数。

402

给出正整数 n，找到若干完全平方数（比如 1,4,9,16,…）使得它们的和等于 n。你需要让组成和的完全平方数的个数最少。即给你一个正整数 n，返回和为 n 的完全平方数的最少数量。

完全平方数是一个正整数，其值等于另一个正整数的平方。换句话说，其值等于一个正整数自乘的积。例如，1、4、9 和 16 都是完全平方数，而 3 和 11 不是。

【示例一】

输入：$n=12$。

输出：3。

解释：12=4+4+4。

【示例二】

输入：$n=13$。

输出：2。

解释：13=4+9。

【思路】

把题目"翻译"一下：完全平方数就是物品（可以无限使用），正整数 n 就是背包，问装满这个背包最少需要多少个物品？

这是一道标准的完全背包问题。

动规"五部曲"如下：

（1）确定 dp 数组（dp table）及下标的含义。

dp[i]：和为 i 的完全平方数的最少数量。

（2）确定递推公式.

dp[j]可以由 dp[$j-i \times i$]推出，dp[$j-i \times i$]+1 便可以凑成 dp[j]。

此时我们要选择最小的 dp[j]，所以递推公式为 dp[j]=min(dp[$j-i \times i$]+1,dp[j])。

（3）初始化 dp 数组.

dp[0]表示和为 0 的完全平方数的最小数量，那么 dp[0]一定是 0。

有的读者会问，0×0 也算是一种方法，为什么 dp[0]就是 0 呢？

题目的描述中并没说从 0 开始，dp[0]=0 完全是为了推导递推公式。

非 0 下标的 dp[j]应该初始化为多少呢?

从递推公式可以看出,每次遍历的过程中 dp[j]都要选最小的,所以非 0 下标的 dp[i]一定要初始为最大值,这样 dp[j]在递推的时候才不会被初始值覆盖。

(4)确定遍历顺序。

对于完全背包,如果是求组合数,就是外层 for 循环遍历物品、内层 for 循环遍历背包,如果是求排列数,就是外层 fo 循环遍历背包、内层 for 循环遍历物品。

本题是求最小数,所以无论是外层 for 循环遍历背包、内层 for 循环遍历物品,还是外层 for 循环遍历物品、内层 for 循环遍历背包,都是可以的。

(5)举例推导 dp 数组。

以输入 n 为 5 例,dp 数组的状态如图 11-33 所示。

图 11-33

其推导过程如下:

dp[0] = 0。

dp[1] = min(dp[0] + 1) = 1。

dp[2] = min(dp[1] + 1) = 2。

dp[3] = min(dp[2] + 1) = 3。

dp[4] = min(dp[3] + 1,dp[0] + 1) = 1。

dp[5] = min(dp[4] + 1,dp[1] + 1) = 2。

最后的 dp[n]即 dp[5]为最终结果。

代码如下:

```cpp
// 版本一
// 外层 for 循环遍历背包, 内层 for 循环遍历物品
class Solution {
public:
    int numSquares(int n) {
        vector<int> dp(n + 1, INT_MAX);
```

```
            dp[0] = 0;
            for (int i = 0; i <= n; i++) { // 遍历背包
                for (int j = 1; j * j <= i; j++) { // 遍历物品
                    dp[i] = min(dp[i - j * j] + 1, dp[i]);
                }
            }
            return dp[n];
        }
};
```

先遍历物品，再遍历背包也可以，代码如下：

```
// 版本二
// 外层 for 循环遍历物品，内层 for 循环遍历背包
class Solution {
public:
    int numSquares(int n) {
        vector<int> dp(n + 1, INT_MAX);
        dp[0] = 0;
        for (int i = 1; i * i <= n; i++) { // 遍历物品
            for (int j = 1; j <= n; j++) { // 遍历背包
                if (j - i * i >= 0) {
                    dp[j] = min(dp[j - i * i] + 1, dp[j]);
                }
            }
        }
        return dp[n];
    }
};
```

11.19 单词拆分

力扣题号：139.单词拆分。

给出一个非空字符串 s 和一个包含非空单词的列表 wordDict，判断 s 是否可以被空格拆分为一个或多个在字典中出现的单词。

说明：拆分时可以重复使用字典中的单词，可以假设字典中没有重复的单词。

【示例一】

输入：s="applepenapple"，wordDict=["apple","pen"]。

输出：true。

解释：返回 true 是因为"applepenapple"可以被拆分成"apple pen apple"。注意，可以重复使用字典中的单词。

【示例二】

输入：s="catsandog"，wordDict=["cats","dog","sand","and","cat"]。

输出：false。

11.19.1 回溯算法

我们在 9.7 节讲解了使用回溯算法枚举字符串的所有分割情况，本题就是枚举所有字符串的分割情况，然后判断字符串是否在字典中出现过。不难写出如下代码：

```cpp
class Solution {
private:
    bool backtracking (const string& s, const unordered_set<string>& wordSet,
int startIndex) {
        if (startIndex >= s.size()) {
            return true;
        }
        for (int i = startIndex; i < s.size(); i++) {
            string word = s.substr(startIndex, i - startIndex + 1);
            if (wordSet.find(word) != wordSet.end() && backtracking(s,
wordSet, i + 1)) {
                return true;
            }
        }
        return false;
    }
public:
    bool wordBreak(string s, vector<string>& wordDict) {
        unordered_set<string> wordSet(wordDict.begin(), wordDict.end());
        return backtracking(s, wordSet, 0);
    }
};
```

- 时间复杂度：$O(2^n)$，每个单词都有两个状态——切割和不切割。
- 空间复杂度：$O(n)$，计算了系统调用栈的空间。

以上代码针对如下输入数据会耗时非常大：

```
"aaaaaaaaaaaaaaaaaaaaaaaaaaaaaaaaaaaaaaaaaaaaaaaaaaaaaaaaaaaaaaaaaaaa
aaaaaaaaaaaaaaaaaaaaaaaaaaaaaaaaaaaaaaaaaaaaaaaaaaaaaaaaaaaaaaaaaaaaaa
aaab"
```

```
["a","aa","aaa","aaaa","aaaaa","aaaaaa","aaaaaaa","aaaaaaaa","aaaaaaaaa"
,"aaaaaaaaaa"]
```

递归的过程中有很多重复计算，可以使用数组保存递归过程中计算的结果。这种方法叫作记忆化递归，使用 memory 数组保存每次计算的结果（以 startIndex 为起始下标），如果 memory[startIndex] 已经被赋值了，则直接使用 memory[startIndex] 的数值。代码如下：

```cpp
class Solution {
private:
    bool backtracking (const string& s,
            const unordered_set<string>& wordSet,
            vector<int>& memory,
            int startIndex) {
        if (startIndex >= s.size()) {
            return true;
        }
        // 如果 memory[startIndex] 不是初始值，则直接使用 memory[startIndex] 的数值
        if (memory[startIndex] != -1) return memory[startIndex];
        for (int i = startIndex; i < s.size(); i++) {
            string word = s.substr(startIndex, i - startIndex + 1);
            if (wordSet.find(word) != wordSet.end() && backtracking(s,
wordSet, memory, i + 1)) {
                // 记录以 startIndex 开始的子字符串是可以被拆分的
                memory[startIndex] = 1;
                return true;
            }
        }
        // 记录以 startIndex 开始的子字符串是不可以被拆分的
        memory[startIndex] = 0;
        return false;
    }
public:
    bool wordBreak(string s, vector<string>& wordDict) {
        unordered_set<string> wordSet(wordDict.begin(), wordDict.end());
        vector<int> memory(s.size(), -1); // -1 表示初始化状态
        return backtracking(s, wordSet, memory, 0);
    }
};
```

上述代码的时间复杂度其实也是 $O(2^n)$，只不过对特定的数据集的优化效果明显。

11.19.2 背包问题

单词就是物品，字符串 s 就是背包，单词能否组成字符串 s，就是问物品能不能把背包装满。

既然拆分时可以重复使用字典中的单词，就说明这是一个完全背包问题。

动规"五部曲"如下：

（1）确定 dp 数组及下标的含义。

dp[i]：字符串的长度为 i，dp[i]赋值为 true，表示可以拆分为一个或多个在字典中出现过的单词。

（2）确定递推公式。

如果确定 dp[j]为 true，且 [j, i] 这个区间的子字符串出现在字典中，那么 dp[i]一定是 true。

所以递推公式是，如果[j, i]这个区间的子字符串出现在字典中，同时 dp[j]为 true，那么 dp[i]=true。

（3）初始化 dp 数组。

从递推公式可以看出，dp[i]的状态依赖于 dp[j]是否为 true，那么 dp[0]就是递推的根基，dp[0]一定要为 true，否则递推下去后面的 dp[i]就都是 false 了。

那么 dp[0]有没有意义呢？

dp[0]表示字符串的长度为 0。但题目中说了"给定一个非空字符串 s"，所以测试数据中不会出现 i 为 0 的情况，dp[0]初始化为 true 完全就是为了推导递推公式。

下标非 0 的 dp[i]初始化为 false，只要没有被覆盖，就说明这些字符串都是不可拆分为一个或多个在字典中出现过的单词。

（4）确定遍历顺序。

还要讨论两层 for 循环的前后顺序。

如果求组合数，就是外层 for 循环遍历物品，内层 for 遍历背包。

如果求排列数，就是外层 for 遍历背包，内层 for 循环遍历物品。

而本题其实我们求的是排列数，为什么呢？以 s = "applepenapple", wordDict = ["apple", "pen"] 举例。

"apple", "pen" 是物品，那么我们要求物品的组合一定是 "apple" + "pen" + "apple" 才能组成 "applepenapple"。

"apple" + "apple" + "pen" 或者 "pen" + "apple" + "apple" 是不可以的，那么我们就是强调物品之间顺序。

所以说，本题一定是先遍历背包，再遍历物品。

（5）举例推导 dp[*i*]数组。

以输入 s="leetcode"、wordDict = ["leet","code"]为例，dp 数组的状态如图 11-34 所示。

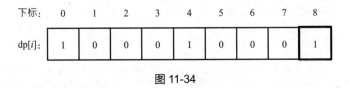

图 11-34

dp[s.size()]即 dp[8]就是最终结果。

本题代码如下：

```cpp
class Solution {
public:
    bool wordBreak(string s, vector<string>& wordDict) {
        unordered_set<string> wordSet(wordDict.begin(), wordDict.end());
        vector<bool> dp(s.size() + 1, false);
        dp[0] = true;
        for (int i = 1; i <= s.size(); i++) {      // 遍历背包
            for (int j = 0; j < i; j++) {          // 遍历物品
                // substr（起始位置，截取的个数）
                string word = s.substr(j, i - j);
                if (wordSet.find(word) != wordSet.end() && dp[j]) {
                    dp[i] = true;
                }
            }
        }
        return dp[s.size()];
    }
};
```

小结：

本题和 9.7 节讲解的题目非常像，所以这里也给出了对应的回溯解法。

稍加分析，便可知本题是完全背包问题，而且是求能否组成背包，所以从理论上来讲，两层 for 循环谁先谁后都可以。

但因为分割子字符串的特殊性，将遍历背包的逻辑放在外循环中、遍历物品的逻辑放在内循环中更方便一些。

11.20 买卖股票的最佳时机

力扣题号：121. 买卖股票的最佳时机。

给出一个数组 prices，它的第 *i* 个元素 prices[*i*]表示一支股票第 *i* 天的价格。

你只能选择某一天买入这支股票，并选择在未来的某一天卖出该股票。设计一个算法来计算你所能获取的最大利润。

返回你可以从这笔交易中获取的最大利润。如果不能获取任何利润，则返回 0。

【示例一】

输入：[7,1,5,3,6,4]。

输出：5。

解释：在第 2 天（股票价格=1）的时候买入，在第 5 天（股票价格=6）的时候卖出，最大利润=6-1=5。注意利润不能是 7-1=6，因为卖出价格需要大于买入价格；同时，你不能在买入股票前卖出股票。

【示例二】

输入：prices = [7,6,4,3,1]。

输出：0。

解释：在这种情况下，没有交易完成，所以最大利润为 0。

11.20.1 暴力枚举

这道题目最直观的想法就是暴力查找最优间距了。代码如下：

```cpp
class Solution {
public:
    int maxProfit(vector<int>& prices) {
        int result = 0;
        for (int i = 0; i < prices.size(); i++) {
            for (int j = i + 1; j < prices.size(); j++){
                result = max(result, prices[j] - prices[i]);
            }
        }
        return result;
    }
};
```

- 时间复杂度：$O(n^2)$。
- 空间复杂度：$O(1)$。

11.20.2　贪心算法

因为股票就买卖一次，所以贪心算法的逻辑就是取区间的左侧最小值、取区间的右侧最大值，得到的差值就是最大利润。代码如下：

```cpp
class Solution {
public:
    int maxProfit(vector<int>& prices) {
        int low = INT_MAX;
        int result = 0;
        for (int i = 0; i < prices.size(); i++) {
            low = min(low, prices[i]);   // 取左侧最小价格
            result = max(result, prices[i] - low); // 直接取最大区间利润
        }
        return result;
    }
};
```

- 时间复杂度：$O(n)$。
- 空间复杂度：$O(1)$。

11.20.3　动态规划

动规"五部曲"如下：

（1）确定 dp 数组（dp table）及下标的含义。

dp[i][0]表示第 i 天持有股票所得的最多现金。可能有读者会问，本题中只能买卖一次股票，持有股票之后哪还有现金呢？

其实一开始的现金是 0，加上第 i 天买入股票的现金就是-prices[i]，是一个负数。dp[i][1]表示第 i 天不持有股票所得的最多现金。

注意这里说的是"持有"，"持有"不代表就是当天"买入"，也有可能是昨天就买入了，今天保持"持有"的状态。

（2）确定递推公式。

第 i 天持有的股票即 dp[i][0]可以由两个状态推导出来。

- 第 i-1 天就持有股票，那么就保持现状，所得现金就是昨天持有股票的所得现金，即

dp[*i*-1][0]。

- 第 *i* 天买入股票，所得现金就是买入今天的股票后所得的现金，即-prices[*i*]。

dp[*i*][0]应该取最大值，所以 dp[*i*][0]=max(dp[*i-1*][0],-prices[*i*])。

如果第 *i* 天不持有股票即 dp[*i*][1]，那么也可以由两个状态推导出来。

- 第 *i*-1 天就不持有股票，那么就保持现状，所得现金就是昨天不持有股票的所得现金，即 dp[*i*-1][1]。
- 第 *i* 天卖出股票，所得现金就是按照今天股票价格卖出后所得的现金，即 prices[*i*]+dp[*i*-1][0]。

同样 dp[*i*][1]取最大值，dp[*i*][1]=max(dp[*i*-1][1],prices[*i*]+dp[*i*-1][0])。

（3）初始化 dp 数组。

由递推公式可以看出，其 dp[*i*][*j*]中的数值都是由 dp[0][0]和 dp[0][1]推导出来的。

dp[0][0]表示第 0 天持有股票，此时持有的股票就一定是买入的股票了，因为 dp[0][0]不可能由前一天推导出来，所以 dp[0][0]-=prices[0]。

dp[0][1]表示第 0 天不持有股票，不持有股票则现金就是 0，所以 dp[0][1]=0。

（4）确定遍历顺序。

从递推公式可以看出，dp[*i*]都是由 dp[*i*-1]推导出来的，那么遍历顺序一定是从前向后。

（5）举例推导 dp 数组。

以示例 1 中的输入[7,1,5,3,6,4]为例，dp 数组的状态如图 11-35 所示。

	dp[*i*][0]	dp[*i*][1]
0	-7	0
1	-1	0
2	-1	4
3	-1	4
4	-1	5
5	-1	5

图 11-35

dp[5][1]就是最终结果。

为什么不是 dp[5][0]呢？

因为本题中不持有股票状态所得到的现金一定比持有股票状态得到的多。

代码如下：

```
// 版本一
class Solution {
public:
    int maxProfit(vector<int>& prices) {
        int len = prices.size();
        if (len == 0) return 0;
        vector<vector<int>> dp(len, vector<int>(2));
        dp[0][0] -= prices[0];
        dp[0][1] = 0;
        for (int i = 1; i < len; i++) {
            dp[i][0] = max(dp[i - 1][0], -prices[i]);
            dp[i][1] = max(dp[i - 1][1], prices[i] + dp[i - 1][0]);
        }
        return dp[len - 1][1];
    }
};
```

- 时间复杂度：$O(n)$。
- 空间复杂度：$O(n)$。

从递推公式可以看出，dp[i]只依赖于 dp[i-1]的状态。

```
dp[i][0] = max(dp[i - 1][0], -prices[i]);
dp[i][1] = max(dp[i - 1][1], prices[i] + dp[i - 1][0]);
```

我们只需要记录当前这一天 dp 数组的状态和前一天 dp 数组的状态即可，可以使用滚动数组来节省空间，代码如下：

```
// 版本二
class Solution {
public:
    int maxProfit(vector<int>& prices) {
        int len = prices.size();
        // 注意这里只开辟了一个 2×2 大小的二维数组
        vector<vector<int>> dp(2, vector<int>(2));
        dp[0][0] -= prices[0];
        dp[0][1] = 0;
        for (int i = 1; i < len; i++) {
```

```
                dp[i % 2][0] = max(dp[(i - 1) % 2][0], -prices[i]);
                dp[i % 2][1] = max(dp[(i - 1) % 2][1], prices[i] + dp[(i - 1) %
2][0]);
            }
        return dp[(len - 1) % 2][1];
        }
    };
```

- 时间复杂度：$O(n)$。
- 空间复杂度：$O(1)$。

在面试中能写出版本一的代码即可，版本二的代码虽然和版本一的代码的原理是一样的，但直接写出版本二的代码还是有点困难的。所以建议先写出版本一的代码，然后在版本一的基础上将代码优化成版本二。

11.21 买卖股票的最佳时机 II

力扣题号：122.买卖股票的最佳时机 II。

本题和 10.5 节中的题目一样，不过本节使用动态规划来解题。

【思路】

本题和 11.20 节中的题目的唯一区别是股票可以买卖多次（注意只有一支股票，所以再次购买前要出售之前的股票）。

这里重申一下 dp 数组的含义：

- dp[i][0]表示第 i 天持有股票所得的现金。
- dp[i][1]表示第 i 天不持有股票所得的最多现金。

dp[i][0]可以由两个状态推导出来：

- 第 i-1 天就持有股票,那么就保持现状,所得现金就是昨天持有股票的所得现金,即 dp[i-1][0]。
- 第 i 天买入股票，所得现金就是昨天不持有股票的所得现金减去今天的股票价格，即 dp[i-1][1]-prices[i]。

注意这里和 11.20 节唯一不同的地方，就是推导 dp[i][0]的时候，第 i 天买入股票的情况。

在 11.20 节中,因为股票全程只能买卖一次,所以如果买入股票,那么第 i 天持有的股票即 dp[i][0]一定就是-prices[i]。

在本题中，因为一支股票可以买卖多次，所以当第 i 天买入股票的时候，所持有的现金可能包含之前买卖股票所得的利润。

第 i 天持有股票即 dp[i][0]，如果是第 i 天买入股票，那么所得现金就是昨天不持有股票的所得现金减去今天的股票价格，即 dp[i-1][1]-prices[i]。

第 i 天不持有股票即 dp[i][1]依然可以由两个状态推导出来：

- 第 i-1 天就不持有股票，那么就保持现状，所得现金就是昨天不持有股票的所得现金，即 dp[i-1][1]。
- 第 i 天卖出股票，所得现金就是按照今天股票价格卖出后所得的现金，即 prices[i]+dp[i-1][0]。

这里和 11.20 节是一样的逻辑——卖出股票、收获利润（可能是负值）。

代码如下（注意代码中的注释，标记了和 11.23 节唯一不同的地方）：

```cpp
// 版本一
class Solution {
public:
    int maxProfit(vector<int>& prices) {
        int len = prices.size();
        vector<vector<int>> dp(len, vector<int>(2, 0));
        dp[0][0] -= prices[0];
        dp[0][1] = 0;
        for (int i = 1; i < len; i++) {
            // 注意这里是和 11.20 节唯一不同的地方
            dp[i][0] = max(dp[i - 1][0], dp[i - 1][1] - prices[i]);
            dp[i][1] = max(dp[i - 1][1], dp[i - 1][0] + prices[i]);
        }
        return dp[len - 1][1];
    }
};
```

- 时间复杂度：$O(n)$。
- 空间复杂度：$O(n)$。

上述代码和 11.20 节的代码几乎一样，唯一的区别在于下面这行代码：

```cpp
dp[i][0] = max(dp[i - 1][0], dp[i - 1][1] - prices[i]);
```

这是由于本题的股票可以买卖多次，所以买入股票的时候，可能包含之前买卖股票所得的利润，即 dp[i-1][1]，所以利润为 dp[i-1][1]-prices[i]。

下面给出滚动数组的版本，代码如下：

```cpp
// 版本二
class Solution {
```

```cpp
public:
    int maxProfit(vector<int>& prices) {
        int len = prices.size();
        // 注意这里只开辟了一个 2×2 长度的二维数组
        vector<vector<int>> dp(2, vector<int>(2));
        dp[0][0] -= prices[0];
        dp[0][1] = 0;
        for (int i = 1; i < len; i++) {
            dp[i % 2][0] = max(dp[(i - 1) % 2][0], dp[(i - 1) % 2][1] -
prices[i]);
            dp[i % 2][1] = max(dp[(i - 1) % 2][1], prices[i] + dp[(i - 1) %
2][0]);
        }
        return dp[(len - 1) % 2][1];
    }
};
```

- 时间复杂度：$O(n)$。
- 空间复杂度：$O(1)$。

11.22 买卖股票的最佳时机 III

力扣题号：123.买卖股票的最佳时机 III。

给出一个数组，它的第 i 个元素是一支给定的股票在第 i 天的价格。设计一个算法来计算你所能获取的最大利润。你最多可以完成两笔交易。

注意：你不能同时参与多笔交易（你必须在再次购买前出售之前的股票）。

【示例一】

输入：prices=[3,3,5,0,0,3,1,4]。

输出：6。

解释：在第 4 天（股票价格=0）的时候买入股票，在第 6 天（股票价格=3）的时候卖出股票，这笔交易所能获得的利润=3-0=3。随后，在第 7 天（股票价格=1）的时候买入股票，在第 8 天（股票价格=4）的时候卖出股票，这笔交易所能获得的利润=4-1=3。

【示例二】

输入：prices=[1,2,3,4,5]。

输出：4。

解释：在第 1 天（股票价格=1）的时候买入股票，在第 5 天（股票价格 = 5）的时候卖出股票，这笔交易所能获得的利润=5-1=4。

注意：你不能在第 1 天和第 2 天连续购买股票，之后再将它们卖出。因为这样属于同时参与了多笔交易，你必须在再次购买前出售之前的股票。

【思路】

这道题目相对于 11.20 节和 11.21 节中的题目难了不少。关键在于至多买卖两次股票，这意味着既可以买卖一次股票，也可以买卖两次股票，还可以不买卖股票。

动规"五部曲"如下：

（1）确定 dp 数组及下标的含义。

一天一共有五个状态：

- 没有操作。
- 第一次买入。
- 第一次卖出。
- 第二次买入。
- 第二次卖出。

dp[i][j]中的 i 表示第 i 天，j 为[0~4]五个状态，dp[i][j]表示第 i 天状态 j 所剩的最大现金。

（2）确定递推公式。

需要注意：dp[i][1]表示的是第 i 天买入股票的状态，并不是说一定要第 i 天买入股票，这是很多人容易陷入的误区。

达到 dp[i][1]状态，有两个具体操作：

- 操作一：第 i 天买入股票了，那么 dp[i][1]=dp[i-1][0]-prices[i]。
- 操作二：第 i 天没有操作，而是沿用前一天买入股票的状态，即 dp[i][1]=dp[i-1][1]。

那么 dp[i][1]究竟选 dp[i-1][0]-prices[i]，还是 dp[i-1][1]呢？

一定是选最大的，所以 dp[i][1]=max(dp[i-1][0]-prices[i],dp[i-1][1])。

同理 dp[i][2]也有两个操作：

- 操作一：第 i 天卖出股票了，那么 dp[i][2]= dp[i-1][1]+prices[i]。
- 操作二：第 i 天没有操作，沿用前一天卖出股票的状态，即 dp[i][2]=dp[i-1][2]。

所以 dp[i][2]=max(dp[i-1][1]+prices[i],dp[i-1][2])。

同理可推导出剩下的状态：

- dp[i][3]=max(dp[i-1][3],dp[i-1][2]-prices[i])。
- dp[i][4]=max(dp[i-1][4],dp[i-1][3]+prices[i])。

（3）初始化 dp 数组。

第 0 天没有操作，dp[0][0]=0。

第 0 天执行第一次买入股票的操作，dp[0][1]=-prices[0]。

第 0 天执行第一次卖出股票的操作，这个初始值应该是多少呢？

卖出股票的操作一定是收获利润，整个股票买卖的最差情况也就是没有盈利，即全程无操作，现金为 0。

从递推公式可以看出，每次是取两个状态的最大值，如果利润比 0 还小，那么就没有必要收获这个利润了。所以 dp[0][2]=0。

第 0 天第二次执行买入操作，初始值应该是多少呢？不少读者会感到疑惑，第一次还没买入，怎么初始化第二次买入呢？

第二次买入依赖于第一次卖出的状态，其实相当于第 0 天第一次买入了，第一次卖出了，然后买入一次（第二次买入），那么现在手头上没有现金，只要买入，现金就相应地减少。

所以第二次买入操作初始化为 dp[0][3]=-prices[0]，同理第二次卖出操作初始化为 dp[0][4]= 0。

（4）确定遍历顺序。

从递推公式可以看出，一定是从前向后遍历，因为 dp[i]依赖 dp[i-1]的数值。

（5）举例推导 dp 数组。

以输入 price=[1,2,3,4,5]为例，dp 数组的状态如图 11-36 所示。

收获最大利润的时候一定股票是卖出的状态，而两次卖出股票的操作中，一定是最后一次卖出股票后的现金最多，所以最终可以获得的最大利润是 dp[4][4]。

状态 j:	不操作	买入	卖出	买入	卖出
下标: 股票:	0	1	2	3	4
0 1	0	-1	0	-1	0
1 2	0	-1	1	-1	1
2 3	0	-1	2	-1	2
3 4	0	-1	3	-1	3
4 5	0	-1	4	-1	4

图 11-36

代码如下:

```cpp
class Solution {
public:
    int maxProfit(vector<int>& prices) {
        if (prices.size() == 0) return 0;
        vector<vector<int>> dp(prices.size(), vector<int>(5, 0));
        dp[0][1] = -prices[0];
        dp[0][3] = -prices[0];
        for (int i = 1; i < prices.size(); i++) {
            dp[i][0] = dp[i - 1][0];
            dp[i][1] = max(dp[i - 1][1], dp[i - 1][0] - prices[i]);
            dp[i][2] = max(dp[i - 1][2], dp[i - 1][1] + prices[i]);
            dp[i][3] = max(dp[i - 1][3], dp[i - 1][2] - prices[i]);
            dp[i][4] = max(dp[i - 1][4], dp[i - 1][3] + prices[i]);
        }
        return dp[prices.size() - 1][4];
    }
};
```

- 时间复杂度: $O(n)$。
- 空间复杂度: $O(n \times 5)$。

11.23 买卖股票的最佳时机 IV

力扣题号：188.买卖股票的最佳时机 IV。

给出一个整数数组 prices，它的第 i 个元素 prices[i]是一支给定的股票在第 i 天的价格。设计一个算法来计算你所能获取的最大利润。你最多可以完成 k 笔交易。

注意：你不能同时参与多笔交易（你必须在再次购买前出售之前的股票）。

【示例一】

输入：k=2，prices=[2,4,1]。

输出：2。

解释：在第 1 天（股票价格=2）的时候买入股票，在第 2 天（股票价格=4）的时候卖出股票，这笔交易所能获得的利润=4-2=2。

【示例二】

输入：k=2，prices=[3,2,6,5,0,3]。

输出：7。

解释：在第 2 天（股票价格=2）的时候买入股票，在第 3 天（股票价格=6）的时候卖出股票，这笔交易所能获得的利润=6-2=4。随后，在第 5 天（股票价格=0）的时候买入股票，在第 6 天（股票价格=3）的时候卖出股票，这笔交易所能获得的利润=3-0=3。

【思路】

这道题目可以说是 11.22 节的"进阶版"，这里要求至多有 k 笔交易。

动规"五部曲"如下：

（1）确定 dp 数组及下标的含义。

在 11.22 节中定义了一个二维 dp 数组，本题依然可以定义一个二维 dp 数组。dp[i][j]：第 i 天的状态为 j，所剩下的最大现金是 dp[i][j]。

j 的状态如下：

- 0 表示不操作。
- 1 表示第一次买入。
- 2 表示第一次卖出。

- 3 表示第二次买入。
- 4 表示第二次卖出。
- ……

除了 0，偶数表示卖出，奇数表示买入。

题目要求至多有 k 笔交易，那么 j 的范围定义为 $[0, 2 \times k]$ 即可。

（2）确定递推公式。

达到 dp[i][1] 状态，有两个具体操作：

- 操作一：第 i 天买入股票了，那么 dp[i][1]=dp[i-1][0]-prices[i]。
- 操作二：第 i 天没有操作，而是沿用前一天买入的状态，即 dp[i][1]=dp[i-1][1]。

选操作一和操作二的最大结果，所以 dp[i][1]=max(dp[i-1][0]-prices[i],dp[i-1][1])。

同理 dp[i][2] 也有两个操作：

- 操作一：第 i 天卖出股票了，那么 dp[i][2]=dp[i-1][1]+prices[i]。
- 操作二：第 i 天没有操作，沿用前一天卖出股票的状态，即 dp[i][2]=dp[i-1][2]。

所以 dp[i][2]=max(dp[i-1][1]+prices[i],dp[i-1][2])。

同理可以类比剩下的状态，代码如下：

```
for (int j = 0; j < 2 * k - 1; j += 2) {
    dp[i][j + 1] = max(dp[i - 1][j + 1], dp[i - 1][j] - prices[i]);
    dp[i][j + 2] = max(dp[i - 1][j + 2], dp[i - 1][j + 1] + prices[i]);
}
```

本题和 11.22 节最大的区别就是这里要类比 j 为奇数是买入、偶数是卖出的状态。

（3）初始化 dp 数组。

第 0 天没有操作，dp[0][0]=0。

第 0 天执行第一次买入股票的操作，dp[0][1]=-prices[0]。

第 0 天执行第一次卖出股票的操作，dp[0][2]=0。

在 11.22 节的初始化 dp 数组部分已经讲过，第二次买入的操作初始化为 dp[0][3]=-prices[0]。

同理可以推导出当 j 为奇数的时候，dp[0][j]都初始化为 -prices[0]。

（4）确定遍历顺序。

从递推公式可以看出，一定是从前向后遍历，因为 dp[i] 依赖于 dp[i-1] 的数值。

（5）举例推导 dp 数组。

以输入 price=[1,2,3,4,5]、*k*=2 为例，dp 数组的状态如图 11-37 所示。

状态*j*:	不操作	买入	卖出	买入	卖出
下标: 股票	0	1	2	3	4
0 1	0	-1	0	-1	0
1 2	0	-1	1	-1	1
2 3	0	-1	2	-1	2
3 4	0	-1	3	-1	3
4 5	0	-1	4	-1	4

图 11-37

最后一次卖出股票后的利润（dp[prices.size()-1][2×*k*]）一定是最大的，即 dp[5][4] 就是最终的答案。

本题代码如下：

```cpp
class Solution {
public:
    int maxProfit(int k, vector<int>& prices) {
        if (prices.size() == 0) return 0;
        vector<vector<int>> dp(prices.size(), vector<int>(2 * k + 1, 0));
        for (int j = 1; j < 2 * k; j += 2) {
            dp[0][j] = -prices[0];
        }
        for (int i = 1;i < prices.size(); i++) {
            for (int j = 0; j < 2 * k - 1; j += 2) {
                dp[i][j + 1] = max(dp[i - 1][j + 1], dp[i - 1][j] - prices[i]);
                dp[i][j + 2] = max(dp[i - 1][j + 2], dp[i - 1][j + 1] + prices[i]);
            }
        }
        return dp[prices.size() - 1][2 * k];
    }
};
```

11.24 最佳买卖股票时机（含冷冻期）

力扣题号：309.最佳买卖股票时机（含冷冻期）。

给出一个整数数组，其中第 i 个元素代表第 i 天的股票价格。设计一个算法来计算你所能获取的最大利润。在满足以下约束条件的情况下，你可以尽可能地完成更多的交易（多次买卖一支股票）：

- 你不能同时参与多笔交易（你必须在再次购买前出售之前的股票）。
- 卖出股票后，你无法在第二天买入股票（即冷冻期为 1 天）。

【示例】

输入：[1,2,3,0,2]。

输出：3。

解释：对应的交易状态为[买入,卖出,冷冻期,买入,卖出]。

【思路】

相对于 11.21 节，本题加上了一个冷冻期。11.24 节中的题目涉及两个状态——持有股票后的最多现金和不持有股票的最多现金。

动规"五部曲"如下：

（1）确定 dp 数组及下标的含义。

dp[i][j]：第 i 天的状态为 j，所剩的最多现金为 dp[i][j]。

本题不容易理解，是因为出现冷冻期之后，状态是比较复杂的。例如，如果今天买入股票、卖出股票，或者今天是冷冻期，都不能再次操作股票了。具体有如下四个状态：

- 状态一：买入股票状态（今天买入股票，或者之前就买入了股票，然后没有操作）。
- 状态二：两天前就卖出了股票，度过了冷冻期，一直没操作，今天保持卖出股票的状态。
- 状态三：今天卖出了股票。
- 状态四：今天为冷冻期状态，但冷冻期状态不可持续，只有一天。

j 的状态为：

- 0：状态一。
- 1：状态二。
- 2：状态三。

- 3：状态四。

很多读者在思考这道题目的时候，即使写出了正确的代码，但思路却并不清晰，主要是因为把四个状态合并成三个状态了，即把状态二和状态四合并在一起了。

从代码上看，这两个状态确实可以合并，但从逻辑上分析，状态合并之后就很难理解了，所以下面逐一分析这四个状态。

注意这里的每一个状态，例如，状态一是买入股票状态，并不是说今天已经买入股票，而是说保存买入股票的状态，即股票可能是前几天买入的，之后一直没操作，所以保持买入股票的状态。

（2）确定递推公式。

达到买入股票状态（状态一）即 dp[i][0]，有两个具体操作：

- 操作一：前一天就是持有股票状态（状态一），dp[i][0]=dp[i-1][0]。
- 操作二：今天买入股票，有以下两种情况。
  - 前一天是冷冻期（状态四），dp[i-1][3]-prices[i]。
  - 前一天是保持卖出股票状态（状态二），dp[i-1][1]-prices[i]。

操作二取最大值，即 max(dp[i-1][3],dp[i-1][1])-prices[i]。

dp[i][0]=max(dp[i-1][0],max(dp[i-1][3], dp[i-1][1])-prices[i])。

达到保持卖出股票状态（状态二）即 dp[i][1]，有两个具体操作：

- 操作一：前一天就是状态二。
- 操作二：前一天是冷冻期（状态四）。

dp[i][1]= max(dp[i-1][1], dp[i-1][3])。

达到今天就卖出股票状态（状态三）即 dp[i][2]，只有一个操作：

- 操作一：昨天一定是买入股票状态（状态一），今天卖出，即 dp[i][2]=dp[i-1][0]+prices[i]。

达到冷冻期状态（状态四）即 dp[i][3]，只有一个操作：

- 操作一：昨天卖出了股票（状态三），即 dp[i][3]= dp[i-1][2]。

综上分析，递推代码如下：

```
dp[i][0] = max(dp[i - 1][0], max(dp[i - 1][3], dp[i - 1][1]) - prices[i];
dp[i][1] = max(dp[i - 1][1], dp[i - 1][3]);
dp[i][2] = dp[i - 1][0] + prices[i];
dp[i][3] = dp[i - 1][2];
```

（3）初始化 dp 数组。

这里主要讨论第 0 天如何初始化。

如果是持有股票状态（状态一），那么 dp[0][0]=-prices[0]，买入股票所剩的现金为负数。

保持卖出股票状态（状态二），第 0 天没有卖出，dp[0][1]初始化为 0。

今天卖出了股票（状态三），同样 dp[0][2]初始化为 0，因为最少收益就是 0，绝不会是负数。

同理 dp[0][3]（状态四）也初始化为 0。

（4）确定遍历顺序。

从递推公式可以看出，dp[i] 依赖于 dp[i-1]，所以是从前向后遍历。

（5）举例推导 dp 数组。

以输入[1,2,3,0,2]为例，dp 数组的状态如图 11-38 所示。

下标（第几天）：	股票价格：	状态 j:	0	1	2	3
0	1		-1	0	0	0
1	2		-1	0	1	0
2	3		-1	0	2	1
3	4		1	1	-1	2
4	5		1	2	3	-1

图 11-38

最后结果取状态二、状态三和状态四的最大值，不少读者可能忘了状态四，状态四是冷冻期，如果最后一天是冷冻期，那么也可能是最大值。

本题代码如下：

```cpp
class Solution {
public:
    int maxProfit(vector<int>& prices) {
        int n = prices.size();
        if (n == 0) return 0;
        vector<vector<int>> dp(n, vector<int>(4, 0));
        dp[0][0] -= prices[0]; // 持有股票
        for (int i = 1; i < n; i++) {
```

```
                dp[i][0] = max(dp[i - 1][0], max(dp[i - 1][3], dp[i - 1][1]) -
prices[i]);
                dp[i][1] = max(dp[i - 1][1], dp[i - 1][3]);
                dp[i][2] = dp[i - 1][0] + prices[i];
                dp[i][3] = dp[i - 1][2];
            }
        return max(dp[n - 1][3],max(dp[n - 1][1], dp[n - 1][2]));
        }
};
```

- 时间复杂度：$O(n)$。
- 空间复杂度：$O(n)$。

当然，空间复杂度可以优化，定义一个 dp[2][4]的数组只保存前一天和当前的状态即可，感兴趣的读者可以自己编写相关代码，思路是一样的。

11.25 买卖股票的最佳时机（含手续费）

力扣题号：714.买卖股票的最佳时机（含手续费）。

给出一个整数数组 prices，其中第 i 个元素代表第 i 天的股票价格；非负整数 fee 代表交易股票的手续费用。你可以无限次地完成交易，但是每笔交易都需要支付手续费。如果你已经购买了一支股票，在卖出它之前不能再继续购买股票了。返回获得利润的最大值。

注意：这里的一笔交易是指买入持有并卖出股票的整个过程，每笔交易只需要支付一次手续费。

【示例一】

输入：prices=[1,3,2,8,4,9]，fee=2。

输出：8。

解释：

能够达到的最大利润：

- 在此处买入 prices[0]=1。
- 在此处卖出 prices[3]=8。
- 在此处买入 prices[4]=4。
- 在此处卖出 prices[5]=9。

总利润：((8-1)-2)+((9-4)-2)=8。

【思路】

相对于 11.22 节，本题只需要在执行卖出操作的时候减去手续费就可以了，代码几乎是一样的。唯一差别在于递推公式部分，所以主要讲解一下递推公式部分。

第 i 天持有的股票即 dp[i][0]可以由两个状态推导出来：

- 第 i-1 天就持有股票，那么就保持现状，所得现金就是昨天持有股票的所得现金，即 dp[i-1][0]。
- 第 i 天买入股票，所得现金就是昨天不持有股票的所得现金减去今天的股票价格，即 dp[i-1][1]-prices[i]。

所以，dp[i][0]=max(dp[i-1][0],dp[i-1][1]-prices[i])。

第 i 天不持有股票即 dp[i][1]可以由两个状态推导出来：

- 第 i-1 天就不持有股票，那么就保持现状，所得现金就是昨天不持有股票的所得现金，即 dp[i-1][1]。
- 第 i 天卖出股票，所得现金就是按照今天股票价格卖出后所得的现金，注意这里有手续费了，即 dp[i-1][0]+prices[i]-fee。

所以，dp[i][1]=max(dp[i-1][1],dp[i-1][0]+prices[i]-fee)。

本题和 11.22 节的区别就是多了一个减去手续费的操作。

代码如下：

```
class Solution {
public:
    int maxProfit(vector<int>& prices, int fee) {
        int n = prices.size();
        vector<vector<int>> dp(n, vector<int>(2, 0));
        dp[0][0] -= prices[0]; // 持有股票
        for (int i = 1; i < n; i++) {
            dp[i][0] = max(dp[i - 1][0], dp[i - 1][1] - prices[i]);
            dp[i][1] = max(dp[i - 1][1], dp[i - 1][0] + prices[i] - fee);
        }
        return max(dp[n - 1][0], dp[n - 1][1]);
    }
};
```

- 时间复杂度：$O(n)$。
- 空间复杂度：$O(n)$。

11.26 最长递增子序列

力扣题号：300.最长递增子序列。

给出一个整数数组 nums ，找到其中最长严格递增子序列的长度。

子序列是由数组派生而来的序列，删除了（或不删除）数组中的元素而不改变其余元素的顺序。例如，[3,6,2,7]是数组[0,3,1,6,2,2,7]的子序列。

【示例一】

输入：nums=[10,9,2,5,3,7,101,18]。

输出：4。

解释：最长递增子序列是 [2,3,7,101]，因此长度为 4 。

【示例二】

输入：nums = [7,7,7,7,7,7,7]。

输出：1。

【思路】

最长上升子序列是动态规划的经典题目，这里的 dp[i]可以根据 dp[j]（j<i）推导出来。

动规"五部曲"如下：

（1）确定 dp[i]的定义。

dp[i]表示 i 之前（包括 i）的最长上升子序列。

（2）确定递推公式。

位置 i 的最长升序子序列等于 j 从 0 到 i-1 各个位置的最长升序子序列+1 的最大值。

所以递推公式为 if (nums[i]>nums[j]) dp[i]=max(dp[i],dp[j]+1)。

注意这里不是要将 dp[i]与 dp[j]+1 进行比较，而是要取 dp[j]+1 的最大值。

（3）初始化 dp[i]。

每一个 i 对应的 dp[i]（即最长上升子序列）的起始大小至少都是 1。

（4）确定遍历顺序。

dp[*i*]是由 0 到 *i*-1 各个位置的最长升序子序列推导而来的，那么一定是从前向后遍历 *i*。

j 的范围是 0 到 *i*-1，遍历 *i* 的 for 循环在外层，遍历 *j* 的 for 循环在内层，代码如下：

```
for (int i = 1; i < nums.size(); i++) {
    for (int j = 0; j < i; j++) {
        if (nums[i] > nums[j]) dp[i] = max(dp[i], dp[j] + 1);
    }
    if (dp[i] > result) result = dp[i]; // 取最长的子序列
}
```

（5）举例推导 dp 数组。

以输入[0,1,0,3,2]为例，dp 数组的状态如图 11-39 所示。

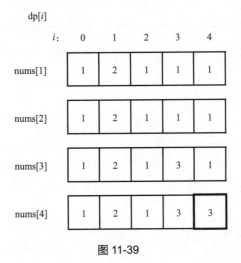

图 11-39

最后用 nums[4]推导 dp 数组之后，取 dp 数组中的最大值，即图 11-39 中的加粗元素 3，这个值就是最长递增子序列。

本题代码如下：

```
class Solution {
public:
    int lengthOfLIS(vector<int>& nums) {
        if (nums.size() <= 1) return nums.size();
        vector<int> dp(nums.size(), 1);
        int result = 0;
        for (int i = 1; i < nums.size(); i++) {
```

```
        for (int j = 0; j < i; j++) {
            if (nums[i] > nums[j]) dp[i] = max(dp[i], dp[j] + 1);
        }
        if (dp[i] > result) result = dp[i]; // 取最长的子序列
    }
    return result;
    }
};
```

11.27 最长连续递增序列

力扣题号：674.最长连续递增序列。

给出一个未经排序的整数数组，找到最长且连续递增的子序列，并返回该序列的长度。

连续递增的子序列可以由下标 l 和 r ($l < r$) 确定，如果对于每个 $l \leqslant i < r$，都有 nums[i]<nums[$i+1$]，那么子序列 [nums[l], nums[$l+1$], ···, nums[$r-1$],nums[r]] 就是连续递增子序列。

【示例一】

输入：nums=[1,3,5,4,7]。

输出：3。

解释：最长连续递增序列是 [1,3,5]，长度为 3。尽管 [1,3,5,7] 也是升序的子序列，但它不是连续的，因为 5 和 7 在原数组中被 4 隔开了。

【示例二】

输入：nums=[2,2,2,2,2]。

输出：1。

解释：最长连续递增序列是[2]，长度为 1。

【思路】

本题相对于 11.29 节最大的区别在于"连续"。本题要求的是最长"**连续**"递增序列。

11.27.1 动态规划

动规"五部曲"如下：

（1）确定 dp 数组及下标的含义。

dp[*i*]：以下标 *i* 为结尾的数组的连续递增的子序列长度。

注意这里的定义，一定是以下标 *i* 为结尾，并不是说一定以下标 0 为起始位置。

（2）确定递推公式。

如果 nums[*i*+1]>nums[*i*]，那么以 *i*+1 为结尾的数组的连续递增的子序列长度一定等于以 *i* 为结尾的数组的连续递增的子序列长度+1，即 dp[*i*+1]=dp[*i*]+1。

注意这里就体现出和 11.26 节的区别。

因为本题要求连续递增子序列，所以就比较 nums[*i*+1]与 nums[*i*]的大小，而不用比较 nums[*j*]与 nums[*i*]的大小（*j* 的取值范围是[0,*i*]）。

既然不用 *j* 了，那么本题使用一层 for 循环即可，即比较 nums[*i*+1]和 nums[*i*]。

（3）初始化 dp 数组。

以下标 *i* 为结尾的数组的连续递增的子序列长度最少是 1，即 nums[*i*]这一个元素，所以 dp[*i*]应该初始化为 1。

（4）确定遍历顺序。

从递推公式可以看出，dp[*i*+1]依赖于 dp[*i*]，所以一定是从前向后遍历。

代码如下：

```
for (int i = 0; i < nums.size() - 1; i++) {
    if (nums[i + 1] > nums[i]) { // 连续记录
        dp[i + 1] = dp[i] + 1; // 递推公式
    }
}
```

（5）举例推导 dp 数组。

以输入 nums=[1,3,5,4,7]为例，dp 数组的状态如图 11-40 所示。

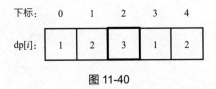

下标：	0	1	2	3	4
dp[*i*]：	1	2	3	1	2

图 11-40

注意这里要取 dp[*i*]的最大值，所以 dp[2]才是最终结果。

本题代码如下：

```cpp
class Solution {
public:
    int findLengthOfLCIS(vector<int>& nums) {
        if (nums.size() == 0) return 0;
        int result = 1;
        vector<int> dp(nums.size() ,1);
        for (int i = 0; i < nums.size() - 1; i++) {
            if (nums[i + 1] > nums[i]) { // 连续记录
                dp[i + 1] = dp[i] + 1;
            }
            if (dp[i + 1] > result) result = dp[i + 1];
        }
        return result;
    }
};
```

- 时间复杂度：$O(n)$。
- 空间复杂度：$O(n)$。

11.27.2 贪心算法

这道题目也可以用贪心算法来解答，也就是遇到 nums[i+1]>nums[i]的情况，count 就加 1，否则 count 为 1，记录每一个状态下 count 的最大值。代码如下：

```cpp
class Solution {
public:
    int findLengthOfLCIS(vector<int>& nums) {
        if (nums.size() == 0) return 0;
        int result = 1; // 连续子序列的最小值是 1
        int count = 1;
        for (int i = 0; i < nums.size() - 1; i++) {
            if (nums[i + 1] > nums[i]) { // 连续记录
                count++;
            } else { // 不连续，count 从 1 开始计数
                count = 1;
            }
            if (count > result) result = count;
        }
        return result;
    }
};
```

- 时间复杂度：$O(n)$。
- 空间复杂度：$O(1)$。

小结:

本题是动态规划中子序列问题的经典题目,也可以用贪心算法来解答,贪心算法的空间复杂度是$O(1)$。

在动规"五部曲"的分析中,关键是要理解本题和 11.26 节的区别,才能理解怎么求递增子序列和连续递增子序列。

总结:不连续递增子序列与前 0-i 个状态有关,连续递增的子序列只与前一个状态有关。

11.28 最长重复子数组

力扣题号:718.最长重复子数组。

给出两个整数数组 A 和 B,返回两个数组中公共的、长度最长的子数组的长度。

【示例】

输入:

- A:[1,2,3,2,1]。
- B:[3,2,1,4,7]。

输出:3。

解释:长度最长的公共子数组是[3,2,1]。

【思路】

题目中说的子数组其实就是连续子序列。

动规"五部曲"如下:

(1)确定 dp 数组及下标的含义。

dp[i][j]:以下标 i-1 为结尾的 A 和以下标 j-1 为结尾的 B 的最长重复子数组的长度。

有读者会问,dp[0][0]的含义是什么呢?总不能是以下标-1 为结尾的 A 数组吧?

其实 dp[i][j]的定义也就决定了我们在遍历 dp[i][j]的时候 i 和 j 都要从 1 开始。

(2)确定递推公式。

根据 dp[i][j]的定义,dp[i][j]的状态只能由 dp[i-1][j-1]推导出来,即当 A[i-1]和 B[j-1]相等的时候,dp[i][j]=dp[i-1][j-1]+1。

根据递推公式可以看出，遍历 i 和 j 要从 1 开始。

（3）初始化 dp 数组。

根据 dp[i-1][j-1]的定义，dp[i][0]和 dp[0][j]其实都是没有意义的。

但 dp[i][0]和 dp[0][j]需要初始值，这是为了方便推导递推公式。所以 dp[i][0]和 dp[0][j]要初始化为 0。

举个例子，如果 A[0]和 B[0]相同，则 dp[1][1]=dp[0][0]+1，那么只有 dp[0][0]初始化为 0，才符合递推公式的推导逻辑。

（4）确定遍历顺序。

本题使用外层 for 循环遍历 A、内层 for 循环遍历 B。

有读者会问，使用外层 for 循环遍历 B、内层 for 循环遍历 A 可以吗？

也可以，以下解法使用外层 for 循环遍历 A、内层 for 循环遍历 B。

同时题目要求长度最长的子数组的长度，所以在遍历的时候顺便记录 dp[i][j]的最大值。

（5）举例推导 dp 数组。

以示例中的输入为例，dp 数组的状态如图 11-41 所示。

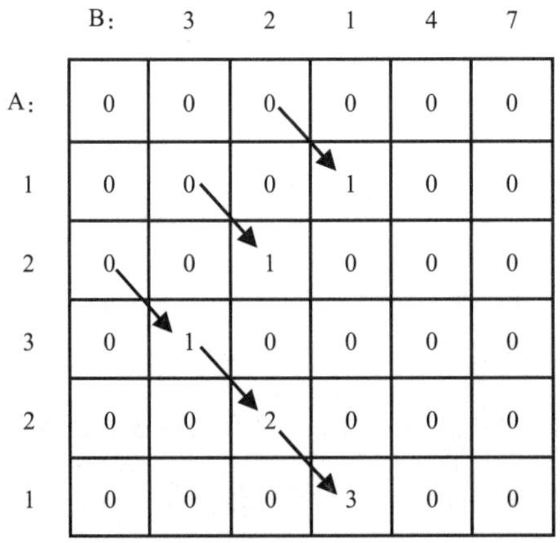

图 11-41

本题代码如下：

```cpp
class Solution {
public:
```

```
    int findLength(vector<int>& A, vector<int>& B) {
        vector<vector<int>> dp (A.size() + 1, vector<int>(B.size() + 1, 0));
        int result = 0;
        for (int i = 1; i <= A.size(); i++) {
            for (int j = 1; j <= B.size(); j++) {
                if (A[i - 1] == B[j - 1]) {
                    dp[i][j] = dp[i - 1][j - 1] + 1;
                }
                if (dp[i][j] > result) result = dp[i][j];
            }
        }
        return result;
    }
};
```

- 时间复杂度：$O(n \times m)$，n 为 A 数组的长度，m 为 B 数组的长度。
- 空间复杂度：$O(n \times m)$。

在图 11-41 中，我们可以看出 dp[i][j]都是由 dp[i-1][j-1]推导出来的。压缩为一维数组，也就是 dp[j] 都是由 dp[j-1]推导出来的。相当于把上一层 dp[i-1][j-1]复制到下一层 dp[i][j]中继续使用。

遍历 B 数组的时候，就要从后向前遍历，避免重复覆盖下一组数据。代码如下：

```
class Solution {
public:
    int findLength(vector<int>& A, vector<int>& B) {
        vector<int> dp(vector<int>(B.size() + 1, 0));
        int result = 0;
        for (int i = 1; i <= A.size(); i++) {
            for (int j = B.size(); j > 0; j--) {
                if (A[i - 1] == B[j - 1]) {
                    dp[j] = dp[j - 1] + 1;
                    // 不相等的时候要执行将 dp[j]赋值为 0 的操作
                } else dp[j] = 0;
                if (dp[j] > result) result = dp[j];
            }
        }
        return result;
    }
};
```

- 时间复杂度：$O(n \times m)$，n 为 A 数组的长度，m 为 B 数组的长度。
- 空间复杂度：$O(m)$。

11.29 最长公共子序列

力扣题号：1143.最长公共子序列。

给出两个字符串 text1 和 text2，返回这两个字符串的最长公共子序列的长度。一个字符串的子序列是指这样一个新的字符串：它是由原字符串在不改变字符的相对顺序的情况下删除某些字符（也可以不删除任何字符）后组成的新字符串。

例如，"ac"是"abcde"的子序列，但"aec"不是"abcde"的子序列。两个字符串的"公共子序列"是这两个字符串所共同拥有的子序列。

若这两个字符串没有公共子序列，则返回 0。

【示例一】

输入：text1="abcde"，text2="ace"。

输出：3。

解释：最长公共子序列是"ace"，它的长度为 3。

【示例二】

输入：text1="abc"，text2="def"。

输出：0。

解释：两个字符串没有公共子序列，返回 0。

【思路】

本题和 11.28 节的区别在于不要求元素是连续的了，但要有相对顺序，即"ace"是"abcde"的子序列，但"aec"不是"abcde"的子序列。

动规"五部曲"如下：

（1）确定 dp 数组及下标的含义。

dp[i][j]：长度为[0,i-1]的字符串 text1 与长度为[0,j-1]的字符串 text2 的最长公共子序列。

有读者会问：为什么要定义长度为[0,i-1]的字符串 text1，定义为长度为[0, i]的字符串 text1 不行吗？

这样定义是为了后面代码实现方便，定义为长度为[0,i]的字符串 text1 也可以，读者可以试一试。

（2）确定递推公式。

如果 text1[*i*-1]与 text2[*j*-1]相同，那么就找到了一个公共元素，所以 dp[*i*][*j*]=dp[*i*-1][*j*-1]+1。

如果 text1[*i*-1]与 text2[*j*-1]不相同，那么就比较 text1[0, *i*-2]与 text2[0,*j*-1]的最长公共子序列和 text1[0, *i*-1]与 text2[0,*j*-2]的最长公共子序列，取最大的值，即 dp[*i*][*j*]= max(dp[*i*-1][*j*],dp[*i*][*j*-1])。

代码如下：

```
if (text1[i - 1] == text2[j - 1]) {
    dp[i][j] = dp[i - 1][j - 1] + 1;
} else {
    dp[i][j] = max(dp[i - 1][j], dp[i][j - 1]);
}
```

（3）初始化 dp 数组。

text1[0,*i*-1]和空串的最长公共子序列是 0，所以 dp[*i*][0]=0。同理 dp[0][*j*]也是 0。其他下标的数组元素也统一初始化为 0。

（4）确定遍历顺序。

从递推公式可以看出，有三个方向可以推导出 dp[*i*][*j*]，如图 11-42 所示。

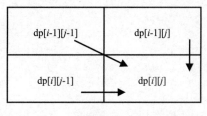

图 11-42

为了在递推的过程中，这三个方向上都是经过计算的数值，所以要从前向后、从上到下遍历这个矩阵。

（5）举例推导 dp 数组。

以输入 text1="abcde"、text2="ace"为例，dp 数组的状态如图 11-43 所示。

dp[text1.size()][text2.size()]为最终结果。

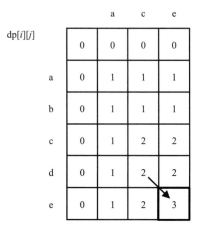

图 11-43

本题代码如下:

```cpp
class Solution {
public:
    int longestCommonSubsequence(string text1, string text2) {
        vector<vector<int>> dp(text1.size() + 1, vector<int>(text2.size() + 1, 0));
        for (int i = 1; i <= text1.size(); i++) {
            for (int j = 1; j <= text2.size(); j++) {
                if (text1[i - 1] == text2[j - 1]) {
                    dp[i][j] = dp[i - 1][j - 1] + 1;
                } else {
                    dp[i][j] = max(dp[i - 1][j], dp[i][j - 1]);
                }
            }
        }
        return dp[text1.size()][text2.size()];
    }
};
```

11.30 不相交的线

力扣题号：1035.不相交的线。

在两条独立的水平线上按给定的顺序写下 A 和 B 中的整数。现在，我们可以绘制一些连接两个数字 A[i] 和 B[j] 的直线，需要满足条件 A[i]==B[j]，且我们绘制的直线不与任何其他连线（非水平线）相交。

以这种方法绘制线条，并返回我们可以绘制的最大连线数。

【示例一】

输入：nums1=[1,4,2]，nums2=[1,2,4]。

输出：2。

解释：可以画出两条不交叉的线，如图 11-44 所示，但无法画出第三条不相交的直线，因为从 nums1[1]=4 到 nums2[2]=4 的直线将与从 nums1[2]=2 到 nums2[1]=2 的直线相交。

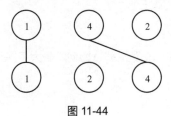

图 11-44

【示例二】

输入：nums1=[2,5,1,2,5]，nums2=[10,5,2,1,5,2]。

输出：3。

【思路】

绘制一些连接两个数字 A[i] 和 B[j] 的直线，满足 A[i]==B[j]，且直线不能相交。

直线不能相交说明在 A 中找到一个与 B 相同的子序列，且这个子序列不能改变相对顺序，只要相对顺序不改变，那么连接相同数字的直线就不会相交。

以示例一为例，A 和 B 的最长公共子序列是[1,4]，长度为 2。这个公共子序列需要满足元素的相对顺序不变（即数字 4 在 A 中数字 1 的后面，那么数字 4 也应该在 B 中数字 1 的后面）。

可以发现：本题求的是绘制的最大连线数，其实就是求两个字符串的最长公共子序列的长度。

本题代码如下：

```cpp
class Solution {
public:
    int maxUncrossedLines(vector<int>& A, vector<int>& B) {
        vector<vector<int>> dp(A.size() + 1, vector<int>(B.size() + 1, 0));
        for (int i = 1; i <= A.size(); i++) {
```

```
            for (int j = 1; j <= B.size(); j++) {
                if (A[i - 1] == B[j - 1]) {
                    dp[i][j] = dp[i - 1][j - 1] + 1;
                } else {
                    dp[i][j] = max(dp[i - 1][j], dp[i][j - 1]);
                }
            }
        }
        return dp[A.size()][B.size()];
    }
};
```

11.31 最大子序和

在 10.4 节中，已经用贪心算法的思路讲解过如何求最大子序和，本节用动态规划的思路讲解如何求最大子序和。

【思路】

动规"五部曲"如下：

（1）确定 dp 数组及下标的含义。

dp[i]：包括下标 i 之前的最大连续子序列和。

（2）确定递推公式。

dp[i]可以通过两个方向推导出来：

- dp[i-1]+nums[i]，即 nums[i]加入当前连续子序列。
- nums[i]，即从头开始计算当前连续子序列。

dp[i]=max(dp[i-1]+nums[i],nums[i])。

（3）初始化 dp 数组。

从递推公式可以看出，dp[i]依赖于 dp[i-1]的状态，dp[0]就是递推公式的基础。

dp[0]应该是多少呢？

根据 dp[i]的定义，dp[0]就 nums[0]，即 dp[0]=nums[0]。

（4）确定遍历顺序。

因为 dp[i]依赖于 dp[i-1]的状态，所以需要从前向后遍历。

（5）举例推导 dp 数组。

以示例一为例，输入为 nums=[-2,1,-3,4,-1,2,1,-5,4]，对应的 dp 数组的状态如图 11-45 所示。

下标：
| 0 | 1 | 2 | 3 | 4 | 5 | 6 | 7 | 8 |

dp[i]:
| -2 | 1 | -2 | 4 | 3 | 5 | 6 | 1 | 5 |

图 11-45

注意最后的结果可不是 dp[nums.size()-1]，而是 dp[6]。

根据 dp[i]的定义，我们要找最大的连续子序列，就应该找每一个以 i 为终点的连续最大子序列。所以在确定递推公式的时候，可以直接选出最大的 dp[i]。

完整代码如下：

```cpp
class Solution {
public:
    int maxSubArray(vector<int>& nums) {
        if (nums.size() == 0) return 0;
        vector<int> dp(nums.size());
        dp[0] = nums[0];
        int result = dp[0];
        for (int i = 1; i < nums.size(); i++) {
            dp[i] = max(dp[i - 1] + nums[i], nums[i]); // 递推公式
            if (dp[i] > result) result = dp[i]; // result 保存dp[i]的最大值
        }
        return result;
    }
};
```

- 时间复杂度：$O(n)$。
- 空间复杂度：$O(n)$。

11.32 判断子序列

力扣题号：392.判断子序列。

给出字符串 s 和 t，判断 s 是否为 t 的子序列。

【示例一】

输入：s="abc"，t="ahbgdc"。

输出：true。

【示例二】

输入：s="axc"，t="ahbgdc"。

输出：false。

【思路】

本题可以使用双指针的思路来解答，但在本章中，重点讲解的是动态规划的解题思路。本题也是"编辑距离系列"的入门题目，因为从题意中我们发现，只需要考虑删除字符串的情况，不用考虑增加和替换字符串的情况。

所以掌握本题也可以为后面要讲解的"编辑距离"打下基础。

动规"五部曲"如下：

（1）确定 dp 数组及下标的含义。

dp[i][j] 表示以下标 i-1 为结尾的字符串 s 和以下标 j-1 为结尾的字符串 t 相同子序列的长度。

注意这里是判断 s 是否为 t 的子序列，即 t 的长度是大于或等于 s 的。

（2）确定递推公式。

在确定递推公式的时候，首先要考虑如下两种情况：

- if (s[i-1]==t[j-1])——t 中找到的一个字符在 s 中也出现了。
- if (s[i-1]!=t[j-1])——t 要删除元素，继续匹配。

如果 s[i-1] 与 t[j-1] 相同，那么 dp[i][j]=dp[i-1][j-1]+1，因为找到了一个相同的字符，相同子序列的长度自然要在 dp[i-1][j-1] 的基础上加 1。

如果 s[i-1] 与 t[j-1] 不同，此时相当于 t 要删除元素，如果把当前元素 t[j-1] 删除，那么 dp[i][j] 的数值就是 s[i-1] 与 t[j-2] 的比较结果，即 dp[i][j]= dp[i][j-1]。

（3）初始化 dp 数组。

从递推公式可以看出，dp[i][j] 依赖于 dp[i-1][j-1] 和 dp[i][j-1]，所以 dp[0][0] 和 dp[i][0] 是一定要初始化的。

可以发现，dp[i][j] 为什么定义为以下标 i-1 为结尾的字符串 s 和以下标 j-1 为结尾的字符串 t 相同子序列的长度，因为这样的定义在 dp 二维矩阵中可以留出初始化的区间。

以示例一为例，dp 数组的初始化如图 11-46 所示。

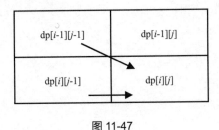

	a	h	b	g	d	c
0	0	0	0	0	0	0
a	0					
b	0					
c	0					

图 11-46

如果是以下标 i 为结尾的字符串 s 和以下标 j 为结尾的字符串 t，那么初始化就麻烦一些。dp[i][0] 和 dp[0][j]是没有含义的，仅仅是为了给推导递推公式做前期铺垫，所以初始化为 0。

（4）确定遍历顺序。

同理从递推公式可以看出，dp[i][j]依赖于 dp[i-1][j-1]和 dp[i][j-1]，那么遍历顺序也应该是从上到下、从左到右，如图 11-47 所示。

dp[i-1][j-1]	dp[i-1][j]
dp[i][j-1]	dp[i][j]

图 11-47

（5）举例推导 dp 数组。

以示例一为例，dp 数组的状态如图 11-48 所示。

根据 dp[i][j]的定义，如果 dp[s.size()][t.size()]与字符串 s 的长度相同，则说明 s 与 t 的最长相同子序列就是 s，s 就是 t 的子序列。

图 11-48 中的 dp[s.size()][t.size()]为 3，s.size()的数值也为 3，说明 s 是 t 的子序列。

	a	h	b	g	d	c
0	0	0	0	0	0	0
a	0	1	1	1	1	1	1
b	0	0	0	2	2	2	2
c	0	0	0	0	0	0	3

图 11-48

代码如下：

```cpp
class Solution {
public:
    bool isSubsequence(string s, string t) {
        vector<vector<int>> dp(s.size() + 1, vector<int>(t.size() + 1, 0));
        for (int i = 1; i <= s.size(); i++) {
            for (int j = 1; j <= t.size(); j++) {
                if (s[i - 1] == t[j - 1]) dp[i][j] = dp[i - 1][j - 1] + 1;
                else dp[i][j] = dp[i][j - 1];
            }
        }
        if (dp[s.size()][t.size()] == s.size()) return true;
        return false;
    }
};
```

- 时间复杂度：$O(n \times m)$。
- 空间复杂度：$O(n \times m)$。

小结：

这道题目是"编辑距离系列"的入门题目（只涉及减法），也是动态规划解决的经典题型。

本章的"编辑距离系列"题目分别是 11.32 节、11.33 节、11.34 节、11.35 节中的题目。

11.33 不同的子序列

力扣题号：115.不同的子序列。

给出一个字符串 s 和一个字符串 t，计算在 s 的子序列中 t 出现的个数。

【示例一】

输入：s="rabbbit"，t="rabbit"。

输出：3。

解释：有 3 种可以从 s 中得到"rabbit"的方案，上箭头符号"^"表示选取的字母。

方案一：

```
rabbbit
^^^^ ^^
```

方案二：

```
rabbbit
^^ ^^^^
```

方案三：

```
rabbbit
^^^ ^^^
```

【思路】

本题只有删除操作，而不用考虑替换、增加之类的操作，算是"编辑距离系列"中中等难度的题目。

动规"五部曲"如下：

（1）确定 dp 数组及下标的含义。

dp[i][j]：以 i-1 为结尾的 s 子序列中出现以 j-1 为结尾的 t 子序列的个数。

（2）确定递推公式。

这类问题有以下两种情况：

- s[i-1]与 t[j-1]相等。
- s[i-1]与 t[j-1]不相等。

当 s[i-1]与 t[j-1]相等时，dp[i][j]可以由两部分组成：

- 一部分是用 s[i-1]匹配字符串 t，个数为 dp[i-1][j-1]。
- 另一部分是不用 s[i-1]匹配字符串 t，个数为 dp[i-1][j]。

为什么还要考虑不用 s[i-1]匹配的情况？

例如，s 为"bagg"、t 为"bag"，s[3]和 t[2]是相同的，但是字符串 s 也可以不用 s[3]匹配，即用 s[0]、s[1]、s[2]组成"bag"。当然也可以用 s[3]匹配，即 s[0]、s[1]、s[3]组成"bag"。

所以当 s[i-1]与 t[j-1]相等时，递推公式为 dp[i][j]=dp[i-1][j-1]+dp[i-1][j]。

当 s[i-1]与 t[j-1]不相等时，不用 s[i-1]匹配，即 dp[i-1][j]。

所以递推公式为 dp[i][j]=dp[i-1][j]。

（3）初始化 dp 数组。

从递推公式可以看出，dp[i][0]和 dp[0][j]是一定要初始化的。

dp[i][0]表示在以 i-1 为结尾的 s 中随便删除元素后出现空字符串的个数。那么 dp[i][0]一定都是 1，因为在以 i-1 为结尾的 s 中删除所有元素，出现空字符串的个数就是 1。

dp[0][j]表示在空字符串 s 中随便删除元素后出现以 j-1 为结尾的字符串 t 的个数。那么 dp[0][j]一定都是 0，s 无论如何也变成不了 t。

最后就要看一个特殊位置了，即 dp[0][0]应该是多少。

dp[0][0]应该是 1，空字符串 s 删除 0 个元素后变成空字符串 t。

代码如下：

```
vector<vector<long long>> dp(s.size() + 1, vector<long long>(t.size() + 1));
for (int i = 0; i <= s.size(); i++) dp[i][0] = 1;
for (int j = 1; j <= t.size(); j++) dp[0][j] = 0;
```

（4）确定遍历顺序。

从递推公式可以看出，dp[i][j]都是根据二维数组的左上方和正上方的元素推导出来的。

所以遍历的顺序一定是从上到下、从左到右，这样保证 dp[i][j]可以根据之前计算出来的数值进行计算。

（5）举例推导 dp 数组。

以 s："baegg"、t："bag"为例，dp 数组的状态如图 11-49 所示。

本题代码如下：

```
class Solution {
public:
    int numDistinct(string s, string t) {
        vector<vector<uint64_t>> dp(s.size() + 1, vector<uint64_t>(t.size() + 1));
        for (int i = 0; i < s.size(); i++) dp[i][0] = 1;
        for (int j = 1; j < t.size(); j++) dp[0][j] = 0;
```

```
        for (int i = 1; i <= s.size(); i++) {
            for (int j = 1; j <= t.size(); j++) {
                if (s[i - 1] == t[j - 1]) {
                    dp[i][j] = dp[i - 1][j - 1] + dp[i - 1][j];
                } else {
                    dp[i][j] = dp[i - 1][j];
                }
            }
        }
        return dp[s.size()][t.size()];
    }
};
```

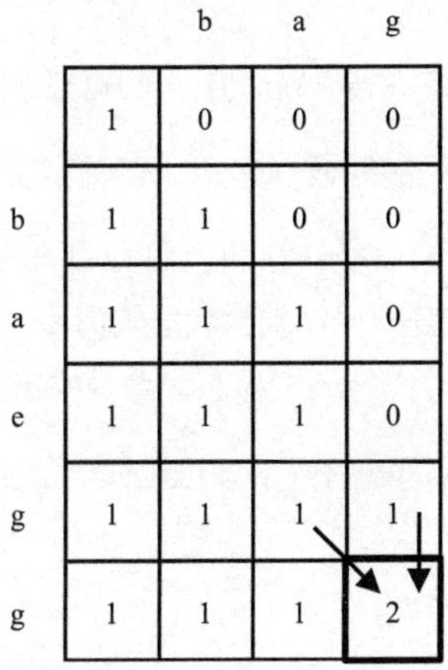

	b	a	g
1	0	0	0
b	1	1	0	0
a	1	1	1	0
e	1	1	1	0
g	1	1	1	1
g	1	1	1	2

图 11-49

11.34 两个字符串的删除操作

力扣题号：583.两个字符串的删除操作。

给出两个单词 word1 和 word2，找到使得 word1 和 word2 相同所需的最小步数，每步可以删除任意一个字符串中的一个字符。

【示例】

输入："sea"，"eat"。

输出：2。

解释：第一步将"sea"变为"ea"，第二步将"eat"变为"ea"。

【思路】

本题和 11.33 节相比，区别就是两个字符串都可以删除了，这种题目也可以使用动态规划的思路来解答。

动规"五部曲"如下：

（1）确定 dp 数组及下标的含义。

dp[i][j]：以 i-1 为结尾的字符串 word1 和以 j-1 为结尾的字符串 word2，想要两个字符串相同，所需要删除元素的最少次数。

（2）确定递推公式。

当 word1[i-1]与 word2[j-1]相同的时候，dp[i][j]=dp[i-1][j-1]。

当 word1[i-1]与 word2[j-1]不相同的时候，有以下三种情况：

- 情况一：删除 word1[i-1]，最少操作次数为 dp[i-1][j]+1。
- 情况二：删除 word2[j-1]，最少操作次数为 dp[i][j-1]+1。
- 情况三：同时删除 word1[i-1]与 word2[j-1]，最少的操作次数为 dp[i-1][j-1]+2。

当 word1[i-1]与 word2[j-1]不相同的时候，递推公式为 dp[i][j]=min({dp[i-1][j-1]+2, dp[i-1][j]+1, dp[i][j-1]+1})。

（3）初始化 dp 数组。

从递推公式可以看出，dp[i][0]和 dp[0][j]是一定要初始化的。

dp[i][0]：word2 为空字符串，以 i-1 为结尾的字符串 word1 要删除多少个元素，才能和 word2 相同呢？很明显 dp[i][0]=i，dp[0][j]同理。

代码如下：

```cpp
vector<vector<int>> dp(word1.size() + 1, vector<int>(word2.size() + 1));
for (int i = 0; i <= word1.size(); i++) dp[i][0] = i;
for (int j = 0; j <= word2.size(); j++) dp[0][j] = j;
```

（4）确定遍历顺序。

从递推公式可以看出，dp[i][j]都是根据二维数组的左上方、正上方、正左方推导出来的。

所以遍历的顺序一定是从上到下、从左到右，这样保证 dp[i][j]可以根据之前计算出来的数值进行计算。

（5）举例推导 dp 数组。

以 word1:"sea"、word2:"eat"为例，dp 数组的状态如图 11-50 所示。

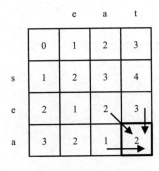

图 11-50

dp[word1.size()][word2.size()]即 dp[3][3]就是最终结果。

本题代码如下：

```cpp
class Solution {
public:
    int minDistance(string word1, string word2) {
        vector<vector<int>> dp(word1.size() + 1, vector<int>(word2.size()
+ 1));
        for (int i = 0; i <= word1.size(); i++) dp[i][0] = i;
        for (int j = 0; j <= word2.size(); j++) dp[0][j] = j;
        for (int i = 1; i <= word1.size(); i++) {
            for (int j = 1; j <= word2.size(); j++) {
                if (word1[i - 1] == word2[j - 1]) {
                    dp[i][j] = dp[i - 1][j - 1];
                } else {
                    dp[i][j] = min({dp[i - 1][j - 1] + 2, dp[i - 1][j] + 1,
dp[i][j - 1] + 1});
                }
            }
        }
        return dp[word1.size()][word2.size()];
    }
};
```

11.35 编辑距离

力扣题号：72. 编辑距离。

给你两个单词 word1 和 word2，请你计算出将 word1 转换成 word2 所使用的最少操作数。你可以对一个单词执行如下三种操作：

- 插入一个字符。
- 删除一个字符。
- 替换一个字符。

【示例】

输入：word1="horse"，word2="ros"。

输出：3。

解释：

- horse→rorse（将 h 替换为 r）。
- rorse→rose（删除 r）。
- rose→ ros（删除 e）。

【思路】

动规"五部曲"如下：

（1）确定 dp 数组及下标的含义。

dp[i][j] 表示以下标 i-1 为结尾的字符串 word1 和以下标 j-1 为结尾的字符串 word2 的最近编辑距离。

（2）确定递推公式。

在确定递推公式的时候，首先要考虑以下几种情况：

- 如果 word1[i-1]==word2[j-1]，则不执行任何操作。
- 如果 word1[i-1]!=word2[j-1]，则有增加、删除、替换三种操作。

如果 word1[i-1]==word2[j-1]，则说明不用执行任何操作，dp[i][j] 就应该是 dp[i-1][j-1]，即 dp[i][j]=dp[i-1][j-1]。

当 word1[i-1] 与 word2[j-1] 不相同时，此时就需要"编辑"了，如何"编辑"呢？

操作一：word1 删除一个元素，那么就是以下标 *i*-2 为结尾的 word1 与以下标 *j*-1 为结尾的 word2 的最近编辑距离再加上一个操作，即 dp[*i*][*j*]=dp[*i*-1][*j*]+1。

操作二：word2 删除一个元素，那么就是以下标 *i*-1 为结尾的 word1 与以下标 *j*-2 为结尾的 word2 的最近编辑距离再加上一个操作，即 dp[*i*][*j*]=dp[*i*][*j*-1]+1。

这里有读者发现了，怎么都是删除元素，添加元素去哪了？

word2 添加一个元素，就相当于 word1 删除一个元素。例如，word1="ad"，word2="a"，word1 删除一个元素 d，就相当于 word2 添加一个元素 d，最终操作数是一样的。

操作三：替换元素，word1 替换 word1[*i*-1]，使其与 word2[*j*-1]相同，此时不用增加元素，那么 dp[*i*][*j*] 就是以下标 *i*-2 为结尾的 word1 与以下标 *j*-2 为结尾的 word2 的最近编辑距离 +一个替换元素的操作，即 dp[*i*][*j*]=dp[*i*-1][*j*-1]+1。

综上，当 word1[*i*-1]与 word2[*j*-1]不相同时，取最小的数值，即 dp[*i*][*j*]=min({dp[*i*-1][*j*-1], dp[*i*-1][*j*],dp[*i*][*j*-1]})+1。

递推公式的代码如下：

```
if (word1[i - 1] == word2[j - 1]) {
    dp[i][j] = dp[i - 1][j - 1];
}
else {
    dp[i][j] = min({dp[i - 1][j - 1], dp[i - 1][j], dp[i][j - 1]}) + 1;
}
```

（3）初始化 dp 数组。

dp[*i*][0]：以下标 *i*-1 为结尾的字符串 word1 和空字符串 word2 的最近编辑距离。

对 word1 中的元素全部做删除操作，即 dp[*i*][0]=*i*。同理 dp[0][*j*]=*j*。

C++代码如下：

```
for (int i = 0; i <= word1.size(); i++) dp[i][0] = i;
for (int j = 0; j <= word2.size(); j++) dp[0][j] = j;
```

（4）确定遍历顺序。

从如下四个递推公式：

- dp[*i*][*j*]=dp[*i*-1][*j*-1]。
- dp[*i*][*j*]=dp[*i*-1][*j*-1]+1。
- dp[*i*][*j*]=dp[*i*][*j*-1]+1。
- dp[*i*][*j*]=dp[*i*-1][*j*]+1。

可以看出，dp[i][j]依赖于左方、上方和左上方的元素，如图 11-51 所示。

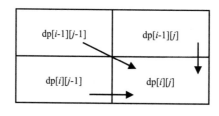

图 11-51

所以遍历顺序一定是从左到右、从上到下。

（5）举例推导 dp 数组。

以示例为例，dp 数组的状态如图 11-52 所示。

		r	o	s
	0	1	2	3
h	1	1	2	3
o	2	2	1	2
r	3	2	2	2
s	4	3	3	2
e	5	4	4	3

图 11-52

最后结果为 dp[word1.size()][word2.size()]即 dp[5][3]。

本题代码如下：

```cpp
class Solution {
public:
    int minDistance(string word1, string word2) {
        vector<vector<int>> dp(word1.size() + 1, vector<int>(word2.size()
+ 1, 0));
        for (int i = 0; i <= word1.size(); i++) dp[i][0] = i;
        for (int j = 0; j <= word2.size(); j++) dp[0][j] = j;
        for (int i = 1; i <= word1.size(); i++) {
```

```
                for (int j = 1; j <= word2.size(); j++) {
                    if (word1[i - 1] == word2[j - 1]) {
                        dp[i][j] = dp[i - 1][j - 1];
                    }
                    else {
                        dp[i][j] = min({dp[i - 1][j - 1], dp[i - 1][j], dp[i][j
- 1]}) + 1;
                    }
                }
            }
        return dp[word1.size()][word2.size()];
    }
};
```

11.36 回文子串

力扣：647. 回文子串。

给出一个字符串，你的任务是计算这个字符串中有多少个回文子串。具有不同开始位置或结束位置的子串，即使是由相同的字符组成的，也会被视作不同的子串。

【示例】

输入："aaa"。

输出：6。

解释：6 个回文子串为 "a" "a" "a" "aa" "aa" "aaa"。

【思路】

暴力解法的思路：使用两层 for 循环遍历输入字符串的起始位置和终止位置，然后判断这个区间是不是回文子串。

• 时间复杂度：$O(n^3)$。

11.36.1 动态规划

动规 "五部曲" 如下：

（1）确定 dp 数组及下标的含义。

布尔类型的 dp[i][j]：表示区间范围[i,j]（注意是左闭右闭区间）内的子串是不是回文子串，如果是，则 dp[i][j]为 true，否则 dp[i][j]为 false。

（2）确定递推公式。

当 s[*i*]与 s[*j*]不相等时，dp[*i*][*j*]一定是 false。

当 s[*i*]与 s[*j*]相等时，有如下三种情况：

- 情况一：下标 *i* 与 *j* 相同，即同一个字符，例如 "a"，当然是回文子串。
- 情况二：下标 *i* 与 *j* 相差 1，例如 "aa"，也是回文子串。
- 情况三：下标 *i* 与 *j* 相差大于 1，例如 "cabac"，此时 s[*i*]与 s[*j*]已经相同了，我们判断字符串在[*i,j*]区间是否为回文子串就看 "aba" 是否为回文子串，那么 "aba" 的区间就是 *i*+1 与 *j*-1 区间，所以[*i,j*]区间是否为回文就看 dp[*i*+1][*j*-1]是否为 true。

递推公式的代码如下：

```
if (s[i] == s[j]) {
    if (j - i <= 1) { // 情况一和情况二
        result++;
        dp[i][j] = true;
    } else if (dp[i + 1][j - 1]) { // 情况三
        result++;
        dp[i][j] = true;
    }
}
```

result 用于统计的回文子串的数量。注意这里没有列出当 s[*i*]与 s[*j*]不相等时的情况，因为 dp[*i*][*j*]初始化的时候，就初始化为 false。

（3）初始化 dp 数组。

dp[*i*][*j*]可以初始化为 true 吗？当然不行，不能默认子串都是回文子串。

所以 dp[*i*][*j*]初始化为 false。

（4）确定遍历顺序。

从递推公式可以看出，情况三是如果 dp[*i*+1][*j*-1]为 true，则将 dp[*i*][*j*]赋值为 true。

dp[*i*+1][*j*-1]在 dp[*i*][*j*]的左下角，如图 11-53 所示。

	dp[*i*][*j*]
dp[*i*+1][*j*-1]	

图 11-53

如果从上到下、从左到右遍历，那么会使用没有计算过的 dp[*i*+1][*j*-1]，也就是根据不确定是不是回文的区间[*i*+1, *j*-1]来判断了[*i*,*j*]是不是回文，结果一定是不对的。

所以一定要从下到上、从左到右遍历，这样保证 dp[*i*+1][*j*-1]都是经过计算的。

（5）举例推导 dp 数组。

以输入"aaa"为例，dp 数组的状态如图 11-54 所示。

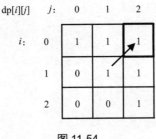

图 11-54

图 11-54 中有 6 个状态为 1（即 true）的数值，所以就有 6 个回文子串。

根据 dp[*i*][*j*]的定义，*j* 一定是大于或等于 *i* 的，那么在填充 dp[*i*][*j*]的时候一定是只填充右上半部分。

本题代码如下：

```cpp
// 版本一
class Solution {
public:
    int countSubstrings(string s) {
        vector<vector<bool>> dp(s.size(), vector<bool>(s.size(), false));
        int result = 0;
        for (int i = s.size() - 1; i >= 0; i--) {  // 注意遍历顺序
            for (int j = i; j < s.size(); j++) {
                if (s[i] == s[j]) {
                    if (j - i <= 1) { // 情况一和情况二
                        result++;
                        dp[i][j] = true;
                    } else if (dp[i + 1][j - 1]) { // 情况三
                        result++;
                        dp[i][j] = true;
                    }
                }
            }
        }
```

```
        }
        return result;
    }
};
```

版本一的代码是为了凸显情况一、二、三，精简后的代码如下：

```cpp
// 版本二
class Solution {
public:
    int countSubstrings(string s) {
        vector<vector<bool>> dp(s.size(), vector<bool>(s.size(), false));
        int result = 0;
        for (int i = s.size() - 1; i >= 0; i--) {
            for (int j = i; j < s.size(); j++) {
                if (s[i] == s[j] && (j - i <= 1 || dp[i + 1][j - 1])) {
                    result++;
                    dp[i][j] = true;
                }
            }
        }
        return result;
    }
};
```

- 时间复杂度：$O(n^2)$。
- 空间复杂度：$O(n^2)$。

11.36.2 双指针法

动态规划的空间复杂度是偏高的，我们再看一下双指针法。

首先确定回文子串，也就是查找子串的对称中心，然后向对称中心两边扩散查看是否可以构成回文子串。

在遍历中心点的时候，一个元素可以作为中心点，两个元素也可以作为中心点。

那么三个元素可以作为中心点吗？其实三个元素可以由一个元素左右添加元素得到，四个元素则可以由两个元素左右添加元素得到。

所以我们在计算的时候，要注意是以一个元素为中心点还是以两个元素为中心点。

本题代码如下：

```cpp
class Solution {
public:
```

```
    int countSubstrings(string s) {
        int result = 0;
        for (int i = 0; i < s.size(); i++) {
            result += extend(s, i, i, s.size()); // 以 i 为中心点
            result += extend(s, i, i + 1, s.size()); // 以 i 和 i+1 为中心点
        }
        return result;
    }
    int extend(const string& s, int i, int j, int n) {
        int res = 0;
        while (i >= 0 && j < n && s[i] == s[j]) {
            i--;
            j++;
            res++;
        }
        return res;
    }
};
```

- 时间复杂度：$O(n^2)$。
- 空间复杂度：$O(1)$。

11.37 最长回文子序列

力扣题号：516.最长回文子序列。

给出一个字符串 s ，找到其中最长的回文子序列，并返回该序列的长度。可以假设 s 的最大长度为 1000 。

【示例一】

输入："bbbab"。

输出：4。

一个可能的最长回文子序列为"bbbb"。

【思路】

11.36 节求的是回文子串，而本题求的是回文子序列，两者之间的区别：回文子串是连续的，回文子序列不是连续的。

动规"五部曲"如下：

（1）确定 dp 数组及下标的含义。

dp[i][j]：字符串 s 在[i, j]范围内最长的回文子序列的长度。

（2）确定递推公式。

在判断回文串的题目中，关键逻辑就是 s[i]与 s[j]是否相同。如果 s[i]与 s[j]相同，那么 dp[i][j]=dp[i+1][j-1]+2，如图 11-55 所示。

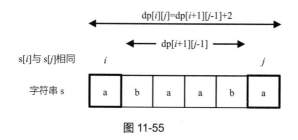

图 11-55

如果 s[i]与 s[j]不相同，则说明 s[i]和 s[j]的同时加入并不能增加[i,j]区间的回文子串的长度，那么分别加入 s[i]、s[j]，观察哪一个可以组成最长的回文子序列。

● 加入 s[j]的回文子序列长度为 dp[i+1][j]。
● 加入 s[i]的回文子序列长度为 dp[i][j-1]。

dp[i][j]一定是取最大的值，即 dp[i][j]=max(dp[i+1][j],dp[i][j-1])，如图 11-56 所示。

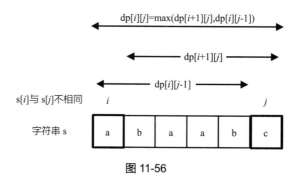

图 11-56

递推公式部分的代码如下：

```
if (s[i] == s[j]) {
    dp[i][j] = dp[i + 1][j - 1] + 2;
} else {
    dp[i][j] = max(dp[i + 1][j], dp[i][j - 1]);
}
```

（3）初始化 dp 数组。

首先考虑 i 和 j 相同的情况，从递推公式可以看出，递推公式没有考虑 i 和 j 相等的情况。

所以需要初始化 dp[i][j]，当 i 与 j 相同时，dp[i][j] 一定等于 1，即一个字符的回文子序列的长度就是 1。

其他情况下 dp[i][j] 初始化为 0 即可，这样递推公式 dp[i][j]=max(dp[i+1][j],dp[i][j-1]) 中的 dp[i][j] 才不会被初始值覆盖。

（4）确定遍历顺序.

从递推公式 dp[i][j]=dp[i+1][j-1]+2 和 dp[i][j]=max(dp[i+1][j],dp[i][j-1]) 可以看出，dp[i][j] 依赖于 dp[i+1][j-1] 和 dp[i+1][j]。

也就是从矩阵的角度来说，dp[i][j] 是由下一行的数据推导出来的。所以遍历 i 的时候一定要从下到上遍历，这样才能保证下一行的数据是经过计算的。

递推公式 dp[i][j]=dp[i+1][j-1]+2 和 dp[i][j]=max(dp[i+1][j],dp[i][j-1]) 的推导方向分别对应图 11-57 中的箭头方向。

（5）举例推导 dp 数组。

以输入 cbbd 为例，dp 数组的状态如图 11-57 所示，加粗方框为 dp[0][s.size()-1]，即 dp[0][3] 为最终结果。

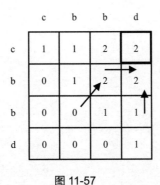

图 11-57

本题代码如下：

```cpp
class Solution {
public:
    int longestPalindromeSubseq(string s) {
        vector<vector<int>> dp(s.size(), vector<int>(s.size(), 0));
```

```
        for (int i = 0; i < s.size(); i++) dp[i][i] = 1;
        for (int i = s.size() - 1; i >= 0; i--) {
            for (int j = i + 1; j < s.size(); j++) {
                if (s[i] == s[j]) {
                    dp[i][j] = dp[i + 1][j - 1] + 2;
                } else {
                    dp[i][j] = max(dp[i + 1][j], dp[i][j - 1]);
                }
            }
        }
        return dp[0][s.size() - 1];
    }
};
```

- 时间复杂度：$O(n^2)$。
- 空间复杂度：$O(n^2)$。

11.38 本章小结

此时读者应该对动态规划题目的理解非常深入了，同时能感受到动规"五部曲"的重要性。

动规"五部曲"中每一步都做了些什么：

（1）确定 dp 数组（dp table）及下标的含义。

（2）确定递推公式。

（3）初始化 dp 数组。

（4）确定遍历顺序。

（5）举例推导 dp 数组。

综上，希望可以帮助读者战胜算法中最大的"敌人"——动态规划。